無線従事者
国家試験問題解答集

≪令和２年２月～令和５年２月≫

第一級海上特殊無線技士
第二級海上特殊無線技士
第三級海上特殊無線技士
レーダー級海上特殊無線技士
航空特殊無線技士

一般財団法人　情報通信振興会

は　し　が　き

皆さんが特殊無線技士の資格を得ようとされるときは、総務大臣の認定を受けた養成課程を修了して免許を取得する場合を除き、「公益財団法人日本無線協会」が行っている国家試験に合格しなければなりません。

本書は、第一級、第二級、第三級、レーダー級海上特殊無線技士及び航空特殊無線技士の国家試験を受験しようとする皆さんが短時間で効率的に試験勉強ができるようこれまでに出題された試験問題と解答を整理・編集したものです。

出題された試験問題を資格別、科目ごとに掲載してありますので、ご自身が受験する資格について、これらを繰り返し学習すれば自信をもって試験にのぞんでいただけるものと確信しています。

令和5年度から第二級及び第三級海上特殊無線技士の試験の方法が、同一試験問題を使用して全国統一日程で実施されていた方式からコンピュータを使用したCBT（Computer Based Testing）方式に変更され、受験者個々の都合に合わせ、希望する日時、場所で受験できるようになったことに伴い、出題内容も受験者ごとに異なることとなるため、今後、これら資格に関する試験問題の公表はされることはありません。

このため、CBT方式の試験においても過去の出題状況を知ることが受験対策として重要となります。

過去に出題割合の多い問題を繰り返し学習していただけるよう、本書では9回分の出題状況表を掲載していますので、試験方法の別なく本書を十分にご活用いただき、合格の栄冠を勝ち取られることを願っております。

一般財団法人　情報通信振興会

無線従事者
国家試験問題解答集

［目次］

国家試験・受験ガイド

試験の実施

第一級、レーダー級海上特殊無線技士・航空特殊無線技士：２月、６月、10月
（受付は２か月前の１日～20日）

第二級、第三級海上特殊無線技士：CBT 方式により年間を通して実施

試験申請については、
https://www.nichimu.or.jp/ または、「日本無線協会」と検索して協会 HP の「無線従事者国家試験の電子申請」をご覧ください。

試験科目

試験科目＼資格	第一級海上特殊無線技士	第二級海上特殊無線技士	第三級海上特殊無線技士	レーダー級海上特殊無線技士	航空特殊無線技士
無線工学	○	○	○	○	○
法規	○	○	○	○	○
英語	○				
電気通信術	○				○

次に該当する場合は、申請により試験科目の免除が受けられます。（詳しくは日本無線協会へ）

受験する資格	第一級海上特殊無線技士		第二級海上特殊無線技士	第三級海上特殊無線技士	航空特殊無線技士
現に有する資格＼試験科目	法規	無線工学	無線工学	無線工学	無線工学
第一級陸上無線技術士		○	○	○	○
第二級陸上無線技術士		○	○	○	○
第三級総合無線通信士	○	○			
第四級海上無線通信士		○			

試験問題の形式（電気通信術を除く） 多肢選択式

ただし、第三級海上特殊無線技士の場合は正誤式　電気通信術についてはＧ－６頁参照

試験を実施する機関 公益財団法人 日本無線協会の所在地

○本　　部　〒104-0053　東京都中央区晴海3-3-3　TEL：03-3533-6022　URL：https://www.nichimu.or.jp/
○北海道支部　〒060-0002　札幌市中央区北2条西2-26　道特会館　TEL：011-271-6060
○東北支部　〒980-0014　仙台市青葉区本町3-2-26　コンヤスビル　TEL：022-265-0575
○信越支部　〒380-0836　長野市南県町693-4　共栄火災ビル　TEL：026-234-1377
○北陸支部　〒920-0919　金沢市南町4-55　WAKITA 金沢ビル　TEL：076-222-7121
○東海支部　〒461-0011　名古屋市東区白壁3-12-13　中産連ビル新館　TEL：052-951-2589
○近畿支部　〒540-0012　大阪市中央区谷町1-3-5　アンフィニィ・天満橋ビル　TEL：06-6942-0420
○中国支部　〒730-0004　広島市中区東白島町20-8　川端ビル　TEL：082-227-5253
○四国支部　〒790-0003　松山市三番町7-13-13　ミツネビルディング　TEL：089-946-4431
○九州支部　〒860-8524　熊本市中央区辛島町6-7　いちご熊本ビル　TEL：096-356-7902
○沖縄支部　〒900-0027　那覇市山下町18-26　山下市街地住宅　TEL：098-840-1816

資格別操作範囲（活躍する職場）と試験の概要

第一級海上特殊無線技士

◎操作範囲（電波法施行令より、以下同じ）

一　次に掲げる無線設備（船舶地球局及び航空局の無線設備を除く。）の通信操作（国際電気通信業務の通信のための通信操作を除く。）及びこれらの無線設備（多重無線設備を除く。）の外部の転換装置で電波の質に影響を及ぼさないものの技術操作

イ　旅客船であって平水区域（これに準ずる区域として総務大臣が告示で定めるものを含む。以下この表において同じ。）を航行区域とするもの及び沿海区域を航行区域とする国際航海に従事しない総トン数100トン未満のもの、漁船並びに旅客船及び漁船以外の船舶であって平水区域を航行区域とするもの及び総トン数300トン未満のものに施設する空中線電力75ワット以下の無線電話及びデジタル選択呼出装置で1,606.5キロヘルツから4,000キロヘルツまでの周波数の電波を使用するもの

ロ　船舶に施設する空中線電力50ワット以下の無線電話及びデジタル選択呼出装置で25,010キロヘルツ以上の周波数の電波を使用するもの

二　旅客船であって平水区域を航行区域とするもの及び沿海区域を航行区域とする国際航海に従事しない総トン数100トン未満のもの、漁船並びに旅客船及び漁船以外の船舶であって平水区域を航行区域とするもの及び総トン数300トン未満のものに施設する船舶地球局（電気通信業務を行うことを目的とするものに限る。）の無線設備の通信操作並びにその無線設備の外部の転換装置で電波の質に影響を及ぼさないものの技術操作

三　前二号に掲げる操作以外の操作で第二級海上特殊無線技士の操作の範囲に属するもの

◎活躍する職場

国際VHF波で通信を行う場合に必要であり、商船または漁船に乗組む船長、航海士、水先案内人、海上保安庁の職員が、主にこの資格を持って無線設備を操作しています。

また、船舶地球局の無線設備も限定ではありますが、操作ができ、GMDSSにも一部対応しています。

◎試験範囲

無線工学：無線設備の取扱方法（空中線系及び無線機器の機能の概念を含む。）

電気通信術：電話　1分間50字の速度の欧文（運用規則別表第5号の欧文通話表によるものをいう。）による約2分間の送話及び受話

法規：

(1) 電波法及びこれに基づく命令（船舶安全法及び電気通信事業法並びにこれに基づく命令の関係規定を含む。）の簡略な概要

(2) 通信憲章、通信条約、無線通信規則、電気通信規則並びに船員の訓練及び資格証明並びに当直の基準に関する国際条約（電波に関する規定に限る。）の簡略な概要

英語：口頭により適当に意思を表明するに足りる英会話

◎試験概要（電気通信術についてはＧ－６頁以降）

試験時間：１時間

問題数・合格基準：

法　　規　問題数/12問　満点 60点（１問５点）　　合格点/40点

無線工学　問題数/12問　満点 60点（１問５点）　　合格点/40点

英　　語　問題数/５問　満点100点（１問20点）　　合格点/60点

英語の試験時間は出題内容により30分以内の時間とする。

第二級海上特殊無線技士

◎操作範囲

一　船舶に施設する無線設備（船舶地球局（電気通信業務を行うことを目的とするものに限る。）及び航空局の無線設備を除く。）並びに海岸局及び船舶のための無線航行局の無線設備で次に掲げるものの国内通信のための通信操作（モールス符号による通信操作を除く。）並びにこれらの無線設備（レーダー及び多重無線設備を除く。）の外部の転換装置で電波の質に影響を及ぼさないものの技術操作

イ　空中線電力10ワット以下の無線設備で1,606.5キロヘルツから4,000キロヘルツまでの周波数の電波を使用するもの

ロ　空中線電力50ワット以下の無線設備で25,010キロヘルツ以上の周波数の電波を使用するもの

二　レーダー級海上特殊無線技士の操作の範囲に属する操作

◎活躍する職場

漁船や沿海を航行する内航船に設けられた船舶局、または、VHF による小規模海岸局等の無線設備を操作するために必要であり、航海士や小型船の船長がこの資格を持って運用しています。

◎試験範囲

無線工学：無線設備の取扱方法（空中線系及び無線機器の機能の概念を含む。）

法　　規：電波法及びこれに基づく命令（電気通信事業法及びこれに基づく命令の関係規定を含む。）の簡略な概要

◎試験概要

試験時間：１時間

問題数・合格基準：

法　　規　問題数/12問　満点60点（１問５点）　　合格点/40点

無線工学　問題数/12問　満点60点（１問５点）　　合格点/40点

第三級海上特殊無線技士

◎操作範囲

一　船舶に施設する空中線電力5ワット以下の無線電話（船舶地球局及び航空局の無線電話であるものを除く。）で25,010キロヘルツ以上の周波数の電波を使用するものの国内通信のための通信操作及びその無線電話（多重無線設備であるものを除く。）の外部の転換装置で電波の質に影響を及ぼさないものの技術操作

二　船舶局及び船舶のための無線航行局の空中線電力5キロワット以下のレーダーの外部の転換装置で電波の質に影響を及ぼさないものの技術操作

◎活躍する職場

この資格は、27MHz帯1ワットDSB（漁船）や、40MHz帯漁業通信システムなど沿岸小型漁船用の無線電話、プレジャーボートなどに開設する5ワット以下の無線局の設備を操作するためのものです。

◎試験範囲

無線工学：無線電話の取扱方法

法　　規：電波法及びこれに基づく命令の簡略な概要

◎試験概要

試験時間：1時間

問題数・合格基準：

法　　規	問題数/20問	満点100点（1問5点）	合格点/60点
無線工学	問題数/10問	満点 50点（1問5点）	合格点/30点

レーダー級海上特殊無線技士

◎操作範囲

海岸局、船舶局及び船舶のための無線航行局のレーダーの外部の転換装置で電波の質に影響を及ぼさないものの技術操作

◎活躍する職場

商船などが装備した大型レーダー、レーダーのみを備えた船舶、沿岸監視用レーダーなどの無線設備を操作するための資格で、船長や航海士が取得して従事しています。

◎試験範囲

無線工学：レーダーの取扱方法（レーダーの機能の概念を含む。）

法　　規：電波法及びこれに基づく命令の簡略な概要

◎試験概要

試験時間：1時間

問題数・合格基準：

法　　規　問題数 /12問　満点60点（1問5点）　　合格点 /40点
無線工学　問題数 /12問　満点60点（1問5点）　　合格点 /40点

航空特殊無線技士

◎操作範囲

航空機（航空運送事業の用に供する航空機を除く。）に施設する無線設備及び航空局（航空交通管制の用に供するものを除く。）の無線設備で次に掲げるものの国内通信のための通信操作（モールス符号による通信操作を除く。）並びにこれらの無線設備（多重無線設備を除く。）の外部の転換装置で電波の質に影響を及ぼさないものの技術操作

一　空中線電力50ワット以下の無線設備で25,010キロヘルツ以上の周波数の電波を使用するもの

二　航空交通管制用トランスポンダで前号に掲げるもの以外のもの

三　レーダーで第一号に掲げるもの以外のもの

◎活躍する職場

航空運送事業用でない、例えば、測量あるいは農薬散布、報道などのために使用する航空機、または、自家用航空機の無線局の設備を操作するための資格です。

この操作はパイロットがこの資格を所持して行っています。

◎試験範囲

無 線 工 学：無線設備の取扱方法（空中線系及び無線機器の機能の概念を含む。）

電気通信術：電話　1分間50字の速度の欧文（運用規則別表第5号の欧文通話表によるものをいう。）による約2分間の送話及び受話

法　　　規：電波法及びこれに基づく命令の簡略な概要

◎試験概要（電気通信術については次頁以降）

試験時間：1時間

問題数・合格基準：

法　　規　問題数 /12問　満点60点（1問5点）　　合格点 /40点
無線工学　問題数 /12問　満点60点（1問5点）　　合格点 /40点

電気通信術の試験について

第一級海上特殊無線技士、航空特殊無線技士・電話

1分間50字の速度の欧文による約2分間の送話及び受話

欧文通話表（無線局運用規則別表第5号から抜粋）

文字	使用する語	発　　　音
A	ALFA	AL FAH（ˊælfə）
B	BRAVO	BRAH VOH（ˊbra:ˊvou）
C	CHARLIE	CHAR LEE（ˊtʃa:li）又は
		SHAR LEE（ˊʃa:li）
D	DELTA	DELL TAH（ˊdeltə）
E	ECHO	ECK OH（ˊekou）
F	FOXTROT	FOKS TROT（ˊfɔkstrɔt）
G	GOLF	GOLF（gɔlf）
H	HOTEL	HOH TELL（houˊtel）
I	INDIA	IN DEE AH（ˊindiə）
J	JULIETT	JEW LEE ETT（ˊdʒu:ljet）
K	KILO	KEY LOH（ˊki:lou）
L	LIMA	LEE MAH（ˊli:mə）
M	MIKE	MIKE（maik）
N	NOVEMBER	NO VEM BER（noˊvembə）
O	OSCAR	OSS CAH（ˊɔskə）
P	PAPA	PAH PAH（paˊpa）
Q	QUEBEC	KEH BECK（keˊbek）
R	ROMEO	ROW ME OH（ˊroumiou）
S	SIERRA	SEE AIR RAH（siˊerə）
T	TANGO	TANG GO（ˊtæŋgo）
U	UNIFORM	YOU NEE FORM（ˊju:nifɔ:m）又は
		OO NEE FORM（ˊu:nifɔrm）
V	VICTOR	VIK TAH（ˊviktə）
W	WHISKEY	WISS KEY（ˊwiski）
X	X-RAY	ECKS RAY（ˊeksˊrei）
Y	YANKEE	YANG KEY（ˊjæŋki）
Z	ZULU	ZOO LOO（ˊzu:lu:）

下線の部分は語勢の強いことを示す。

試験の実施方法

電話の受話

【試験の方法】

試験会場でスピーカーから再生される欧文による送話（暗語）を聞き取り、受話用紙に筆記して行われる。

送話は、上記欧文通話表に基づき、Aの文字の場合は「ALFA」、Bの文字の場合は「BRAVO」のように発音されて再生されるので、受話用紙にはそれを「A」、「B」などの文字として記載していく。

【試験の流れ】

① 受話用紙が配布されるので、所定欄へ資格、受験番号及び氏名を記入する。

② 上記①の後、音量調整として、ALFA、BRAVO…ZULUの練習文が流されてくるので、聞きにくい、音が小さいなどの場合は、試験執行員に申し出る。

③ 試験

ア 試験開始前に練習文として、上記②の練習文が次の要領で流れてくる。

「練習を始めます　本文　練習文（ALFA　BRAVO…ZULU）　終わり」

イ 練習終了後約5秒の間隔をおいて試験となる。「試験を始めます」の後に

- 「始めます」の語
- 「本文」の語
- 本文（試験問題文）
- 「終わり」の語の後、約5秒の間隔をおいて試験終了

ウ 試験員による受話用紙の回収

【注意】

① 上記③のアの練習用の受話用紙は配布されないので、ただ聞き流すこと。

② 試験員は試験開始後の質問等には一切応じない。また、試験用機器が故障した場合を除くほか、試験のやり直しは認められない。

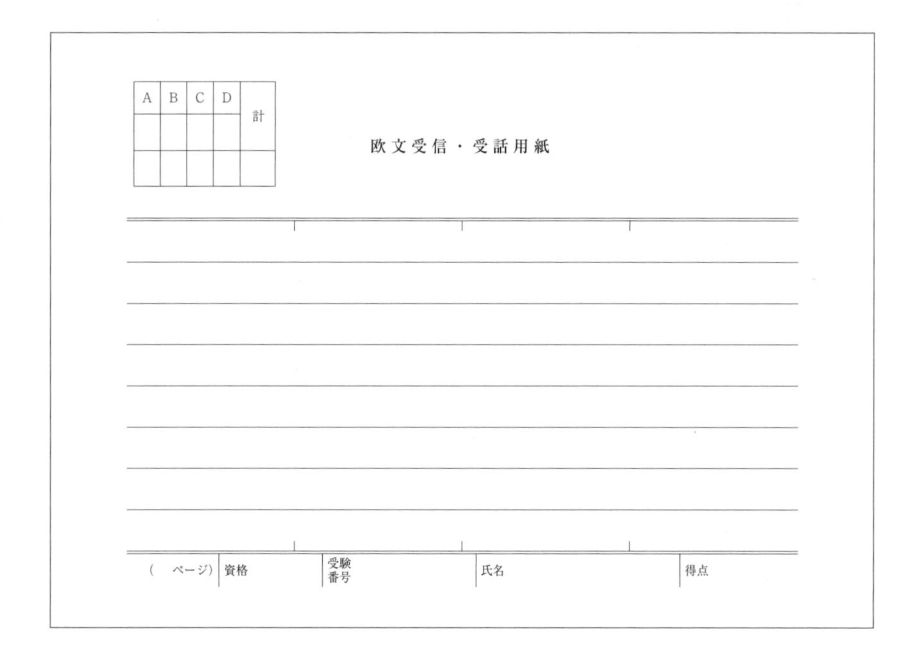

A	B	C	D	計

欧文受信・受話用紙

（　ページ）資格　受験番号　氏名　得点

（受話用紙への記入上の注意）

① 文字は、受話用紙の左側から右側に向けて記入していくこと。行の右側末に至ったなら改行し、また左側から右側に向けて記入すること。縦書きしないこと。表面に書き切れない場合は、裏面に記入してもよい。

② 筆記具は鉛筆、ボールペン等の制限なし。ただし、赤色のものは使用できない。

電話の送話

【試験の方法】

試験員と一対一で向き合い、受験者が指定された試験問題文を欧文通話表に基づき読み上げる方法で実施される。試験問題文に記載された文字は、受話試験のときとは反対に、Aの文字は「ALFA」、Bの文字は「BRAVO」…などと発音していく。

【試験の流れ】

① 試験員から試験問題文を示されるので、軽く目を通した後、試験員の合図で開始。

② 試験方法は受話試験と同様、以下の流れで実施する。

・「始めます」の語

・「本文」の語

・試験問題文の読み上げ

・「終わり」の語で終了

③ 所定時間内で試験問題文を送話し終わらない場合、所定時間に達した時点で試験員から「やめ」の合図があり、それをもって試験終了となる。

【注意】

① 試験員は、試験開始後の質問等には一切応じないので、不明なことは事前に確認しておくこと。また、試験のやり直しも認められない。

② 送信した文字を訂正する場合は、「訂正」の語を前置し、訂正しようとする語の前2、3文字の適当な字から更に送話して行うこと。

採点基準と合格基準

電気通信術の採点基準

1　点数の配分

配点は、送話及び受話に区分し、各区分ごとに100点を満点とします。

2　採点基準

採点は、次の基準に従い、不良点減点の方法により得点を定めています。ただし、減点すべき点が100点を超えるときは100点とします。

採点区分		点数
送話	誤字、脱字、冗字	1字ごとに　3点
	不明瞭	1字ごとに　1点
	未送信	2字までごとに1点
	訂正	3回までごとに1点
	品位	15点以内
受話	誤字、冗字	1字ごとに　3点
	脱字、不明瞭	1字ごとに　1点
	抹消、訂正	3回までごとに1点
	品位	15点以内

電気通信術の合格基準

各種目のいずれかが合格点に達しなかったものの電気通信術は、全体として不合格とします。

資格別	電　話			
	送話		受話	
	種目	合格点	種目	合格点
第一級海上特殊	欧文暗	80	欧文暗	80
航空特殊	欧文暗	80	欧文暗	80

＊各区分とも満点は100点とします。

電気通信術の試験の方法については、（公財）日本無線協会のホームページ「国家試験についてのFAQ」に詳しく掲載されています。

特殊無線技士出題状況表

令和２年６月の国家試験は行われておりません。

第一級海上特殊無線技士　法規		令和２年		令和３年			令和４年			令和５年
		2月期	10月期	2月期	6月期	10月期	2月期	6月期	10月期	2月期
総則・免許	無線局の定義（法2）								1	1
	電波の型式の表示（施4の2）							2	2	
	欠格事由（法5）	1		1						
	申請の審査（法7）							1		
	免許状（記載事項）（法14）		1		1					
	変更等の許可（法17）					1	1			
	免許状の訂正（法21）			6	6					6
	免許状の返納（法24）	6								
設備	電波の質（法28）									2
	磁気羅針儀に対する保護（設37の28）	2		2		2				
	レーダーの条件（設48）		2		2		2			
従事者	無線従事者の免許を与えない場合（法42）		3		3					3
	無線従事者の選解任届（法51）						6			
	操作及び監督の範囲（施令3）					3			3	
	免許証の携帯（施38）	3		3			3	3		
運用	免許状記載事項の遵守（法53）		7							
	免許状記載事項の遵守（空中線電力）（法54）					7				
	秘密の保護（法59）	7			7			7	7	7
	時計・業務書類等の備付け（法60）		6							
	免許状を掲げる場所（施38）					6			6	
	無線業務日誌（施40）							6		
	時計（運3）		11	11	10				9	
	船舶局の機器の調整のための通信（法69）	8								9
	無線通信の原則（運10）						7			
	業務用語（運14）			9*	8*	9*	9*	8*	8*	
	無線電話通信に対する準用（運18）			9*	8*	9*	9*	8*	8*	
	応答（運23）					9*			8*	
	不確実な呼出しに対する応答（運26）			8			8			8
	通報の送信（運29）		9	9*	8*		9*	8*		
	試験電波の発射（運39）					8				
	入港中の船舶の船舶局の運用（運40）						10	10		
	電波の使用制限（運58）	9	10	10	9			9	10	
	デジタル選択呼出通信における呼出しの反復（運58の5）	10								
	デジタル選択呼出通信における応答（運58の6）		8	7						10
	準用規定の読替え（運58の11）								8*	
	遭難通信における使用電波（運70の2）					10			11	
	責任者の命令等（運71）			12						
	遭難警報の送信（誤った遭難警報の取消し通報に使用する電波）（運75）									11
	遭難通報（運77）					11				
	遭難呼出し及び遭難通報の送信の反復（運81）	11			11		11			
	遭難警報を受信した船舶局のとるべき措置（運81の5）							11		

第一級海上特殊無線技士　法規

		令和2年		令和3年			令和4年			令和5年
		2月期	10月期	2月期	6月期	10月期	2月期	6月期	10月期	2月期
監督	電波の発射の停止（法72）		4		4	5	4	4		4
監督	無線局の運用の停止等（法76）					4	5			5
監督	無線従事者の免許の取消し等（法79）	4		4					4	
監督	報告等（法80）	5	5	5	5			5	5	
国際	遭難の呼出し及び通報（憲章46）		12			12				
国際	GMDSSにおける遭難信号（RR32.13BA）	12			12			12	12	
国際	GMDSSにおける遭難呼出し（RR32.13C）						12			12

注：質問番号に＊印を付したものは、一つの問題で複数の規定条項に関連していることを示す。

第一級海上特殊無線技士　工学

		令和2年		令和3年			令和4年			令和5年
		2月期	10月期	2月期	6月期	10月期	2月期	6月期	10月期	2月期
基礎	フレミングの左手の法則				1		1			
基礎	FETの電極名	1		2		2		2	2	
基礎	FETと接合形トランジスタの電極の対応									2
基礎	抵抗値と消費電力					1				
基礎	電源電圧と抵抗の消費電力	2	1							
基礎	コンデンサの静電容量							1	1	
基礎	交流電流			1						1
基礎	温度上昇に伴う半導体内部の抵抗等の変化				2		2			
基礎	半波整流回路の電流方向と出力電圧の極性			5				5		
基礎	振幅変調したときの変調波の値					7		7		
基礎	振幅変調したときの変調度									7
電池	リチウムイオン蓄電池	5				5				
電池	蓄電池の合成電圧と合成容量		5							
電池	電池				5				5	
電池	鉛蓄電池の連続使用時間						5			5
送受信設備等	スーパーヘテロダイン受信機におけるA3EとJ3Eの比較	7								
送受信設備等	FM（F3E）送信装置の構成	9						10		
送受信設備等	AM（A3E）通信方式と比べたときのFM（F3E）通信方式の特徴	10	7	7	7		7		7	
送受信設備等	FM（F3E）送受信機の送信操作に必要なもの					10				10
送受信設備等	FM（F3E）送受信機のプレストークボタン押下時の点検項目		11							
送受信設備等	DSB（A3E）通信方式と比べたときのSSB（J3E）通信方式の特徴		10			8				8
送受信設備等	SSB（J3E）送受信装置における送話中の電波発射の判別方法	12			10				10	
送受信設備等	SSB（J3E）送受信機における受信周波数の調整			9						
送受信設備等	SSB方式の同期調整						8			
送受信設備等	受信機における外来雑音の確認方法		12				9			
送受信設備等	受信機の性能（忠実度）					9				9
送受信設備等	SSB（J3E）変調波から音声信号を得るために必要な回路								9	
送受信設備等	SSB（J3E）受信機のクラリファイアの調整							9		
送受信設備等	FM（F3E）受信機のスケルチ回路				9					
送受信設備等	周波数シンセサイザの構成			8	8					
送受信設備等	船舶自動識別装置（AIS）の概要		8	10			10			

第一級海上特殊無線技士　工学

		令和2年		令和3年			令和4年			令和5年
		2月期	10月期	2月期	6月期	10月期	2月期	6月期	10月期	2月期
衛星	GPSの概要							8	8	
	インマルサット衛星通信システム	11				11			11	11
	静止衛星通信		9		11			11		
	衛星通信			11			11			
測定	回路計によるヒューズの断線確認					6		6		
	回路計による直流抵抗を測定するときの準備手順		6							
	回路計による交流電圧の測定方法								6	6
	電圧及び電流を測定するときの計器の接続方法	6					6			
	抵抗に流れる電流を測定するときの電流計の接続方法			6						
	抵抗に係る電圧を測定するときの電圧計の接続方法				6					
レーダー	レーダーにおける偽像の原因			12			12			
	レーダー受信機における最も影響の大きい雑音			4						4
	レーダーの距離レンジの切替えに関わらない機能							4	4	
	距離分解能	4,8				4			12	
	パルス変調器		2							
	FTCの調整					12				12
	STCスイッチ				12			12		
電波伝搬等	レーダーアンテナの特性				4		4			
	短波の伝わり方	3				3				
	超短波（VHF）帯において通信可能距離を延ばす方法							3	3	
	電離層伝搬と電波の減衰				3		3			
	延長コイル、短縮コンデンサ		3	3						3
	電離層と電波の伝わり方		4							

第二級海上特殊無線技士　法規

		令和2年		令和3年			令和4年			令和5年
		2月期	10月期	2月期	6月期	10月期	2月期	6月期	10月期	2月期
総則等	電波法の目的（法1）		1					1		
	無線局の定義（法2）					1	1			
	レーダーの定義（施2）	2								
免許	変更等の許可（法17）	1			1					1
	変更検査（法18）								1	
	申請による周波数等の変更（法19）			1						
設備	電波の質（法28）		2	2		2		2		2
	電波の型式の表示（施4の2）						2			
	レーダーの条件（設48）				2				2	
従事者	無線従事者の選解任届（法51）				6	6		6		
	操作及び監督の範囲（施令3）	3	3	3		3		3	3	
	免許証の携帯（施38）				3					
	免許証の返納（従51）						3			3
運用	目的外使用の禁止等（緊急通信）（法52）						12	10	12	
	免許状記載事項の遵守（法53）						8			
	擬似空中線回路の使用（法57）				8					7
	秘密の保護（法59）		7			7	7		7	
	時計・業務書類等の備付け（法60）		6							
	緊急通信（法67）			11*						

第二級海上特殊無線技士　法規

分類	項目	令和2年 2月期	令和2年 10月期	令和3年 2月期	令和3年 6月期	令和3年 10月期	令和4年 2月期	令和4年 6月期	令和4年 10月期	令和5年 2月期
運用	安全通信（法68）	12	12			12				12
	免許状を掲げる場所（施38）	6		6			6		6	6
	時計（運3）			8		8		8		10
	船舶局の機器の調整のための通信（法69）			9					10	
	無線通信の原則（運10）		8	7	7			7	8	
	業務用語（運14）	8*								
	送信速度等（運16）	10			10					8
	無線電話通信に対する準用（運18）	8*								
	発射前の措置（運19の2）	9			12			9		
	応答（運23）	8*	9		11	9	9		9	9
	不確実な呼出しに対する応答（運26）							12		
	試験電波の発射（運39）		10			10	10			
	電波の使用制限（運58）	11	11			11	11			
	遭難呼出し（運76）				9				11	11
	遭難通報（運77）			10						
	遭難呼出し及び遭難通報の送信の反復（運81）	7						11		
	緊急通信を受信した場合の措置（運93）			11*						
	安全呼出し（運96）			12						
監督	電波の発射の停止（法72）	5							4	4
	無線局の運用の停止等（法76）					4			5	
	無線従事者の免許の取消し等（法79）		4	5	5	5	4	5		5
	報告等（法80）	4	5	4	4		5	4		

注：質問番号に＊印を付したものは、一つの問題で複数の規定条項に関連していることを示す。

第二級海上特殊無線技士　工学

分類	項目	令和2年 2月期	令和2年 10月期	令和3年 2月期	令和3年 6月期	令和3年 10月期	令和4年 2月期	令和4年 6月期	令和4年 10月期	令和5年 2月期
基礎等	抵抗値と消費電力		1	1					1	
	電源電圧と抵抗の消費電力	1				1				
	合成抵抗値						1	1		
	合成静電容量				1					1
	NPN 形トランジスタの電極名	2		2					2	
	電界効果トランジスタ（FET）の電極名						2	2		
	コイルのインダクタンスと交流電流との関係				2	2				
	半導体電子部品の温度上昇と動作の変化		2							
	集積回路（IC）の一般的特徴									2
	振幅変調したときの変調度	7			7				7	
	振幅変調したときの変調波の値						7			
	振幅変調波の周波数成分の分布と電波型式			7		7				
	振幅変調を行ったときの占有周波数帯幅と上側波の周波数							7		7
	SSB（J3E）波発生回路の出力に現れる周波数成分						8			
	B 級増幅と比べたときの A 級増幅の特徴		7							
電源	リチウムイオン蓄電池		5							
	蓄電池の合成電圧と合成容量				5	5				
	蓄電池の連続動作時間						5			
	交流電源から直流を得る方法	5							5	
	電源回路の出力及び出力端子の極性の組合せ			5						5
	整流回路の名称と整流電圧の極性							5		

第二級海上特殊無線技士　工学		令和2年		令和3年			令和4年			令和5年
		2月期	10月期	2月期	6月期	10月期	2月期	6月期	10月期	2月期
送受信設備等	FM（F3E）送信装置の構成			9	9					
	送信機において発射周波数を決定する回路の組合せ	8							9	
	SSB（J3E）受信機のクラリファイア			10	10					
	SSB（J3E）送信機の構成							9		
	SSB（J3E）送受信装置における送話中電波の発射の確認方法							12		12
	受信機の性能（安定度）	9							8	
	受信機の性能（選択度）			8	8					8
	受信機における外来雑音の確認方法	12							12	
	スーパーヘテロダイン受信機における AGC の働き						10			
	無線電話装置における復調機能		8					8		
	送受信機の制御器の使用目的		12							
	FM（F3E）送受信機における送信の状態				12					
	FM（F3E）送受信機のプレストークボタン押下時の点検項目			12		12	12			
	FM（F3E）送信機における IDC 回路					9				
	SSB（J3E）変調波から音声信号を得るために必要な回路	10				10				
	周波数シンセサイザの構成					8				
	船舶自動識別装置（AIS）の概要		9				9			9
	GPS の概要		10					10	10	10
測定	直列接続した蓄電池の電圧測定と電圧計の接続方法	6							6	
	回路計で直流電圧を測定するときの操作		6							
	回路計で直接測定できないもの			6		6				
	回路計によるヒューズの断線確認									6
	回路計による電池の電圧測定の測定レンジ						6			
	抵抗に係る電圧を測定するときの電圧計の接続方法				6					
	抵抗に流れる電流を測定するときの電流計の接続方法							6		
レーダー	レーダー装置の機能									3
	レーダー受信機において最も影響の大きい雑音				3	3				
	船舶用レーダーにおける船体ローリング対策	3							3	
	PPI 方式レーダー画面における偽像の原因	11								
	船舶用レーダーにおける他レーダーとの干渉映像								11	
	パルスレーダーの最小探知距離に最も影響を与える要素		3							
	パルスレーダーの最大探知距離を大きくする条件			3				3		
	レーダーの映像画面		11							
	レーダーの距離レンジの切替えに関わらない機能			11		11				
	レーダーの方位分解能						3			
	FTC の操作				11					11
	STC スイッチ						11	11		
電波伝搬等	1/4波長垂直接地アンテナ			4				4		
	垂直半波長ダイポールアンテナから放射される電波の偏波と指向性						4			
	短波の伝わり方				4					
	超短波（VHF）帯の電波の伝わり方					4				
	短波が電離層を突き抜けやすい場合		4							
	電離層の構成	4							4	
	電離層伝搬と電波の減衰									4

第三級海上特殊無線技士 法規		令和2年		令和3年			令和4年			令和5年
		2月期	10月期	2月期	6月期	10月期	2月期	6月期	10月期	2月期
免許等	無線局の開設（法4）	2	1	1	1	1	1	1	1	1
	免許の有効期間（法13、施7）		2	2	2		2	2	2	2
	申請による周波数等の変更（法19）	1				2				
	電波の質（法28）	3	3	3	3	3	3	3	3	3
	操作及び監督の範囲（施令3）	4,5	4,5	4,5	4,5	4	4	4	4,5	4,5
	免許証の携帯（施38）					5	5	5		
運用	目的外使用の禁止等（法52）	6	6	6	6	6		6	6	6
	目的外使用の禁止等（安全通信）（法52）	15			16	16				
	混信等の防止（法56）			7			7	7	7	
	秘密の保護（法59）	7	7	8	7	7	6	16		7
	船舶局の運用（法62）	10		10	10	10	10	10	11	11
	遭難通信（法66）	13		15						
	緊急通信（法67）	16	13	17		15	15,17	15	15	15
	安全通信（法68）		9						16	16
	備付けを要する業務書類（施38）		20	20						
	免許状を掲げる場所（施38）	20			20	20	20	20	20	20
	漁業通信（運2）	17	16		17	17	16	17	17	17
	無線通信の原則（運10）	11	17	9	8	11	8	8	8	
	業務用語（運14）				9					8
	発射前の措置（運19の2）	8	8			8			9	
	呼出し（運20、58の11）			12		12				
	呼出しの中止（運22）						9	9		
	応答（運23）	9		11		9				9
	不確実な呼出しに対する応答（運26）		10	13						
	試験電波の発射（運39）		11	14	11	13	11	11	10	10
	電波の使用制限（運58）	14	12				12	12	12	
	注意信号（運73の2）				12					12
	遭難呼出し（運76）	12		16	13,14	14	14	14	14	14
	遭難通報（運77）		14							
	遭難通報等を受信した海岸局及び船舶局のとるべき措置（運81の7）						13	13	13	13
	緊急通信を受信した場合の措置（運93）		15		15					
監督	電波の発射の停止（法72）	18	18				19			
	検査（法73）								18	
	無線局の運用の停止等（法76）							18	19	
	無線従事者の免許の取消し等（法79）			18	18	18		19		18
	報告等（法80）	19	19	19	19	19	18			19

注：問題番号が複数記載されているのは、同一規定条項を基に複数の問題が出されていることを示す。

第三級海上特殊無線技士 工学		令和2年		令和3年			令和4年			令和5年
		2月期	10月期	2月期	6月期	10月期	2月期	6月期	10月期	2月期
基礎等	ワット（W）で表示されるもの			1						1
	電圧と電流の単位							3		
	絶縁体				1		1			
	周波数と波長の関係		1							
	電波の伝搬速度	1							1	
	音声信号電流の特性				2					
	搬送波に用いる周波数							2		2

第三級海上特殊無線技士　工学

分野	出題内容	令和2年 2月期	令和2年 10月期	令和3年 2月期	令和3年 6月期	令和3年 10月期	令和4年 2月期	令和4年 6月期	令和4年 10月期	令和5年 2月期
基礎等	FM（F3E）電波を得る方法	2								
	周波数変調方式			2						
	SSB方式		2			2				
	無線電話の単信方式におけるアンテナの共用								3	3
送受信設備等	送信機の構成						2		2	
	DSB（A3E）無線電話装置のプレストークボタン押下による電波発射	7	7							8
	DSB（A3E）無線電話装置のプレストークボタンの機能			5	4			4	5	4
	FM（F3E）無線電話装置のスケルチつまみの有無	8								
	スケルチつまみの使用目的	5	8	7	3	7			8	
	クラリファイアの使用目的					3				
	受信と音量つまみの調整		5							
	チャネルつまみの使用目的					9			9	
	音量つまみの役割			4		4				
	無線電話装置におけるマイクロホンの使用方法						7			
	無線電話装置の感度つまみの使用目的							7		
	超短波（VHF）帯電波を用いる通信における直接波の利用		4				4			
	超短波（VHF）帯電波を用いる通信における電離層波の利用			3			3			
電源等	直流を交流に変える装置（インバータ）		6							6
	電源ヒューズの断線対策				5			5		5
	電池の並列接続と電圧				7		6	6		
	蓄電池と充電			8						
	蓄電池の容量を決定する要素								7	7
レーダー	小型木造船に対する船舶用レーダーの探知能力	10								
	船舶用レーダーのアンテナ位置と探知能力		10			10	10	10		
	船舶用レーダーにおける距離レンジ切替えと測定誤差			10	10					
	船舶用パルスレーダーで使用するマイクロ波と混信								10	
	船舶に設置するレーダーのアンテナ									10
空中線・伝搬等	アンテナの働き	6			6					
	送信アンテナの働き			6						
	八木・宇田アンテナ（八木アンテナ）		3							
	ブラウンアンテナの放射素子の長さと使用電波の波長						5			
	スリーブアンテナの指向特性					6			6	
	短波（HF）と遠距離通信				8	8	8			
	超短波（VHF）帯電波と見通し距離内通信	9			9			9		
	電離層の構成						9			
	電離層波の伝わり方					1		1		
	電離層と地表波	4							4	
	電離層の昼間や夜間等における状態		9	9		5				9
	給電線	3						8		

レーダー級海上特殊無線技士　法規

分類	項目	令和2年 2月期	令和2年 10月期	令和3年 2月期	令和3年 6月期	令和3年 10月期	令和4年 2月期	令和4年 6月期	令和4年 10月期	令和5年 2月期
総則	電波法の目的（法1）		1	1		1				1
	無線局の定義（法2）	1	2		1		1		1	
免許	無線局の開設（法4）			2				2	2	2
	免許の有効期間（法13、施7）	2			2	2	2			
	変更検査（法18）							1		
	無線局の廃止（法23）	12*		12*		11*	11*	12*		11*
	免許状の返納（法24）	12*	11	12*	12	11*	11*	12*	11	11*
設備	磁気羅針儀に対する保護（設37の28）		3	3	3			3		3
	レーダーの条件（設48）	3				3	3		3	
従事者	無線従事者の免許を与えない場合（法42）		5				4		4	
	無線従事者の選解任届（法51）	11		11	11			11	12	
	操作及び監督の範囲（施令3）	6	6	6	6	6	6	6	5	5
	講習の期間（施34の7）							4		
	免許証の携帯（施38）	5		5		5				4
	免許証の再交付（従50）				4					6
	免許証の返納（従51）	4	4	4	5	4	5	5	6	
運用	免許状記載事項の遵守（法53）	7		7				7	7	
	秘密の保護（法59）		7		7	7	7			7
	免許状を掲げる場所（施38）		12			12	12			12
監督	電波の発射の停止（法72）			8			8		8	8
	検査（法73）	8	8	10	9	8	10	9		
	無線局の運用の停止等（法76）		9	9		10	9	10	9	
	無線従事者の免許の取消し等（法79）	10	10		10	9		8	10	10
	報告等（法80）	9			8					9

注：質問番号に＊印を付したものは、一つの問題で複数の条項の規定に関連していることを示す。

レーダー級海上特殊無線技士　工学

分類	項目	令和2年 2月期	令和2年 10月期	令和3年 2月期	令和3年 6月期	令和3年 10月期	令和4年 2月期	令和4年 6月期	令和4年 10月期	令和5年 2月期
基礎等	電源電圧と抵抗の消費電力			1	1	1		1		
	電界効果トランジスタ（FET）の電極名		4							1
	NPN 形トランジスタの電極名						1		1	
	電波の伝搬距離	2	1	2	2				2	2
	レーダーにマイクロ波が用いられる理由	1	3			2	2	2		
	パルス変調器							3		
	パルス波形におけるパルスの繰返し周期		2				3			
	パルス波形におけるパルス幅								3	3
レーダー装置等	レーダーの送信用発振管				3					
	マグネトロンの一般的な特徴	3		3		3				
	船舶用レーダーにおける船体ローリング対策			4	4			4		
	最大探知距離を長くするための方法	4		5		5		5		
	レーダー装置の機能						4		4	
	最大探知距離が大きいレーダー装置の特徴		5		5		5			
	最小探知距離に最も影響を与える要素								5	5
	PPI 方式レーダーの映像画面	5				4				
	距離分解能	6				6	6			
	パルス幅と距離分解能					8		8		
	距離分解能をを表わす式		6	6				6		
	方位分解能				6					

レーダー級海上特殊無線技士　工学

		令和2年		令和3年			令和4年			令和5年
		2月期	10月期	2月期	6月期	10月期	2月期	6月期	10月期	2月期
レーダー装置等	方位分解能を決定するもの								6	6
	レーダーアンテナの指向性の条件として不要なもの				7					
	スロットアレーアンテナの動作原理			7			7			
	スロットアレーアンテナの特徴	7				7				7
	レーダーアンテナの特性として不要なもの		7					7	7	
	レーダーアンテナの死角を小さくする方法									4
	レーダー受信機における反射波の信号処理		9	9	9					
運用・操作等	レーダー受信機において最も影響の大きい雑音	10	10			9	9	9	9	9
	レーダー画面に現れた12個の輝点列（SART）		8	8						8
	レーダー画面における捜索救助用レーダートランスポンダ（SART）の位置				8		8		8	
	船舶用レーダーにおける多数の斑点が現れる現象の原因					10				
	レーダー画面に現れる偽像の原因		11						11	
	レーダー画面に現れる偽造の原因（アンテナのサイドローブ）	8			11	11				
	PPI レーダーの映像における物標までの距離		12	10						
	PPI レーダーの映像における可変距離マーカの設定							10	10	
	レーダーの表示画面でスイープが行われずスポットだけが出る原因	12								
	レーダー画面に表示されたスイープが回転しない原因									10
	物標までの距離測定における誤差を少なくする方法				10		10			
	アンテナのサイドローブによる偽像が現れたときの処置			11			11	11		11
	FTC	9		12			12		12	
	STC				12	12		12		12
	IACG（瞬間自動利得制御）	11								

航空特殊無線技士　法規

		令和2年		令和3年			令和4年			令和5年
		2月期	10月期	2月期	6月期	10月期	2月期	6月期	10月期	2月期
総則等	電波法の目的（法1）									1
	無線局の定義（法2）		1					1		
	航空用ＤＭＥの定義（施2）	2	2				2			
免許	予備免許（法8）			1	1				1	
	免許状（記載事項）（法14）	1								
	変更等の許可（法17）					1				
	変更検査（法18）						1			
	免許状の訂正（法21）			6						6
	免許状の返納（法24）	6					6			
	免許状の再交付（免23）				6					
設備	電波の質（法28）								2	2
	電波の型式の表示（施4の2）				2					
	航空機局等の条件（施31の2）							2		
	航空機用救命無線機の一般的条件（設45の12の2）			2		2				
従事者	無線従事者の免許を与えない場合（法42）						3			3
	無線従事者の選解任届（法51）		6			6		6	6	

航空特殊無線技士　法規

	航空特殊無線技士　法規	令和2年		令和3年			令和4年			令和5年
		2月期	10月期	2月期	6月期	10月期	2月期	6月期	10月期	2月期
従事者	操作及び監督の範囲（施令3）		3		3			3		
	免許証の携帯（施38）					3			3	
	免許証の返納（従51）	3		3						
運用	免許状記載事項の遵守（法53）	7							7	
	擬似空中線回路の使用（法57）									7
	航空機局の運用（法70の2）					8				
	無線局検査結果通知書等（施39）		5			4				
	無線通信の原則（運10）					7	7	11		
	業務用語（運14）	9*		8*,9*	8*,9*	9*				9*
	無線電話通信に対する準用（運18）	9*	10*	8*,9*			8*			9*
	発射前の措置（運19の2）							12	8	
	呼出し（運20）									8*
	呼出しの中止（運22）			7			11			
	応答（運23）	9*	10*		9*	9*	8*			
	不確実な呼出しに対する応答（運26）			8*	8*	10			9	9*
	試験電波の発射（運39）	8		9*	12			9		
	義務航空機局及び航空機地球局の運用義務時間（運143）		9							10
	航空局等の聴守電波（運146）	10							10	
	通信の優先順位（運150）	11	8	10		11		8	11	
	121.5MHz 等の電波の使用制限（運153）		12		11		9			11
	呼出し等の簡略化（運154の2）									8*
	呼出符号の使用の特例（運157）		7		7			7		
	使用電波等（運168）			11	10				12	12
	遭難通報の通信事項等（運170）						12			
	遭難通報等を受信した航空局等のとるべき措置（運171の3、171の5）	12				12				
	遭難通報の終了（運173）						10	10		
	緊急通報を受信した無線局のとるべき措置（運176の2）		11	12						
監督	電波の発射の停止（法72）			5			4	5		4
	検査（法73）		4						4	
	無線局の運用の停止等（法76）	4				5	5			5
	無線従事者の免許の取消し等（法79）			4	4				5	
	報告等（法80）	5			5			4		

注：質問番号に＊印を付したものは、一つの問題で複数の規定条項に関連していることを示す。

航空特殊無線技士　工学

	航空特殊無線技士　工学	令和2年		令和3年			令和4年			令和5年
		2月期	10月期	2月期	6月期	10月期	2月期	6月期	10月期	2月期
基礎等	コンデンサの静電容量	1								
	抵抗値と消費電力		1	1	1		1	1		
	抵抗の消費電力と電圧					1				
	電界効果トランジスタ（FET）の電極名	2		2	2				2	
	NPN 形トランジスタの電極名									2
	電界効果トランジスタ（FET）と接合型トランジスタの電極の対応		2							
	温度上昇に伴う半導体内部の抵抗等の変化					2	2	2		
	直流と交流								1	1

航空特殊無線技士　工学		令和2年		令和3年			令和4年			令和5年
		2月期	10月期	2月期	6月期	10月期	2月期	6月期	10月期	2月期
レーダー	レーダーの方位分解能	3								
	レーダーの方位分解能を決定するもの			4						
	レーダーの距離分解能を良くする方法								4	4
	レーダーの最大探知距離を長くする方法		4			4				
	レーダー受信機に最も影響の大きい雑音				4		4			
空中線・電波伝搬	航空機用アンテナの名称		3							3
	アンテナ名称（スリーブアンテナ）とアンテナ素子の長さ			3						
	ブラウンアンテナの放射素子の長さ				3		3			
	水平半波長ダイポールアンテナの水平面内指向特性								3	
	電波の伝搬距離	4								
	スポラジックＥ層（Es層）					3				
	マイクロ波（SHF）帯電波の伝搬特性							3		
	マイクロ波（SHF）帯電波の伝わり方							4		
電源	直流電源（DC電源）回路				5		5			
	電池	5		5					5	5
	直列接続した蓄電池の合成電圧と合成容量		5							
	交流電源から直流電流を得る方法							5		
	整流回路の名称と整流電圧の極性					5				
測定	回路計による電池の電圧測定するときの測定レンジ	6								
	回路計によるヒューズ断線を確認するための測定レンジ		6							
	回路計で直流抵抗を測定するときの準備手順			6						
	抵抗の直流電圧を測定するときの電圧計のつなぎ方								6	
	抵抗の直流電流を測定するときの電流計のつなぎ方									6
	直列接続した蓄電池の電圧の測定方法					6		6		
	回路の電流と電圧の測定				6		6			
変調	AM変調とFM変調における変調方法		7					7		
	DSB（A3E）送信機における変調方法			7						7
	振幅変調したときの変調波の値	7					7			
	振幅変調したときの変調度				7	7			7	
送受信設備等	VHF無線電話用制御器の機能で制御できないもの	12				12				
	送受信機の制御器の使用目的		12				12	12		
	DSB（A3E）送信機の構成			12						12
	送受信装置の機能（スケルチ）				12					
	送話の有無とスケルチの調整								12	
	スーパーヘテロダイン受信機の構成					11				
	受信機の性能	8		11						11
	受信機の受信に障害を与える雑音の原因とならないもの		9					11		
	スーパーヘテロダイン受信機のAGC回路				11		11		11	
各システムと運用	GPSの概要	9			8	8				
	航空用DMEの概要		10	8						
	電波高度計の概要						8			
	SSR設備		11					9	9	
	SSRモードSシステム			9						9
	SSRからATCトランスポンダへの質問信号	10			9	9	9			
	ATCトランスポンダの動作			10						10
	ATCトランスポンダでアイデント・ボタンを押す目的							10	10	

航空特殊無線技士　工学		令和2年		令和3年			令和4年			令和5年
		2月期	10月期	2月期	6月期	10月期	2月期	6月期	10月期	2月期
各システムと運用	ATCトランスポンダにおいて高度情報を送信状態にするときの切替つまみの位置		8			10	10			
	ATCトランスポンダからSPI（特別位置識別）パルスを送信するときの操作	11			10					
	機上気象レーダーの調整器の機能							8	8	8

第一級海上特殊無線技士 法規

ご注意

各設問に対する答は、出題時点での法令等に準拠して解答しております。

試験概要

試験問題：問題数／12問
合格基準：満　点／60点　合格点／40点
配点内訳：1　問／5点

令和２年２月期

〔1〕 無線局の免許を与えられないことがある者はどれか。次のうちから選べ。

1 刑法に規定する罪を犯し懲役に処せられ、その執行を終わった日から２年を経過しない者

2 電波法に規定する罪を犯し罰金以上の刑に処せられ、その執行を終わった日から２年を経過しない者

3 無線局の免許の取消しを受け、その取消しの日から５年を経過しない者

4 無線局を廃止し、その廃止の日から２年を経過しない者

〔2〕 次の記述は、船舶に施設する無線設備について述べたものである。無線設備規則の規定に照らし、□内に入れるべき字句を下の番号から選べ。

船舶の航海船橋に通常設置する無線設備には、その筐(きょう)体の見やすい箇所に、当該設備の発する磁界が□に障害を与えない最小の距離を明示しなければならない。

1 他の電気的設備の機能　　2 自動レーダープロッティング機能

3 磁気羅針儀の機能　　4 自動操舵装置の機能

〔3〕 無線従事者は、その業務に従事しているときは、免許証をどのようにしていなければならないか。次のうちから選べ。

1 無線局に備え付ける。

2 携帯する。

3 航海船橋に備え付ける。

4 主たる送信装置のある場所の見やすい箇所に掲げる。

〔4〕 総務大臣から無線従事者がその免許を取り消されることがあるのはどの場合か。次のうちから選べ。

1 電波法に違反したとき。

2 日本の国籍を有しない者となったとき。

3 引き続き５年以上無線設備の操作を行わなかったとき。

4 免許証を失ったとき。

〔5〕 無線局の免許人は、その船舶局が遭難通信を行ったときは、どうしなければならないか。次のうちから選べ。

1 その通信の記録を作成し、１年間これを保存する。

2　速やかに海上保安庁の海岸局に通知する。
3　船舶の所有者に通報する。
4　総務省令で定める手続により、総務大臣に報告する。

〔6〕 無線局の免許がその効力を失ったときは、免許人であった者は、その免許状をどうしなければならないか。次のうちから選べ。

1　3箇月以内に総務大臣に返納する。
2　直ちに廃棄する。
3　2年間保管する。
4　1箇月以内に総務大臣に返納する。

〔7〕 次の記述は、秘密の保護について述べたものである。電波法の規定に照らし、□内に入れるべき字句を下の番号から選べ。

何人も法律に別段の定めがある場合を除くほか、□に対して行われる無線通信を傍受してその存在若しくは内容を漏らし、又はこれを窃用してはならない。

1　すべての無線局　　2　特定の相手方
3　総務省令で定める周波数を使用する無線局　　4　総務大臣が告示する無線局

〔8〕 次の記述は、船舶局の機器の調整のための通信について述べたものである。電波法の規定に照らし、□内に入れるべき字句を下の番号から選べ。

海岸局又は船舶局は、他の船舶局から無線設備の機器の調整のための通信を求められたときは、□、これに応じなければならない。

1　遭難通信を行っている場合を除き　　2　責任者の許可を得て
3　支障のない限り　　4　一切の通信を中止して

〔9〕 156.8MHzの周波数の電波を使用することができるのはどの場合か。次のうちから選べ。

1　操船援助のための通信を行う場合　　2　電波の規正に関する通信を行う場合
3　呼出し又は応答を行う場合　　4　漁業通信を行う場合

〔10〕 船舶局がデジタル選択呼出通信（遭難通信、緊急通信及び安全通信を行う場合のものを除く。）で呼出しを反復しようとするときは、何分間以上の間隔をおいて何回送信することができるか。次のうちから選べ。

1　2分間以上の間隔を置いて2回　　2　5分間以上の間隔を置いて2回
3　7分間以上の間隔を置いて3回　　4　10分間以上の間隔を置いて3回

〔11〕 遭難呼出し及び遭難通報の送信は、どのように反復しなければならないか。次のうちから選べ。

1 他の通信に混信を与えるおそれがある場合を除き、反復を継続する。
2 少なくとも3分間の間隔をおいて反復する。
3 少なくとも5回反復する。
4 応答があるまで、必要な間隔をおいて反復する。

〔12〕 無線通信規則に規定している無線電話の遭難信号はどれか。次のうちから選べ。

1 MAYDAY　　2 DISTRESS　　3 PAN　PAN　　4 SECURITE

▶ 解答・根拠

問題	解答	根　　拠
〔1〕	2	欠格事由（法5条）
〔2〕	3	磁気羅針儀に対する保護（設備37条の28）
〔3〕	2	免許証の携帯（施行38条）
〔4〕	1	無線従事者の免許の取消し等（法79条）
〔5〕	4	報告等（法80条）
〔6〕	4	免許状の返納（法24条）
〔7〕	2	秘密の保護（法59条）
〔8〕	3	船舶局の機器の調整のための通信（法69条）
〔9〕	3	電波の使用制限（運用58条）
〔10〕	2	呼出しの反復（運用58条の5）
〔11〕	4	遭難呼出し及び遭難通報の送信の反復（運用81条）
〔12〕	1	GMDSSにおける遭難信号（無線通信規則32条（RR32.13BA））

令和２年１０月期

〔1〕 無線局の免許状に記載される事項に該当しないものはどれか。次のうちから選べ。

1 無線局の目的　　2 無線設備の設置場所
3 空中線の型式及び構成　　4 通信の相手方及び通信事項

〔2〕 次の記述は、船舶に設置する無線航行のためのレーダー（総務大臣が別に告示するものを除く。）の条件について述べたものである。無線設備規則の規定に照らし、□内に入れるべき字句を下の番号から選べ。

その船舶の無線設備、羅針儀その他の設備であって重要なものの□に障害を与え、又は他の設備によってその運用が妨げられるおそれのないように設置されるものであること。

1 機能　　2 操作　　3 装置　　4 設備

〔3〕 総務大臣が無線従事者の免許を与えないことができる者はどれか。次のうちから選べ。

1 刑法に規定する罪を犯し罰金以上の刑に処せられ、その執行を終わり、又はその執行を受けることがなくなった日から２年を経過しない者
2 日本の国籍を有しない者
3 無線従事者の免許を取り消され、取消しの日から５年を経過しない者
4 無線従事者の免許を取り消され、取消しの日から２年を経過しない者

〔4〕 総務大臣は、無線局の発射する電波の質が総務省令で定めるものに適合していないと認めるときは、その無線局に対してどのような処分を行うことができるか。次のうちから選べ。

1 免許を取り消す。
2 空中線の撤去を命ずる。
3 臨時に電波の発射の停止を命ずる。
4 周波数又は空中線電力の指定を変更する。

〔5〕 無線局の免許人は、その船舶局が遭難通信を行ったときは、どうしなければならないか。次のうちから選べ。

1 その通信の記録を作成し、１年間これを保存する。
2 速やかに海上保安庁の海岸局に通知する。

3　船舶の所有者に通報する。

4　総務省令で定める手続により、総務大臣に報告する。

〔6〕 次の記述は、業務書類等の備付けについて述べたものである。電波法の規定に照らし、[　　　]内に入れるべき字句を下の番号から選べ。

無線局には、正確な時計及び[　　　]その他総務省令で定める書類を備え付けておかなければならない。ただし、総務省令で定める無線局については、これらの全部又は一部の備付けを省略することができる。

1　無線設備等の点検実施報告書の写し　　2　無線局の免許の申請書の写し

3　無線業務日誌　　4　無線従事者免許証

〔7〕 無線局を運用する場合においては、遭難通信を行う場合を除き、無線設備の設置場所は、どの書類に記載されたところによらなければならないか。次のうちから選べ。

1　免許状　　2　免許証

3　無線局事項書の写し　　4　無線局の免許の申請書の写し

〔8〕 次の記述は、デジタル選択呼出通信（遭難通信、緊急通信及び安全通信を行う場合のものを除く。）における呼出しに対する応答について述べたものである。無線局運用規則の規定に照らし、[　　　]内に入れるべき字句を下の番号から選べ。

船舶局は、自局に対する呼出しを受信したときは、[　　　]以内に応答するものとする。

1　15分　　2　10分　　3　5分　　4　3分

〔9〕 無線電話通信において、呼出しに使用した電波と同一の電波により通報を送信する場合に順次送信する事項のうち、その送信を省略することができるものはどれか。次のうちから選べ。

1　相手局の呼出名称　1回

2　(1)　相手局の呼出名称　1回
　　(2)　こちらは　1回
　　(3)　自局の呼出名称　1回

3　(1)　相手局の呼出名称　1回
　　(2)　こちらは　1回

4　(1)　こちらは　1回
　　(2)　自局の呼出名称　1回

〔10〕 遭難通信を行う場合を除き、その周波数の電波の使用は、できる限り短時間とし、かつ、1分以上にわたってはならないものはどれか。次のうちから選べ。

1　156.8MHz　　2　2,187.5kHz　　3　27,524kHz　　4　156.525MHz

〔11〕 無線局に備え付けておかなければならない時計は、その時刻を中央標準時又は協定世界時にどのように照合しておかなければならないか。次のうちから選べ。

1 運用開始前　　2 毎週１回以上　　3 毎日１回以上　　4 毎月１回以上

〔12〕 次の記述は、遭難の呼出し及び通報について述べたものである。国際電気通信連合憲章の規定に照らし、□内に入れるべき字句を下の番号から選べ。

無線通信の局は、遭難の呼出し及び通報を、□、絶対的優先順位において受信し、同様にこの通報に応答し、及び直ちに必要な措置をとる義務を負う。

1 いずれから発せられたかを問わず　　2 自国の領海で発せられた場合には

3 公海で発せられた場合には　　4 自国の領海及び公海で発せられた場合には

▶ 解答・根拠

問題	解答	根　　拠
〔1〕	3	免許状（記載事項）（法14条）
〔2〕	1	レーダーの条件（設備48条）
〔3〕	4	無線従事者の免許を与えない場合（法42条）
〔4〕	3	電波の発射の停止（法72条）
〔5〕	4	報告等（法80条）
〔6〕	3	時計・業務書類等の備付け（法60条）
〔7〕	1	免許状記載事項の遵守（法53条）
〔8〕	3	応答（運用58条の６）
〔9〕	2	通報の送信（運用29条）
〔10〕	1	電波の使用制限（運用58条）
〔11〕	3	時計（運用３条）
〔12〕	1	遭難の呼出し及び通報（憲章46条）

令和３年２月期

〔1〕 無線局の免許を与えられないことがある者はどれか。次のうちから選べ。

1　刑法に規定する罪を犯し懲役に処せられ、その執行を終わった日から２年を経過しない者

2　無線局の免許の取消しを受け、その取消しの日から５年を経過しない者

3　無線局を廃止し、その廃止の日から２年を経過しない者

4　電波法に規定する罪を犯し罰金以上の刑に処せられ、その執行を終わった日から２年を経過しない者

〔2〕 次の記述は、船舶に施設する無線設備について述べたものである。無線設備規則の規定に照らし、□内に入れるべき字句を下の番号から選べ。

船舶の航海船橋に通常設置する無線設備には、その筐(きょう)体の見やすい箇所に、当該設備の発する磁界が□に障害を与えない最小の距離を明示しなければならない。

1　他の電気的設備の機能　　2　自動レーダープロッティング機能

3　磁気羅針儀の機能　　4　自動操舵装置の機能

〔3〕 無線従事者は、その業務に従事しているときは、免許証をどのようにしていなければならないか。次のうちから選べ。

1　携帯する。　　2　無線局に備え付ける。

3　航海船橋に備え付ける。　　4　主たる送信装置のある場所の見やすい箇所に掲げる。

〔4〕 総務大臣から無線従事者がその免許を取り消されることがあるのはどの場合か。次のうちから選べ。

1　日本の国籍を有しない者となったとき。

2　引き続き５年以上無線設備の操作を行わなかったとき。

3　電波法に違反したとき。

4　免許証を失ったとき。

〔5〕 無線局の免許人は、その船舶局が遭難通信を行ったときは、どうしなければならないか。次のうちから選べ。

1　総務省令で定める手続により、総務大臣に報告する。

2　その通信の記録を作成し、１年間これを保存する。

3　速やかに海上保安庁の海岸局に通知する。

4　船舶の所有者に通報する。

〔6〕 無線局の免許人は、免許状に記載した事項に変更を生じたときは、どうしなければならないか。次のうちから選べ。

1 速やかに免許状を訂正し、遅滞なくその旨を総務大臣に報告する。
2 免許状を総務大臣に提出し、訂正を受ける。
3 遅滞なく免許状を返納し、免許状の再交付を受ける。
4 速やかに免許状を訂正し、その後最初に行われる無線局の検査の際に検査職員の確認を受ける。

〔7〕 デジタル選択呼出通信（遭難通信、緊急通信及び安全通信を行う場合のものを除く。）において、自局に対する呼出しを受信した船舶局は何分以内に応答することになっているか。次のうちから選べ。

1 5分　　2 8分　　3 10分　　4 15分

〔8〕 無線電話通信において、無線局は、自局に対する呼出しであることが確実でない呼出しを受信したときは、どうしなければならないか。次のうちから選べ。

1 他の無線局が応答しない場合は、直ちに応答する。
2 直ちに応答し、自局に対する呼出しであることを確かめる。
3 応答事項のうち相手局の呼出名称の代わりに「貴局名は、何ですか」を使用して、直ちに応答する。
4 その呼出しが反復され、かつ、自局に対する呼出しであることが確実に判明するまで応答しない。

〔9〕 次の記述は、無線電話通信における通報の送信について述べたものである。無線局運用規則の規定に照らし、□内に入れるべき字句を下の番号から選べ。

通報の送信は、次に掲げる事項を順次送信して行うものとする。

(1) 相手局の呼出名称　□
(2) こちらは　1回
(3) 自局の呼出名称　1回
(4) 通報
(5) どうぞ　1回

1 2回
2 3回以下
3 1回
4 3回

〔10〕 遭難通信を行う場合を除き、その周波数の電波の使用は、できる限り短時間とし、かつ、1分以上にわたってはならないものはどれか。次のうちから選べ。

1 2,187.5kHz　　2 27,524kHz　　3 156.8MHz　　4 156.525MHz

〔11〕 無線局に備え付けておかなければならない時計は、その時刻をどのように照合しておかなければならないか。次のうちから選べ。

1 運用開始前に中央標準時又は協定世界時に照合する。
2 毎日1回以上中央標準時又は協定世界時に照合する。
3 毎週1回以上中央標準時に照合する。
4 毎月1回以上協定世界時に照合する。

〔12〕 船舶局における遭難警報又は遭難呼出し及び遭難通報の送信は、誰の命令によって行うか。無線通信規則の規定に照らし、次のうちから選べ。

1 船舶局を有する船舶の責任者の命令によってのみ行う。
2 できる限り、船舶の責任者の命令によって行う。
3 船舶局の責任者の命令によってのみ行う。
4 できる限り、船舶局の免許人の命令によって行う。

▶ **解答・根拠**

問題	解答	根　拠
〔1〕	4	欠格事由（法5条）
〔2〕	3	磁気羅針儀に対する保護（設備37条の28）
〔3〕	1	免許証の携帯（施行38条）
〔4〕	3	無線従事者の免許の取消し等（法79条）
〔5〕	1	報告等（法80条）
〔6〕	2	免許状の訂正（法21条）
〔7〕	1	応答（運用58条の6）
〔8〕	4	不確実な呼出しに対する応答（運用26条）
〔9〕	3	通報の送信（運用29条）、無線電話通信に対する準用（運用18条）、業務用語（運用14条）
〔10〕	3	電波の使用制限（運用58条）
〔11〕	2	時計（運用3条）
〔12〕	1	責任者の命令等（運用71条）

令和３年６月期

〔1〕 無線局の免許状に記載される事項に該当しないものはどれか。次のうちから選べ。

1 空中線の型式及び構成　　2 無線局の目的

3 無線設備の設置場所　　4 通信の相手方及び通信事項

〔2〕 次の記述は、船舶に設置する無線航行のためのレーダー（総務大臣が別に告示するものを除く。）の条件について述べたものである。無線設備規則の規定に照らし、□内に入れるべき字句を下の番号から選べ。

その船舶の無線設備、羅針儀その他の設備であって重要なものの□に障害を与え、又は他の設備によってその運用が妨げられるおそれのないように設置されるものであること。

1 操作　　2 装置　　3 機能　　4 設備

〔3〕 総務大臣が無線従事者の免許を与えないことができる者はどれか。次のうちから選べ。

1 刑法に規定する罪を犯し罰金以上の刑に処せられ、その執行を終わり、又はその執行を受けることがなくなった日から２年を経過しない者

2 日本の国籍を有しない者

3 無線従事者の免許を取り消され、取消しの日から５年を経過しない者

4 無線従事者の免許を取り消され、取消しの日から２年を経過しない者

〔4〕 総務大臣は、無線局の発射する電波の質が総務省令で定めるものに適合していないと認めるときは、その無線局に対してどのような処分を行うことができるか。次のうちから選べ。

1 無線局の免許を取り消す。　　2 空中線の撤去を命ずる。

3 臨時に電波の発射の停止を命ずる。　　4 周波数又は空中線電力の指定を変更する。

〔5〕 無線局の免許人は、その船舶局が緊急通信を行ったときは、どうしなければならないか。次のうちから選べ。

1 総務省令で定める手続により、総務大臣に報告する。

2 速やかに海上保安庁の海岸局に通知する。

3 総務大臣に届け出るとともに無線局事項書の余白にその旨を記載する。

4 船舶の責任者に通報する。

〔6〕 無線局の免許人は、免許状に記載した事項に変更を生じたときは、どうしなければならないか。次のうちから選べ。

1　速やかに免許状を訂正し、遅滞なくその旨を総務大臣に報告する。
2　免許状を総務大臣に提出し、訂正を受ける。
3　遅滞なく免許状を返納し、免許状の再交付を受ける。
4　速やかに免許状を訂正し、その後最初に行われる無線局の検査の際に検査職員の確認を受ける。

〔7〕 次の記述は、秘密の保護について述べたものである。電波法の規定に照らし、□内に入れるべき字句を下の番号から選べ。

何人も法律に別段の定めがある場合を除くほか、□を傍受してその存在若しくは内容を漏らし、又はこれを窃用してはならない。

1　特定の相手方に対して行われる暗語による無線通信
2　総務省令で定める周波数を使用して行われる無線通信
3　総務省令で定める周波数を使用して行われる暗語による無線通信
4　特定の相手方に対して行われる無線通信

〔8〕 次の記述は、無線電話通信における通報の送信について述べたものである。無線局運用規則の規定に照らし、□内に入れるべき字句を下の番号から選べ。

通報の送信は、次に掲げる事項を順次送信して行うものとする。

(1)　相手局の呼出名称　□
(2)　こちらは　1回
(3)　自局の呼出名称　1回
(4)　通報
(5)　どうぞ　1回

1　1回
2　2回
3　3回以下
4　3回

〔9〕 156.8MHzの周波数の電波を使用することができるのはどの場合か。次のうちから選べ。

1　電波の規正に関する通信を行う場合
2　遭難通信を行う場合
3　出入港に関する通報の送信を行う場合
4　漁業通信を行う場合

〔10〕 無線局に備え付けておかなければならない時計は、その時刻をどのように照合しておかなければならないか。次のうちから選べ。

1　毎週1回以上中央標準時に照合する。
2　毎月1回以上協定世界時に照合する。

3　毎日1回以上中央標準時又は協定世界時に照合する。
4　運用開始前に中央標準時又は協定世界時に照合する。

〔11〕 遭難呼出し及び遭難通報の送信は、どのように反復しなければならないか。次のうちから選べ。
1　他の通信に混信を与えるおそれがある場合を除き、反復を継続する。
2　応答があるまで、必要な間隔をおいて反復する。
3　少なくとも3分間の間隔をおいて反復する。
4　少なくとも5回反復する。

〔12〕 無線通信規則に規定している無線電話の遭難信号はどれか。次のうちから選べ。
1　MAYDAY　　2　DISTRESS　　3　PAN　PAN　　4　SECURITE

▶ 解答・根拠

問題	解答	根　　拠
〔1〕	1	免許状（記載事項）（法14条）
〔2〕	3	レーダーの条件（設備48条）
〔3〕	4	無線従事者の免許を与えない場合（法42条）
〔4〕	3	電波の発射の停止（法72条）
〔5〕	1	報告等（法80条）
〔6〕	2	免許状の訂正（法21条）
〔7〕	4	秘密の保護（法59条）
〔8〕	1	通報の送信（運用29条）、無線電話通信に対する準用（運用18条）、業務用語（運用14条）
〔9〕	2	電波の使用制限（運用58条）
〔10〕	3	時計（運用3条）
〔11〕	2	遭難呼出し及び遭難通報の送信の反復（運用81条）
〔12〕	1	GMDSSにおける遭難信号（無線通信規則32条（RR32.13BA））

令和3年10月期

〔1〕 無線局の免許人は、無線設備の変更の工事をしようとするときは、総務省令で定める場合を除き、どうしなければならないか。次のうちから選べ。

1　あらかじめ総務大臣にその旨を届け出る。

2　あらかじめ総務大臣の許可を受ける。

3　総務大臣に無線設備の変更の工事の予定期日を届け出る。

4　あらかじめ総務大臣の指示を受ける。

〔2〕 次の記述は、船舶に施設する無線設備について述べたものである。無線設備規則の規定に照らし、□内に入れるべき字句を下の番号から選べ。

船舶の航海船橋に通常設置する無線設備には、その筐(きょう)体の見やすい箇所に、当該設備の発する磁界が□に障害を与えない最小の距離を明示しなければならない。

1　他の電気的設備の機能　　2　自動レーダープロッティング機能

3　磁気羅針儀の機能　　4　自動操舵装置の機能

〔3〕 次の記述は、第一級海上特殊無線技士の資格を有する者が行うことができる無線設備の操作の範囲を述べたものである。電波法施行令の規定に照らし、□内に入れるべき字句を下の番号から選べ。

船舶局の空中線電力□の無線電話及びデジタル選択呼出装置で25,010kHz以上の周波数の電波を使用するものの通信操作（国際電気通信業務の通信のための通信操作を除く。）及びこれらの無線設備（多重無線設備を除く。）の外部の転換装置で電波の質に影響を及ぼさないものの技術操作

1　20ワット以下　　2　50ワット以下　　3　10ワット以下　　4　30ワット以下

〔4〕 無線局の免許人が電波法又は電波法に基づく命令に違反したときに総務大臣が行うことができる処分はどれか。次のうちから選べ。

1　期間を定めて行う電波の型式の制限

2　期間を定めて行う空中線電力の制限

3　期間を定めて行う通信の相手方又は通信事項の制限

4　再免許の拒否

〔5〕 総務大臣が無線局に対して臨時に電波の発射の停止を命ずることができるのはどの場合か。次のうちから選べ。

1　無線局が免許状に記載された空中線電力の範囲を超えて運用していると認めるとき。
2　無線局の発射する電波の質が総務省令で定めるものに適合していないと認めるとき。
3　無線局の発射する電波が他の無線局の通信に混信を与えていると認めるとき。
4　無線局が暗語を使用して通信を行っていると認めるとき。

〔6〕　船舶局の免許状は、掲示を困難とするものを除き、どの箇所に掲げておかなければならないか。次のうちから選べ。

1　主たる送信装置のある場所の見やすい箇所
2　受信装置のある場所の見やすい箇所
3　航海船橋の適宜な箇所
4　船内の適宜な箇所

〔7〕　無線局を運用する場合においては、遭難通信を行う場合を除き、空中線電力は、どれによらなければならないか。次のうちから選べ。

1　無線局の免許の申請書に記載したもの
2　通信の相手方となる無線局が要求するもの
3　免許状に記載されたものの範囲内で通信を行うため必要最小のもの
4　免許状に記載されたものの範囲内で通信を行うため必要最大のもの

〔8〕　無線局は、無線機器の試験又は調整のため電波の発射を必要とするときは、電波を発射する前にどうしなければならないか。次のうちから選べ。

1　発射しようとする電波の空中線電力が十分であることを確かめる。
2　自局の発射しようとする電波の周波数及びその他必要と認める周波数によって聴守し、他の無線局の通信に混信を与えないことを確かめる。
3　発射しようとする電波の周波数をあらかじめ測定する。
4　自局の発射しようとする電波の周波数に隣接する周波数において他の無線局が重要な通信を行っていないことを確かめる。

〔9〕　次の記述は、海上移動業務の無線局の無線電話通信における応答事項を掲げたものである。無線局運用規則の規定に照らし、□内に入れるべき字句を下の番号から選べ。

①　相手局の呼出名称　　3回以下
②　こちらは　　1回
③　自局の呼出名称　　□

1　1回　　2　2回以下　　3　3回　　4　3回以下

〔10〕 船舶が遭難した場合に、船舶局がデジタル選択呼出装置を使用して超短波帯（156MHzを超え157.45MHz以下の周波数帯をいう。）の電波で送信する遭難警報は、どの周波数を使用して行うか。次のうちから選べ。

1　156.525MHz　　2　156.8MHz　　3　156.3MHz　　4　156.65MHz

〔11〕 船舶局が無線電話通信において遭難通報を送信する場合の送信事項に該当しないものはどれか。次のうちから選べ。

1　「メーデー」又は「遭難」
2　遭難した船舶の名称又は識別
3　遭難した船舶の乗客及び乗組員の氏名
4　遭難した船舶の位置、遭難の種類及び状況並びに必要とする救助の種類その他救助のため必要な事項

〔12〕 次の記述は、遭難の呼出し及び通報について述べたものである。国際電気通信連合憲章の規定に照らし、□内に入れるべき字句を下の番号から選べ。

無線通信の局は、遭難の呼出し及び通報を、□、絶対的優先順位において受信し、同様にこの通報に応答し、及び直ちに必要な措置をとる義務を負う。

1　いずれから発せられたかを問わず
2　自国の領海で発せられた場合には
3　公海で発せられた場合には
4　自国の領海及び公海で発せられた場合には

▶ 解答・根拠

問題	解答	根　　拠
〔1〕	2	変更等の許可（法17条）
〔2〕	3	磁気羅針儀に対する保護（設備37条の28）
〔3〕	2	操作及び監督の範囲（施行令3条）
〔4〕	2	無線局の運用の停止等（法76条）
〔5〕	2	電波の発射の停止（法72条）
〔6〕	1	免許状を掲げる場所（施行38条）
〔7〕	3	免許状記載事項の遵守（法54条）
〔8〕	2	試験電波の発射（運用39条）
〔9〕	4	応答（運用23条）、無線電話通信に対する準用（運用18条）、業務用語（運用14条）
〔10〕	1	使用電波（運用70条の2）
〔11〕	3	遭難通報（運用77条）
〔12〕	1	遭難の呼出し及び通報（憲章46条）

令和４年２月期

〔1〕 無線局の免許人は、無線設備の変更の工事をしようとするときは、総務省令で定める場合を除き、どうしなければならないか。次のうちから選べ。

1　あらかじめ総務大臣の許可を受ける。

2　あらかじめ総務大臣にその旨を届け出る。

3　総務大臣に無線設備の変更の工事の予定期日を届け出る。

4　あらかじめ総務大臣の指示を受ける。

〔2〕 船舶に設置する無線航行のためのレーダー（総務大臣が別に告示するものを除く。）は、電源電圧が定格電圧の（±）何パーセント以内において変動した場合においても安定に動作するものでなければならないか。次のうちから選べ。

1　2パーセント　　2　5パーセント　　3　10パーセント　　4　20パーセント

〔3〕 無線従事者は、その業務に従事しているときは、免許証をどのようにしていなければならないか。次のうちから選べ。

1　無線局に備え付ける。　　2　通信室内に保管する。

3　通信室内の見やすい箇所に掲げる。　　4　携帯する。

〔4〕 総務大臣が無線局に対して臨時に電波の発射の停止を命ずることができるのはどの場合か。次のうちから選べ。

1　無線局が免許状に記載された空中線電力の範囲を超えて運用していると認めるとき。

2　無線局の発射する電波の質が総務省令で定めるものに適合していないと認めるとき。

3　無線局の発射する電波が他の無線局の通信に混信を与えていると認めるとき。

4　無線局が暗語を使用して通信を行っていると認めるとき。

〔5〕 無線局の免許人が電波法又は電波法に基づく命令に違反したときに総務大臣が行うことができる処分はどれか。次のうちから選べ。

1　再免許の拒否　　2　電波の型式の制限

3　通信の相手方又は通信事項の制限　　4　無線局の運用の停止

〔6〕 無線局の免許人は、無線従事者を選任し、又は解任したときは、どうしなければならないか。次のうちから選べ。

1　10日以内にその旨を総務大臣に報告する。

2　速やかに総務大臣の承認を受ける。
3　遅滞なく、その旨を総務大臣に届け出る。
4　１箇月以内にその旨を総務大臣に届け出る。

〔7〕 一般通信方法における無線通信の原則として無線局運用規則に定める事項に該当しないものはどれか。次のうちから選べ。
1　無線通信は、長時間継続して行ってはならない。
2　必要のない無線通信は、これを行ってはならない。
3　無線通信に使用する用語は、できる限り簡潔でなければならない。
4　無線通信を行うときは、自局の識別信号を付して、その出所を明らかにしなければならない。

〔8〕 無線電話通信において、無線局は、自局に対する呼出しであることが確実でない呼出しを受信したときは、どうしなければならないか。次のうちから選べ。
1　応答事項のうち相手局の呼出名称の代わりに「貴局名は何ですか」を使用して、直ちに応答する。
2　直ちに応答し、自局に対する呼出しであることを確かめる。
3　その呼出しが反復され、かつ、自局に対する呼出しであることが確実に判明するまで応答しない。
4　他の無線局が応答しない場合は、直ちに応答する。

〔9〕 無線電話通信の通報において、「終わり」の略語を使用するのはどの場合か。次のうちから選べ。
1　通信が終了したとき。
2　通報の送信を終わるとき。
3　周波数の変更を完了したとき。
4　通報がないことを通知しようとするとき。

〔10〕 入港中の船舶の船舶局を運用することができないのはどの場合か。次のうちから選べ。
1　総務大臣が行う無線局の検査に際してその運用を必要とする場合
2　中短波帯（1,606.5kHz から 4,000kHz までの周波数帯をいう。）の周波数の電波を使用して通報を他の船舶局に送信する場合
3　無線通信によらなければ他に陸上との連絡手段がない場合であって、急を要する通報を海岸局に送信する場合
4　26.175MHz を超え 470MHz 以下の周波数の電波により通信を行う場合

〔11〕 遭難呼出し及び遭難通報の送信は、どのように反復しなければならないか。次のうちから選べ。

1 他の通信に混信を与えるおそれがある場合を除き、反復を継続する。
2 少なくとも3分間の間隔をおいて反復する。
3 少なくとも5回反復する。
4 応答があるまで、必要な間隔をおいて反復する。

〔12〕 156.8MHz の周波数で遭難呼出しを行う際に、遭難信号 MAYDAY は何回送信しなければならないか。無線通信規則の規定に照らし、次のうちから選べ。

1 3回　　2 1回　　3 4回　　4 2回

▶ 解答・根拠

問題	解答	根　　拠
〔1〕	1	変更等の許可（法17条）
〔2〕	3	レーダーの条件（設備48条）
〔3〕	4	免許証の携帯（施行38条）
〔4〕	2	電波の発射の停止（法72条）
〔5〕	4	無線局の運用の停止等（法76条）
〔6〕	3	無線従事者の選解任届（法51条）
〔7〕	1	無線通信の原則（運用10条）
〔8〕	3	不確実な呼出しに対する応答（運用26条）
〔9〕	2	通報の送信（運用29条）、無線電話通信に対する準用（運用18条）、業務用語（運用14条）
〔10〕	2	入港中の船舶の船舶局の運用（運用40条）
〔11〕	4	遭難呼出し及び遭難通報の送信の反復（運用81条）
〔12〕	1	GMDSS における遭難呼出し（無線通信規則32条（RR32.13C））

令和４年６月期

〔1〕 次に掲げる事項のうち、総務大臣が海上移動業務の無線局の免許の申請の審査をする際に審査する事項に該当しないものはどれか。次のうちから選べ。

1 周波数の割当てが可能であること。

2 工事設計が電波法第３章（無線設備）に定める技術基準に適合すること。

3 その無線局の業務を維持するに足りる経理的基礎及び技術的能力があること。

4 総務省令で定める無線局（基幹放送局を除く。）の開設の根本的基準に合致すること。

〔2〕 電波の主搬送波の変調の型式が振幅変調で抑圧搬送波による単側波帯のもの、主搬送波を変調する信号の性質がアナログ信号である単一チャネルのものであって、伝送情報の型式が電話（音響の放送を含む。）の電波の型式を表示する記号はどれか。次のうちから選べ。

1 J3E　　2 F3E　　3 F1B　　4 A3E

〔3〕 無線従事者は、その業務に従事しているときは、免許証をどのようにしていなければならないか。次のうちから選べ。

1 主たる送信装置のある場所の見やすい箇所に掲げる。

2 無線局に備え付ける。

3 航海船橋に備え付ける。

4 携帯する。

〔4〕 総務大臣が無線局に対して臨時に電波の発射の停止を命ずることができるのはどの場合か。次のうちから選べ。

1 無線局が免許状に記載された空中線電力の範囲を超えて運用していると認めるとき。

2 無線局の発射する電波の質が総務省令で定めるものに適合していないと認めるとき。

3 無線局の発射する電波が他の無線局の通信に混信を与えていると認めるとき。

4 無線局が暗語を使用して通信を行っていると認めるとき。

〔5〕 無線局の免許人は、電波法又は電波法に基づく命令の規定に違反して運用した無線局を認めたときは、どうしなければならないか。次のうちから選べ。

1 その無線局の免許人を告発する。

2 その無線局の電波の発射を停止させる。

3 その無線局の免許人にその旨を通知する。

4　総務省令で定める手続により、総務大臣に報告する。

〔6〕 海岸局において、空電、混信、受信感度の減退等の通信状態について記載しなければならない書類はどれか。次のうちから選べ。

1　無線設備の保守管理簿　　2　無線局事項書の写し
3　無線業務日誌　　4　無線局の免許の申請書の写し

〔7〕 次の記述は、秘密の保護について述べたものである。電波法の規定に照らし、□内に入れるべき字句を下の番号から選べ。

何人も法律に別段の定めがある場合を除くほか、□を傍受してその存在若しくは内容を漏らし、又はこれを窃用してはならない。

1　特定の相手方に対して行われる暗語による無線通信
2　特定の相手方に対して行われる無線通信
3　総務省令で定める周波数を使用して行われる無線通信
4　総務省令で定める周波数を使用して行われる暗語による無線通信

〔8〕 次の記述は、無線電話通信における通報の送信について述べたものである。無線局運用規則の規定に照らし、□内に入れるべき字句を下の番号から選べ。

通報の送信は、次に掲げる事項を順次送信して行うものとする。

(1)　相手局の呼出名称　□
(2)　こちらは　1回
(3)　自局の呼出名称　1回
(4)　通報
(5)　どうぞ　1回

1　2回
2　3回以下
3　1回
4　3回

〔9〕 156.8MHzの周波数の電波を使用することができるのはどの場合か。次のうちから選べ。

1　電波の規正に関する通信を行う場合　　2　出入港に関する通報の送信を行う場合
3　遭難通信を行う場合　　4　漁業通信を行う場合

〔10〕 入港中の船舶の船舶局を運用することができないのはどの場合か。次のうちから選べ。

1　総務大臣が行う無線局の検査に際してその運用を必要とする場合
2　中短波帯（1,606.5kHzから4,000kHzまでの周波数帯をいう。）の周波数の電波を使用して通報を他の船舶局に送信する場合

3　無線通信によらなければ他に陸上との連絡手段がない場合であって、急を要する通報を海岸局に送信する場合

4　26.175MHz を超え 470MHz 以下の周波数の電波により通信を行う場合

〔11〕 船舶局は、デジタル選択呼出装置を使用して送信された遭難警報を受信したときは、どうしなければならないか。次のうちから選べ。

1　直ちにこれをその船舶の責任者に通知する。

2　遅滞なく、これを適当な海岸局に通報する。

3　遅滞なく、これを海上保安庁に通報する。

4　直ちにこれをその船舶局の免許人に通知する。

〔12〕 無線通信規則に規定している無線電話の遭難信号はどれか。次のうちから選べ。

1　DISTRESS　　2　PAN　PAN　　3　SECURITE　　4　MAYDAY

▶ **解答・根拠**

問題	解答	根　　拠
〔1〕	3	申請の審査（法7条）
〔2〕	1	電波の型式の表示（施行4条の2）
〔3〕	4	免許証の携帯（施行38条）
〔4〕	2	電波の発射の停止（法72条）
〔5〕	4	報告等（法80条）
〔6〕	3	無線業務日誌（施行40条）
〔7〕	2	秘密の保護（法59条）
〔8〕	3	通報の送信（運用29条）、無線電話通信に対する準用（運用18条）、業務用語（運用14条）
〔9〕	3	電波の使用制限（運用58条）
〔10〕	2	入港中の船舶の船舶局の運用（運用40条）
〔11〕	1	遭難警報等を受信した船舶局のとるべき措置（運用81条の5）
〔12〕	4	GMDSS における遭難信号（無線通信規則32条（RR32.13BA））

令和4年10月期

〔1〕 次の記述は、電波法に規定する「無線局」の定義である。[　　]内に入れるべき字句を下の番号から選べ。

「無線局」とは、無線設備及び[　　]の総体をいう。ただし、受信のみを目的とするものを含まない。

1　無線設備の管理を行う者　　2　無線設備の操作の監督を行う者
3　無線設備を所有する者　　4　無線設備の操作を行う者

〔2〕 電波の主搬送波の変調の型式が振幅変調で抑圧搬送波による単側波帯のもの、主搬送波を変調する信号の性質がアナログ信号である単一チャネルのものであって、伝送情報の型式が電話（音響の放送を含む。）の電波の型式を表示する記号はどれか。次のうちから選べ。

1　J3E　　2　F3E　　3　F1B　　4　A3E

〔3〕 次の記述は、第一級海上特殊無線技士の資格を有する者が行うことができる無線設備の操作の範囲を述べたものである。電波法施行令の規定に照らし、[　　]内に入れるべき字句を下の番号から選べ。

船舶局の空中線電力[　　]の無線電話及びデジタル選択呼出装置で25,010kHz以上の周波数の電波を使用するものの通信操作（国際電気通信業務の通信のための通信操作を除く。）及びこれらの無線設備（多重無線設備を除く。）の外部の転換装置で電波の質に影響を及ぼさないものの技術操作

1　50ワット以下　　2　30ワット以下　　3　20ワット以下　　4　10ワット以下

〔4〕 総務大臣から無線従事者がその免許を取り消されることがあるのはどの場合か。次のうちから選べ。

1　電波法に違反したとき。
2　引き続き5年以上無線設備の操作を行わなかったとき。
3　免許証を失ったとき。
4　日本の国籍を有しない者となったとき。

〔5〕 無線局の免許人は、その船舶局が緊急通信を行ったときは、どうしなければならないか。次のうちから選べ。

1　速やかに海上保安庁の海岸局に通知する。

2　総務大臣に届け出るとともに無線局事項書の余白にその旨を記載する。

3　船舶の責任者に通報する。

4　総務省令で定める手続により、総務大臣に報告する。

〔6〕　船舶局の免許状は、掲示を困難とするものを除き、どの箇所に掲げておかなければならないか。次のうちから選べ。

1　船内の適宜な箇所

2　航海船橋の適宜な箇所

3　受信装置のある場所の見やすい箇所

4　主たる送信装置のある場所の見やすい箇所

〔7〕　次の記述は、秘密の保護について述べたものである。電波法の規定に照らし、□内に入れるべき字句を下の番号から選べ。

何人も法律に別段の定めがある場合を除くほか、□に対して行われる無線通信を傍受してその存在若しくは内容を漏らし、又はこれを窃用してはならない。

1　総務省令で定める周波数を使用する無線局　　2　総務大臣が告示する無線局

3　すべての無線局　　4　特定の相手方

〔8〕　次の記述は、海上移動業務の無線局の無線電話通信における応答事項を掲げたものである。無線局運用規則の規定に照らし、□内に入れるべき字句を下の番号から選べ。

①　相手局の呼出名称　　3回以下

②　こちらは　　1回

③　自局の呼出名称　　□

1　3回以下　　2　3回　　3　2回以下　　4　1回

〔9〕　無線局に備え付けておかなければならない時計は、その時刻を中央標準時又は協定世界時にどのように照合しておかなければならないか。次のうちから選べ。

1　毎月1回以上　　2　毎日1回以上　　3　運用開始前　　4　毎週1回以上

〔10〕　156.8MHzの周波数の電波を使用することができないのはどの場合か。次のうちから選べ。

1　安全通信（安全呼出しを除く。）を行う場合

2　緊急通信（医事通報に係るものにあっては、緊急呼出しに限る。）を行う場合

3　呼出し又は応答を行う場合

4　遭難通信を行う場合

〔11〕 船舶が遭難した場合に、船舶局がデジタル選択呼出装置を使用して超短波帯（156MHzを超え157.45MHz以下の周波数帯をいう。）の電波で送信する遭難警報は、どの周波数を使用して行うか。次のうちから選べ。

1 156.8MHz　2 156.65MHz　3 156.525MHz　4 156.3MHz

〔12〕 無線通信規則に規定している無線電話の遭難信号はどれか。次のうちから選べ。

1 SECURITE　2 PAN PAN　3 MAYDAY　4 DISTRESS

▶ 解答・根拠

問題	解答	根　　拠
〔1〕	4	無線局の定義（法2条）
〔2〕	1	電波の型式の表示（施行4条の2）
〔3〕	1	操作及び監督の範囲（施行令3条）
〔4〕	1	無線従事者の免許の取消し等（法79条）
〔5〕	4	報告等（法80条）
〔6〕	4	免許状を掲げる場所（施行38条）
〔7〕	4	秘密の保護（法59条）
〔8〕	1	応答（運用23条）、準用規定の読替え（運用58条の11）、無線電話通信に対する準用（運用18条）、業務用語（運用14条）
〔9〕	2	時計（運用3条）
〔10〕	1	電波の使用制限（運用58条）
〔11〕	3	使用電波（運用70条の2）
〔12〕	3	GMDSSにおける遭難信号（無線通信規則32条（RR32.13BA））

令和5年2月期

〔1〕 次の記述は、電波法に規定する「無線局」の定義である。□内に入れるべき字句を下の番号から選べ。

「無線局」とは、無線設備及び□の総体をいう。ただし、受信のみを目的とするものを含まない。

1 無線設備を所有する者　　2 無線設備の操作を行う者
3 無線設備の管理を行う者　　4 無線設備の操作の監督を行う者

〔2〕 次の記述は、電波の質について述べたものである。電波法の規定に照らし、□内に入れるべき字句を下の番号から選べ。

送信設備に使用する電波の周波数の偏差及び幅、□電波の質は、総務省令で定めるところに適合するものでなければならない。

1 高調波の強度等　2 変調度等　3 空中線電力の偏差等　4 電波の型式等

〔3〕 総務大臣が無線従事者の免許を与えないことができる者はどれか。次のうちから選べ。

1 無線従事者の免許を取り消され、取消しの日から2年を経過しない者
2 日本の国籍を有しない者
3 刑法に規定する罪を犯し罰金以上の刑に処せられ、その執行を終わり、又はその執行を受けることがなくなった日から2年を経過しない者
4 無線従事者の免許を取り消され、取消しの日から5年を経過しない者

〔4〕 総務大臣が無線局に対して臨時に電波の発射の停止を命ずることができるのはどの場合か。次のうちから選べ。

1 無線局が暗語を使用して通信を行っていると認めるとき。
2 無線局の発射する電波が他の無線局の通信に混信を与えていると認めるとき。
3 無線局の発射する電波の質が総務省令で定めるものに適合していないと認めるとき。
4 無線局が免許状に記載された空中線電力の範囲を超えて運用していると認めるとき。

〔5〕 無線局の免許人が電波法又は電波法に基づく命令に違反したときに総務大臣が行うことができる処分はどれか。次のうちから選べ。

1 電波の型式の制限　　2 通信の相手方又は通信事項の制限
3 再免許の拒否　　4 無線局の運用の停止

〔6〕 無線局の免許人は、免許状に記載した事項に変更を生じたときは、どうしなければならないか。次のうちから選べ。

1 遅滞なく免許状を返納し、免許状の再交付を受ける。

2 速やかに免許状を訂正し、その後最初に行われる無線局の検査の際に検査職員の確認を受ける。

3 免許状を総務大臣に提出し、訂正を受ける。

4 速やかに免許状を訂正し、遅滞なくその旨を総務大臣に報告する。

〔7〕 次の記述は、秘密の保護について述べたものである。電波法の規定に照らし、□内に入れるべき字句を下の番号から選べ。

何人も法律に別段の定めがある場合を除くほか、□を傍受してその存在若しくは内容を漏らし、又はこれを窃用してはならない。

1 特定の相手方に対して行われる無線通信

2 特定の相手方に対して行われる暗語による無線通信

3 総務省令で定める周波数を使用して行われる無線通信

4 総務省令で定める周波数を使用して行われる暗語による無線通信

〔8〕 無線電話通信において、無線局は、自局に対する呼出しであることが確実でない呼出しを受信したときは、どうしなければならないか。次のうちから選べ。

1 他の無線局が応答しない場合は、直ちに応答する。

2 直ちに応答し、自局に対する呼出しであることを確かめる。

3 応答事項のうち相手局の呼出名称の代わりに「貴局名は何ですか」を使用して、直ちに応答する。

4 その呼出しが反復され、かつ、自局に対する呼出しであることが確実に判明するまで応答しない。

〔9〕 次の記述は、船舶局の機器の調整のための通信について述べたものである。電波法の規定に照らし、□内に入れるべき字句を下の番号から選べ。

海岸局又は船舶局は、他の船舶局から無線設備の機器の調整のための通信を求められたときは、□、これに応じなければならない。

1 遭難通信を行っている場合を除き　　2 責任者の許可を得て

3 支障のない限り　　4 一切の通信を中止して

〔10〕 次の記述は、デジタル選択呼出通信（遭難通信、緊急通信及び安全通信を行う場合のものを除く。）における呼出しに対する応答について述べたものである。無線局運用

規則の規定に照らし、□内に入れるべき字句を下の番号から選べ。

船舶局は、自局に対する呼出しを受信したときは、□以内に応答するものとする。

1　3分　　2　5分　　3　10分　　4　15分

〔11〕船舶局は、デジタル選択呼出装置を使用して156.525MHzの周波数の電波により誤った遭難警報を送信した場合に、無線電話によりこれを取り消す旨の通報を送信するときに使用する電波の周波数はどれか。次のうちから選べ。

1　156.8MHz　　2　156.65MHz　　3　156.4MHz　　4　156.3MHz

〔12〕156.8MHzの周波数で遭難呼出しを行う際に、遭難信号MAYDAYは何回送信しなければならないか。無線通信規則の規定に照らし、次のうちから選べ。

1　2回　　2　4回　　3　1回　　4　3回

▶ **解答・根拠**

問題	解答	根　　拠
〔1〕	2	無線局の定義（法2条）
〔2〕	1	電波の質（法28条）
〔3〕	1	無線従事者の免許を与えない場合（法42条）
〔4〕	3	電波の発射の停止（法72条）
〔5〕	4	無線局の運用の停止等（法76条）
〔6〕	3	免許状の訂正（法21条）
〔7〕	1	秘密の保護（法59条）
〔8〕	4	不確実な呼出しに対する応答（運用26条）
〔9〕	3	船舶局の機器の調整のための通信（法69条）
〔10〕	2	応答（運用58条の6）
〔11〕	1	遭難警報の送信（誤った遭難警報の取消し通報に使用する電波）（運用75条）
〔12〕	4	GMDSSにおける遭難呼出し（無線通信規則32条（RR32.13C））

第一級海上特殊無線技士 無線工学

試験概要

試験問題：問題数／12問
合格基準：満　点／60点　合格点／40点
配点内訳：１　問／５点

令和2年2月期

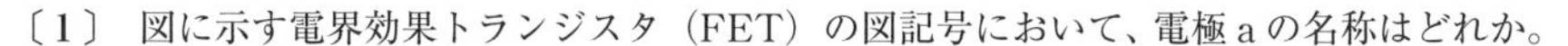

〔1〕 図に示す電界効果トランジスタ（FET）の図記号において、電極aの名称はどれか。

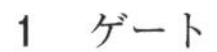

1　ゲート　　2　ソース

3　ドレイン　　4　ベース

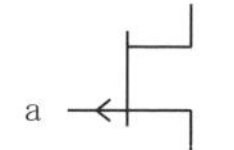

〔2〕 図に示す電気回路において、電源電圧 E の大きさを4分の1倍（1/4倍）にすると、電気抵抗 R の消費電力は、何倍になるか。

1　$\frac{1}{2}$ 倍　　2　$\frac{1}{4}$ 倍

3　$\frac{1}{8}$ 倍　　4　$\frac{1}{16}$ 倍

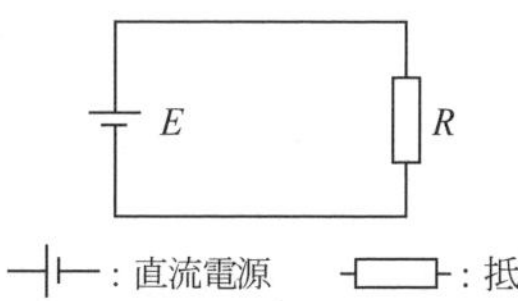

〔3〕 短波の伝わり方で、誤っているのはどれか。

1　波長の長い電波は電離層を突き抜け、波長の短い電波は反射する。

2　遠距離で受信できても、近距離で受信できない地帯がある。

3　波長の短い電波ほど、電離層を突き抜けるときの減衰が少ない。

4　波長の短い電波ほど、電離層で反射されるときの減衰が多い。

〔4〕 自船から同一方位線上で2つの物標が離れてあるとき、0.2〔μs〕のパルス幅のレーダーで、この2つの物標が識別できる最小距離は、次のうちどれか。

1　15〔m〕　　2　30〔m〕　　3　60〔m〕　　4　75〔m〕

〔5〕 次の記述の［　　］内に入れるべき字句の組合せで、正しいのはどれか。

一般に、充放電が可能な［ A ］電池の一つに［ B ］があり、ニッケルカドミウム蓄電池に比べて、自己放電が少なく、メモリー効果がない等の特徴がある。

	A	B
1	一次	リチウムイオン蓄電池
2	一次	マンガン乾電池
3	二次	リチウムイオン蓄電池
4	二次	マンガン乾電池

〔6〕 図に示す回路において、電圧及び電流を測定するには、ab及びcdの各端子間に計器をどのように接続すればよいか。下記の組合せのうち、正しいものを選べ。

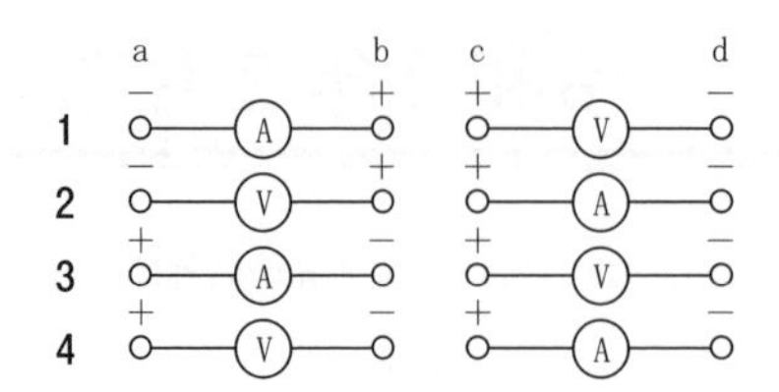

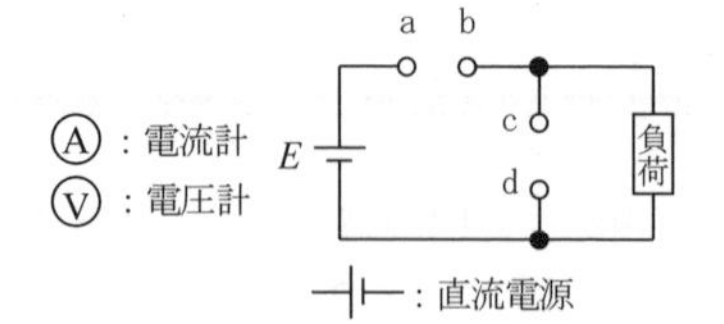

〔7〕 スーパヘテロダイン受信機において、A3E 用と J3E 用とを比較したとき、J3E 用にのみ必要とされるものは、次のうちどれか。

1 検波器　　2 AGC　　3 局部発振器　　4 クラリファイア

〔8〕 レーダーの距離分解能を良くする方法として、正しいのは次のうちどれか。

1 パルス幅を狭くする。
2 パルス繰返し周波数を低くする。
3 アンテナの水平面内指向性を鋭くする。
4 受信機の感度をよくする。

〔9〕 図は、直接 FM（F3E）送信装置の構成例を示したものである。□内に入れるべき名称の組合せで、正しいのは次のうちどれか。

	A	B
1	周波数変調器	低周波増幅器
2	周波数変調器	電力増幅器
3	平衡変調器	電力増幅器
4	平衡変調器	低周波増幅器

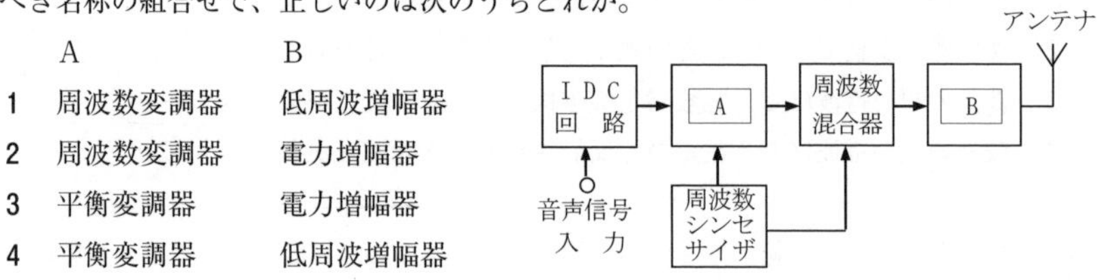

〔10〕 AM（A3E）通信方式と比較したときの FM（F3E）通信方式の一般的な特徴として、誤っているのはどれか。

1 受信機の信号対雑音比が良い。
2 占有周波数帯幅が狭い。
3 受信電界が多少変動しても受信出力は変わらない。
4 同一周波数の妨害波があっても、希望波が妨害波よりある程度強ければ妨害波を抑圧して通信ができる。

〔11〕 次の記述は、インマルサット衛星通信システムについて述べたものである。誤っているのはどれか。

1 システムは、3大洋上に配置された静止衛星によって、ほぼ地球上の全ての海域で利用できる。
2 宇宙局と船舶地球局間の使用周波数は、1.5〔GHz〕帯と 1.6〔GHz〕帯である。

3　船舶地球局は、船舶が移動するため全方向性（無指向性）アンテナのみを使用する。
4　船舶は、海岸地球局を経由して陸上と通信を行うことができる。

〔12〕 SSB（J3E）送受信装置において、送話中電波が発射されているかどうかを、送話時の発声音の強弱にしたがって判別する方法で、最も適切なものはどれか。
1　送受信装置のメータ切替つまみを「出力」にし、指針が振れるかを確認する。
2　送受信装置の電源表示灯が明滅するかを確認する。
3　送受信装置のメータ切替つまみを「電源」にし、指針が振れるかを確認する。
4　送受信装置の受話音が変化するかを確認する。

▶ 解答・解説

問 題	解 答	問 題	解 答	問 題	解 答	問 題	解 答
〔1〕	1	〔2〕	4	〔3〕	1	〔4〕	2
〔5〕	3	〔6〕	3	〔7〕	4	〔8〕	1
〔9〕	2	〔10〕	2	〔11〕	3	〔12〕	1

〔1〕

FETのPチャネルの図記号

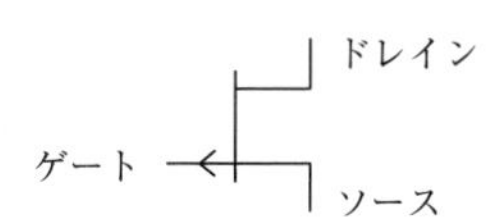

〔2〕

電力の式 $P = E^2/R$ において E を4分の1倍にすると、

$$P = \frac{(E/4)^2}{R} = \frac{1}{16} \times \frac{E^2}{R}$$

となり、消費電力は $\frac{1}{16}$ 倍となる。

〔3〕

1　波長の**短い**電波は電離層を突き抜け、波長の**長い**電波は反射する。

〔4〕

距離分解能は、150τ〔m〕で表され $150 \times 0.2 = 30$〔m〕となる。

〔6〕

電流計は測定回路に直列に、電圧計は測定回路に並列に接続する。また、計器の＋端子を電池の＋側に、－端子を電池の－側に接続する。

〔10〕

2　占有周波数帯幅が**広い**。

〔11〕

3　船舶地球局は、**船舶の動揺、旋回及び航行中であっても常に衛星を指向するパラボラアンテナを使用**している。

〔12〕

メータを出力に切り替えると、発射されている電波の強度を表示するので、電波が出ているかどうかを知ることができる。

令和２年１０月期

〔1〕 図に示す電気回路において、電源電圧 E の大きさを4倍にすると、抵抗 R の消費電力は、何倍になるか。

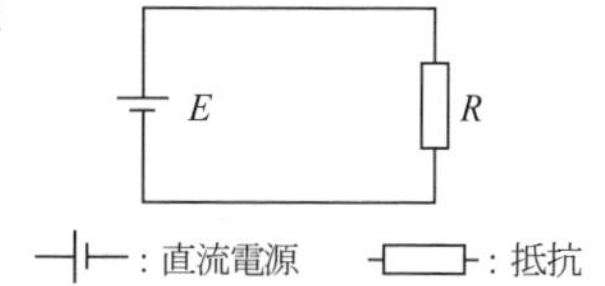

1 2倍　　2 4倍
3 8倍　　4 16倍

〔2〕 次の記述の□内に入れるべき字句の組合せで、正しいのはどれか。

レーダーのパルス変調器は、例えば、0.1～1〔μs〕の間だけ持続する高圧を発生し、この期間だけ［A］を動作させ［B］帯の信号を発振させる。

	A	B
1	進行波管	マイクロ波（SHF）
2	マグネトロン	短波（HF）
3	マグネトロン	マイクロ波（SHF）
4	進行波管	極超短波（UHF）

〔3〕 次の記述の□内に入れるべき字句の組合せで、正しいのはどれか。

使用する電波の波長がアンテナの［A］波長より長い場合は、アンテナ回路に直列に［B］を入れ、アンテナの［C］長さを長くしてアンテナを共振させる。

	A	B	C
1	固有	延長コイル	電気的
2	固有	短縮コンデンサ	電気的
3	励振	延長コイル	幾何学的
4	励振	短縮コンデンサ	幾何学的

〔4〕 次の図は、通常の電波の伝わり方を示したものである。［A］及び［B］の周波数帯の組合せで、正しいのはどれか。

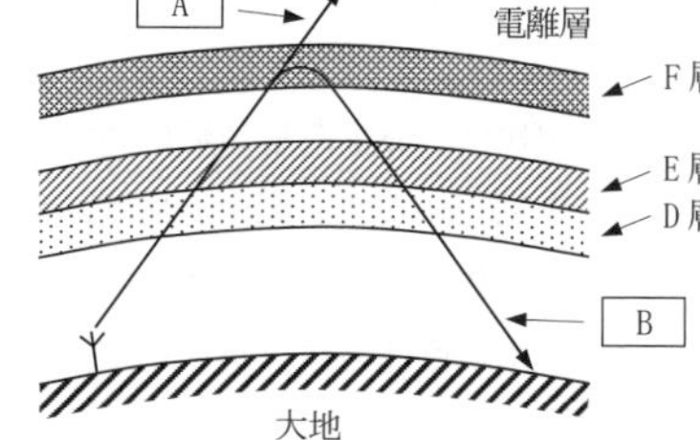

	A	B
1	短波（HF）	中波（MF）
2	短波（HF）	超短波（VHF）
3	超短波（VHF）	中波（MF）
4	超短波（VHF）	短波（HF）

〔5〕 1個12〔V〕、30〔Ah〕の蓄電池を3個並列に接続した場合の合成電圧及び合成容量の組合せで、正しいのはどれか。

	合成電圧	合成容量
1	12〔V〕	30〔Ah〕
2	12〔V〕	90〔Ah〕
3	36〔V〕	30〔Ah〕
4	36〔V〕	90〔Ah〕

〔6〕 アナログ方式の回路計（テスタ）で直流抵抗を測定するときの準備の手順で、正しいのはどれか。

1 測定レンジを選ぶ→テストリード（テスト棒）を短絡する→0〔Ω〕調整をする。
2 測定レンジを選ぶ→0〔Ω〕調整をする→テストリード（テスト棒）を短絡する。
3 テストリード（テスト棒）を短絡する→0〔Ω〕調整をする→測定レンジを選ぶ。
4 0〔Ω〕調整をする→測定レンジを選ぶ→テストリード（テスト棒）を短絡する。

〔7〕 AM（A3E）通信方式と比較したときのFM（F3E）通信方式の一般的な特徴で、誤っているのはどれか。

1 受信電界が多少変動しても受信出力は変わらない。
2 受信電界がある値以下になると、信号対雑音比が急激に悪くなる。
3 占有周波数帯幅が狭い。
4 受信機の信号対雑音比が良い。

〔8〕 次の記述は、船舶自動識別装置（AIS）の概要について述べたものである。［　　］内に入れるべき字句の正しい組合せを下の番号から選べ。

AISを搭載した船舶は、識別信号（船名）、位置、針路、船速などの情報を［A］帯の電波を使って自動的に送信する。また、AISにより受信される他の船舶の位置情報は、自船からの［B］としてAISの表示器に表示することができる。

	A	B
1	超短波（VHF）	方位、距離
2	超短波（VHF）	12個の輝点列
3	短波（HF）	方位、距離
4	短波（HF）	12個の輝点列

〔9〕 次の記述は、静止衛星通信について述べたものである。誤っているのはどれか。

1 衛星を見通せる2点間の通信は、常時行うことができる。
2 使用周波数が高くなるほど、降雨による影響が少なくなる。
3 衛星の太陽電池の機能が停止する食は、春分及び秋分の時期に発生する。
4 伝搬距離が極めて長いので、電話では遅延による会話の不自然さが生じることがある。

〔10〕 DSB（A3E）通信方式と比べたときのSSB（J3E）通信方式の特徴についての説明で、誤っているのはどれか。

1 送信出力は、信号入力が加わったときしか送出されない。

2 受信帯域幅が約2分の1（1/2）になるので、雑音が増大する。

3 選択性フェージングの影響を受けることが少ない。

4 占有周波数帯幅が狭い。

〔11〕 FM（F3E）送受信機において、プレストークボタンを押したのに電波が発射されなかった。この場合、点検しなくてよいのはどれか。

1 給電線の接続端子　　2 マイクコード

3 電源スイッチ　　4 音量調節つまみ

〔12〕 無線受信機のスピーカから大きな雑音が出ているとき、これが外来雑音によるものかどうか確かめる方法で最も適切なものはどれか。

1 アンテナ端子とアース端子間を導線でつなぐ。

2 アンテナ端子とアース端子間を高抵抗でつなぐ。

3 アンテナ端子とスピーカ端子間を導線でつなぐ。

4 アンテナ端子とスピーカ端子間を高抵抗でつなぐ。

▶ 解答・解説

問題	解答	問題	解答	問題	解答	問題	解答
〔1〕	4	〔2〕	3	〔3〕	1	〔4〕	4
〔5〕	2	〔6〕	1	〔7〕	3	〔8〕	1
〔9〕	2	〔10〕	2	〔11〕	4	〔12〕	1

〔1〕

電力の式 $P=E^2/R$ において E を4倍にすると、

$$P=\frac{(4E)^2}{R}=16\times\frac{E^2}{R}$$

となり、消費電力は16倍となる。

〔3〕

線状アンテナの場合、アンテナに直列にコンデンサやコイルを入れて、アンテナの長さを電気的に変えて、使用する電波の周波数に共振させることがある。使用する電波の波長がアンテナの固有波長より長い場合はコイル（延長コイル）を、短い場合はコンデンサ（短縮コンデンサ）を挿入する。

〔5〕

並列に接続した場合の合成電圧は電池 1 個の電圧と同じで、合成容量は和となるから、合成電圧は12〔V〕、合成容量は、30＋30＋30＝90〔Ah〕となる。

〔7〕

3　占有周波数帯幅が**広い**。

〔9〕

2　使用周波数が高くなるほど、降雨による影響が**大きく**なる。

〔10〕

2　受信帯域幅が約 2 分の 1 (1/2) になるので、雑音が**減少**する。

〔11〕

音量調整つまみを調整するのは受信のときで、プレストークボタンを押した送信状態では点検しなくてよい。

〔12〕

アンテナ端子とアース端子を導線でつなぐと、アンテナから入ってくる信号と雑音がすべてアースへ行ってしまうため、受信機には入らなくなる。したがって、このようにしたとき雑音が消えると外来雑音であることがわかる。

令和３年２月期

〔１〕 次の記述は、交流電流について述べたものである。誤っているのはどれか。

1 導線の抵抗が小さくなるほど、交流電流は流れやすくなる。

2 コイルのインダクタンスが大きくなるほど交流電流は流れやすくなる。

3 コンデンサの静電容量が大きくなるほど交流電流は流れやすくなる。

4 導線の断面積が大きくなるほど、交流電流は流れやすくなる。

〔２〕 図に示す電界効果トランジスタ（FET）の図記号において、電極 a の名称はどれか。

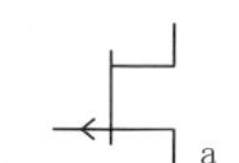

1 ゲート　　2 ソース　　3 ドレイン　　4 ベース

〔３〕 次の記述の[　　]内に入れるべき字句の組合せで、正しいのはどれか。

使用する電波の波長が、アンテナの[A]波長より短いときは、アンテナ回路に直列に[B]を入れ、アンテナの[C]な長さを短くしてアンテナを共振させる。

	A	B	C
1	励振	短縮コンデンサ	幾何学的
2	励振	延長コイル	幾何学的
3	固有	延長コイル	電気的
4	固有	短縮コンデンサ	電気的

〔４〕 レーダー受信機において、最も影響の大きい雑音は、次のうちどれか。

1 受信機の内部雑音　　2 空電による雑音

3 電動機による雑音　　4 電気器具による雑音

〔５〕 図は、半導体ダイオードを用いた半波整流回路である。この回路に流れる電流 i の方向と出力電圧の極性との組合せで、正しいのはどれか。

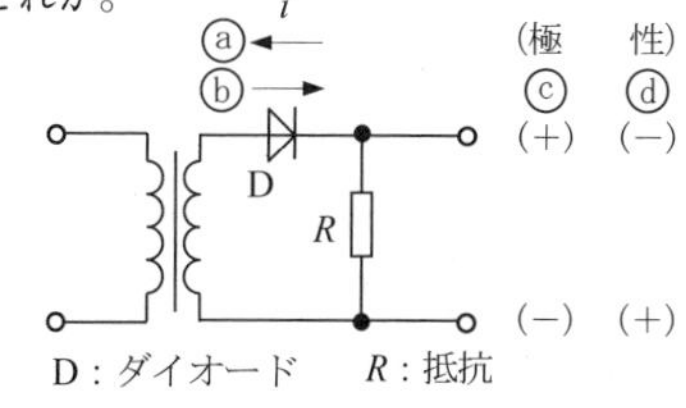

	電流 i の方向	出力電圧の極性
1	ⓐ	ⓒ
2	ⓑ	ⓒ
3	ⓐ	ⓓ
4	ⓑ	ⓓ

〔6〕 抵抗 R に流れる電流を測定するときの電流計Aのつなぎ方で、正しいのはどれか。

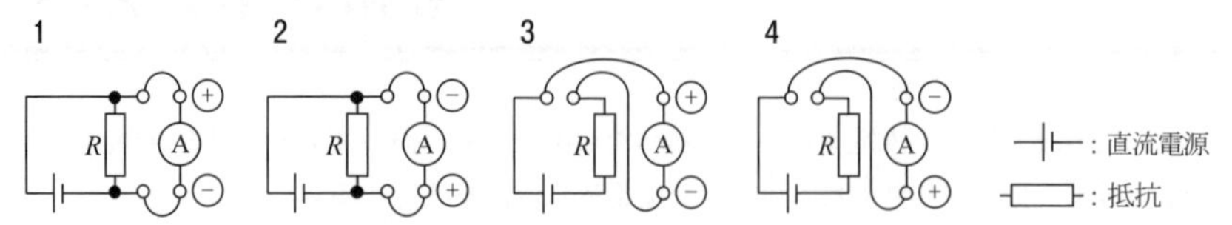

〔7〕 AM（A3E）通信方式と比較したときのFM（F3E）通信方式の一般的な特徴で、誤っているのはどれか。

1 受信電界が多少変動しても受信出力は変わらない。

2 占有周波数帯幅が狭い。

3 受信電界がある値以下になると、信号対雑音比が急激に悪くなる。

4 受信機の信号対雑音比が良い。

〔8〕 図は、周波数シンセサイザの構成例を示したものである。□内に入れるべき名称の組合せで、正しいのは次のうちどれか。

	A	B
1	IDC	低域フィルタ(LPF)
2	IDC	高域フィルタ(HPF)
3	位相比較器	高域フィルタ(HPF)
4	位相比較器	低域フィルタ(LPF)

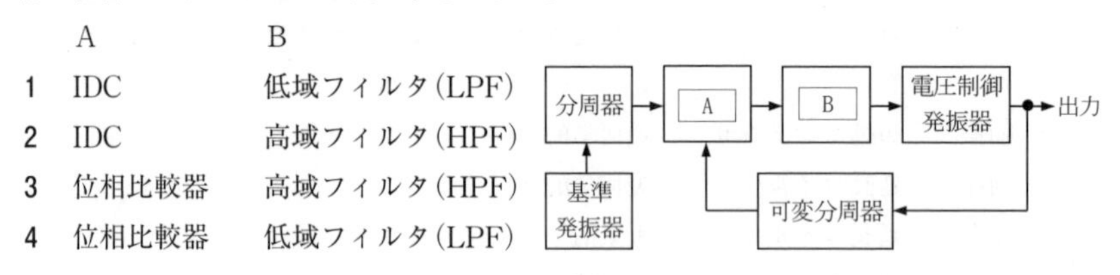

〔9〕 次の記述の□内に入れるべき字句の組合せで、正しいのはどれか。

SSB（J3E）送受信機において、受信周波数がずれて受信音がひずむときは、[A]つまみを左右に回し、最も[B]の良い状態とする。

	A	B
1	クラリファイア	明りょう度
2	クラリファイア	感度
3	感度調整	感度
4	感度調整	明りょう度

〔10〕 次の記述は、船舶自動識別装置（AIS）の概要について述べたものである。誤っているものを下の番号から選べ。

1 AIS搭載船舶は、識別信号（船名）、位置、針路、船速などの情報を送信する。

2 AISにより受信される他の船舶の位置情報は、自船からの方位、距離としてAISの表示器に表示することができる。

3　通信に使用している周波数は、短波（HF）帯である。

4　電波は、自動的に送信される。

〔11〕 次の記述は、衛星通信について述べたものである。正しいのはどれか。

1　現在の静止衛星通信に用いられる衛星は、ほとんどが極軌道衛星である。

2　静止衛星の太陽電池の機能が停止する食は、夏至及び冬至期に発生する。

3　使用周波数が高くなるほど、降雨による影響が少なくなる。

4　地球局から衛星への通信回線をアップリンクという。

〔12〕 船舶用レーダーにおいて、図に示すような偽像が現れた。主な原因は、次のうちどれか。

1　鏡現象による。

2　サイドローブによる。

3　二次反射による。

4　自船と他船との多重反射による。

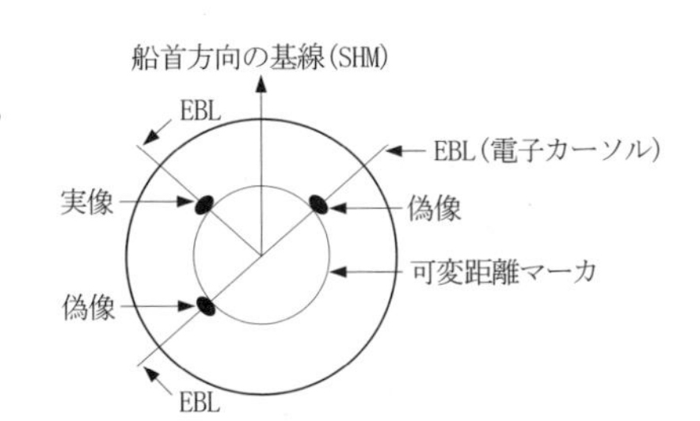

▶ 解答・解説

問 題	解 答	問 題	解 答	問 題	解 答	問 題	解 答
〔1〕	2	〔2〕	2	〔3〕	4	〔4〕	1
〔5〕	2	〔6〕	3	〔7〕	2	〔8〕	4
〔9〕	1	〔10〕	3	〔11〕	4	〔12〕	2

〔1〕

2　コイルのインダクタンスが大きくなるほど交流電流は**流れにくく**なる。

〔2〕

FETのPチャネルの図記号

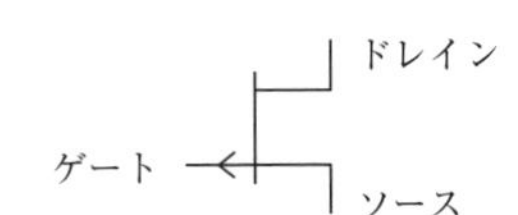

〔3〕

線状アンテナの場合、アンテナに直列にコンデンサやコイルを入れて、アンテナの長さを電気的に変えて、使用する電波の周波数に共振させることがある。使用する電波の波長がアンテナの固有波長より長い場合はコイル（延長コイル）を、短い場合はコンデンサ（短縮コンデンサ）を挿入する。

〔5〕

整流器の性質により、電流の向きは図の整流器の左から右の方向であり、Rを上から下に向かって流れる。したがって、Rの上が＋、下が－となる。

〔6〕

電流計は負荷Rと直列にし、電流計の＋端子から－端子の向きに電流が流れるように接続する。

〔7〕

2　占有周波数帯幅が**広い**。

〔10〕

3　通信に使用している周波数は、**超短波（VHF）帯**である。

〔11〕

1　現在の静止衛星通信に用いられる衛星は、**赤道上空約36,000〔km〕の静止衛星軌道を用いる静止衛星**である。
2　静止衛星の太陽電池の機能が停止する食は、**春分**及び**秋分の時期**に発生する。
3　使用周波数が高くなるほど、降雨による影響が**大きく**なる。

〔12〕

図の偽像は、実像の方向に対し直角方向で実像と等距離に対称に現れている。レーダーアンテナに使われるスロットアレーアンテナのサイドローブの方向は主ローブに直角方向で左右対称である。したがって、アンテナが回転してサイドローブが物標に向いたときにも実像と同じ距離に像が得られる。サイドローブは左右二つあるので、実像の方向に対し直角方向へ対称に二つ表示される。これがサイドローブによる偽像である。

令和３年６月期

〔1〕 次の記述の□内に入れるべき字句の組合せで、正しいのはどれか。なお、同じ記号の□内には同じ字句が入るものとする。

磁界の中に置かれた導体に電流を流すと、[A]が生ずる。このときの、磁界の方向、電流の方向及び[A]の方向の関係を表す方法に[B]の法則がある。

	A	B
1	電力	ビオ・サバール
2	電磁力	フレミングの左手
3	起電力	アンペアの右ネジ
4	電磁力	フレミングの右手

〔2〕 次の記述の□内に入れるべき字句の組合せで、正しいのはどれか。

半導体は周囲の温度の上昇によって、内部の抵抗は[A]し、流れる電流は[B]する。

	A	B
1	減少	減少
2	減少	増加
3	増加	減少
4	増加	増加

〔3〕 次の記述の□内に入れるべき字句の組合せで、正しいのはどれか。

電波が電離層を突き抜けるときの減衰は、周波数が高いほど、[A]、反射するときの減衰は、周波数が高いほど、[B]なる。

	A	B
1	大きく	小さく
2	大きく	大きく
3	小さく	小さく
4	小さく	大きく

〔4〕 船舶用のレーダーアンテナの特性として、特に必要としないものは、次のどれか。

1 必要な利得が得られること。
2 垂直面内のビーム幅は、できるだけ狭いこと。
3 サイドローブは、できるだけ抑制すること。
4 水平面内のビーム幅は、できるだけ狭いこと。

〔5〕 電池の記述で、誤っているのはどれか。

1 鉛蓄電池は、一次電池である。
2 リチウムイオン蓄電池は、ニッケルカドミウム蓄電池と異なり、メモリー効果がないので継ぎ足し充電が可能である。
3 蓄電池は、化学エネルギーを電気エネルギーとして取り出す。
4 容量を大きくするには、電池を並列に接続する。

〔6〕 抵抗 R にかかる電圧を測定するときの電圧計Vのつなぎ方で、正しいのはどれか。

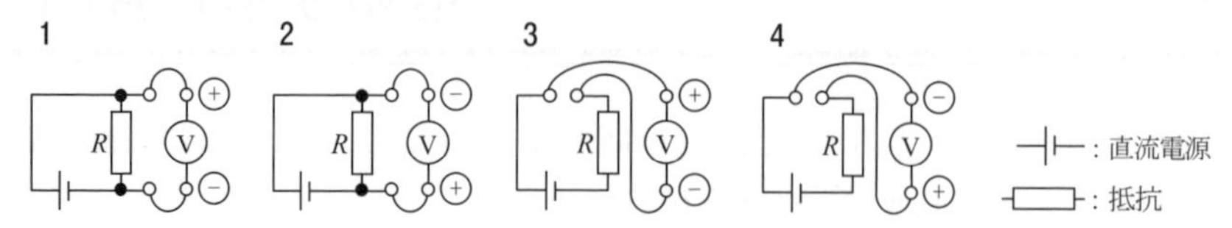

〔7〕 AM（A3E）通信方式と比較したときのFM（F3E）通信方式の一般的な特徴で、誤っているのはどれか。

1 受信電界が多少変動しても受信出力は変わらない。
2 受信電界がある値以下になると、信号対雑音比が急激に悪くなる。
3 占有周波数帯幅が狭い。
4 受信機の信号対雑音比が良い。

〔8〕 図は、周波数シンセサイザの構成例を示したものである。□内に入れるべき名称の組合せで、正しいのは次のうちどれか。

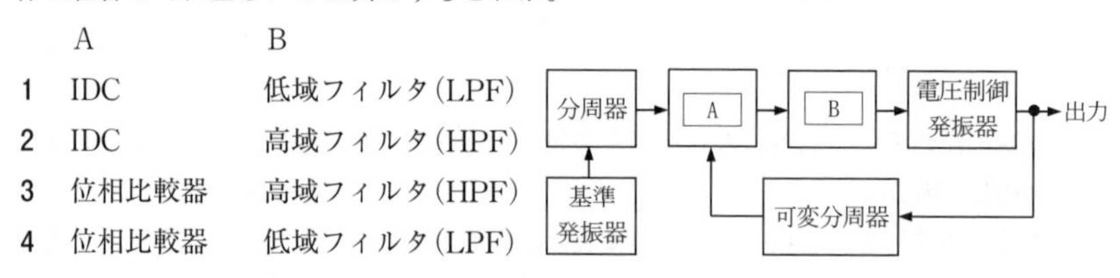

	A	B
1	IDC	低域フィルタ(LPF)
2	IDC	高域フィルタ(HPF)
3	位相比較器	高域フィルタ(HPF)
4	位相比較器	低域フィルタ(LPF)

〔9〕 FM（F3E）受信機において、受信電波が無いときに、スピーカから出る大きな雑音を消すために用いる回路はどれか。

1 スケルチ回路　2 AGC 回路　3 振幅制限回路　4 周波数弁別回路

〔10〕 SSB（J3E）送受信装置において、送話中電波が発射されているかどうかを、送話時の発声音の強弱にしたがって判別する方法で、最も適切なものはどれか。

1 送受信装置の電源表示灯が明滅するかを確認する。
2 送受信装置のメータ切替つまみを「電源」にし、指針が振れるかを確認する。
3 送受信装置の受話音が変化するかを確認する。
4 送受信装置のメータ切替つまみを「出力」にし、指針が振れるかを確認する。

〔11〕 静止衛星通信について、誤っているのはどれか。

1 衛星を見通せる2点間の通信は、常時行うことができる。
2 現在の静止衛星通信に用いられる衛星は、ほとんどが極軌道衛星である。

3　使用周波数が高くなるほど、降雨による影響が大きくなる。

4　伝搬距離が極めて長いので、電話では遅延による会話の不自然さが生じることがある。

〔12〕 船舶用レーダーのパネル面において、近距離からの海面反射のため物標の識別が困難なとき、操作するつまみで最も適切なものは、次のうちどれか。

1　FTCつまみ　　2　感度つまみ　　3　STCスイッチ　　4　同調つまみ

▶ 解答・解説

問題	解答	問題	解答	問題	解答	問題	解答
〔1〕	2	〔2〕	2	〔3〕	4	〔4〕	2
〔5〕	1	〔6〕	1	〔7〕	3	〔8〕	4
〔9〕	1	〔10〕	4	〔11〕	2	〔12〕	3

〔4〕

2　垂直面内のビーム幅はできるだけ**広い**こと。

垂直面内のビーム幅が狭いと、船体が動揺したとき物標から反射波が消えてしまう。

〔5〕

1　鉛蓄電池は、**二次電池**である。

〔6〕

電圧計は負荷 R と並列にし、電圧計の＋端子を電池の＋側に、また、－端子を電池の－側に接続する。

〔7〕

3　占有周波数帯幅が**広い**。

〔10〕

メータを出力に切り替えると、発射されている電波の強度を表示するので、電波が出ているかどうかを知ることができる。

〔11〕

2　現在の静止衛星通信に用いられる衛星は、**赤道上空約36,000〔km〕の静止衛星軌道を用いる静止衛星**である。

令和3年10月期

〔1〕 図に示す電気回路において、抵抗 R の値の大きさを2分の1倍(1/2倍)にすると、この抵抗の消費電力は、何倍になるか。

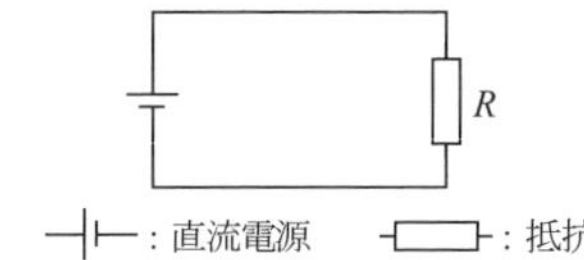

1 4倍　　2 2倍

3 $\frac{1}{2}$ 倍　　4 $\frac{1}{4}$ 倍

〔2〕 図に示す電界効果トランジスタ(FET)の図記号において、次に挙げた電極名の組合せのうち、正しいのはどれか。

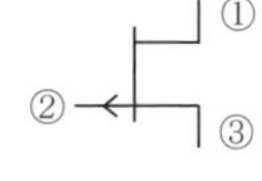

	①	②	③
1	ドレイン	ソース	ゲート
2	ゲート	ソース	ドレイン
3	ドレイン	ゲート	ソース
4	ソース	ドレイン	ゲート

〔3〕 短波の伝わり方で、誤っているのはどれか。

1 波長の長い電波は電離層を突き抜け、波長の短い電波は反射する。
2 遠距離で受信できても、近距離で受信できない地帯がある。
3 波長の短い電波ほど、電離層を突き抜けるときの減衰が少ない。
4 波長の短い電波ほど、電離層で反射されるときの減衰が多い。

〔4〕 自船から同一方位線上で二つの物標が離れてあるとき、0.2〔μs〕のパルス幅のレーダーで、この二つの物標が識別できる最小距離は、次のうちどれか。

1 30〔m〕　2 60〔m〕　3 150〔m〕　4 300〔m〕

〔5〕 次の記述の[　　]内に入れるべき字句の組合せで、正しいのはどれか。

一般に、充放電が可能な[A]電池の一つに[B]があり、ニッケルカドミウム蓄電池に比べて、自己放電が少なく、メモリー効果がない等の特徴がある。

	A	B
1	一次	リチウムイオン蓄電池
2	一次	マンガン乾電池
3	二次	リチウムイオン蓄電池
4	二次	マンガン乾電池

〔6〕 アナログ方式の回路計（テスタ）を用いて密閉型ヒューズ単体の断線を確かめるには、どの測定レンジを選べばよいか。

1　AC VOLTS　　2　DC VOLTS　　3　DC MILLI AMPERES　　4　OHMS

〔7〕 図は、振幅が一定の搬送波を単一正弦波で振幅変調したときの変調波の波形である。変調度が60〔%〕のときのAは、ほぼ幾らか。

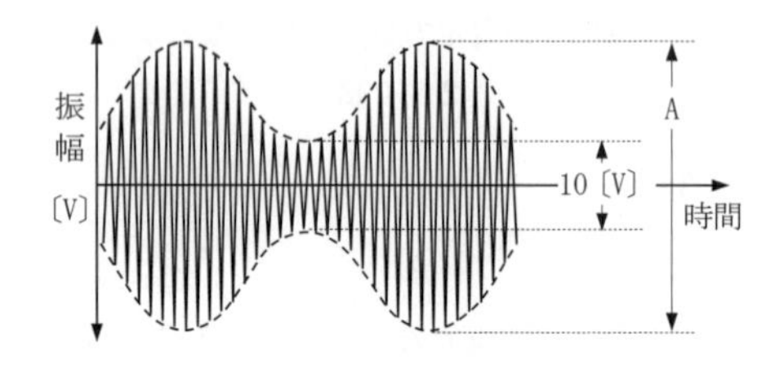

1　17〔V〕　　2　20〔V〕
3　26〔V〕　　4　40〔V〕

〔8〕 次の記述の[　　]内に入れるべき字句の組合せで、正しいのはどれか。

SSB方式では、DSB方式に比べて占有周波数帯域幅が[A]ので選択性フェージングの影響が[B]。

	A	B
1	狭い	小さい
2	狭い	大きい
3	広い	小さい
4	広い	大きい

〔9〕 次の記述は、受信機の性能のうち何について述べたものか。

送信された信号を受信し、受信機の出力側で元の信号がどれだけ忠実に再現できるかという能力を表す。

1　選択度　　2　忠実度　　3　安定度　　4　感度

〔10〕 FM（F3E）送受信機において、送信操作に必要なものは、次のうちどれか。

1　スピーカスイッチ　　2　プレストークボタン
3　音量調節つまみ　　4　スケルチ調整つまみ

〔11〕 インマルサット衛星通信システムについて、次の記述のうち、正しいのはどれか。

1　このシステムは、船舶相互間の通信を主な目的としたシステムである。
2　宇宙局と船舶地球局間の使用周波数は、4〔GHz〕帯と6〔GHz〕帯である。
3　船舶地球局は、船舶が移動するため全方向性（無指向性）アンテナのみを使用する。
4　システムは、3大洋上に配置された静止衛星によって、ほぼ地球上の全ての海域で利用できる。

〔12〕 船舶用レーダーにおいて、FTCつまみを調整する必要があるのは、次のうちどれか。
1 映像が暗いため、物標の識別が困難なとき。
2 指示器の中心付近が明るすぎて、物標の識別が困難なとき。
3 雨や雪による反射波のため、物標の識別が困難なとき。
4 掃引線が見えないため、物標の識別が困難なとき。

▶ 解答・解説

問 題	解 答	問 題	解 答	問 題	解 答	問 題	解 答
〔1〕	2	〔2〕	3	〔3〕	1	〔4〕	1
〔5〕	3	〔6〕	4	〔7〕	4	〔8〕	1
〔9〕	2	〔10〕	2	〔11〕	4	〔12〕	3

〔1〕

電力の式 $P = E^2/R$ において R を2分の1倍にすると、

$$P = \frac{E^2}{R/2} = 2 \times \frac{E^2}{R}$$

となり、消費電力は2倍となる。

〔2〕

FETのPチャネルの図記号

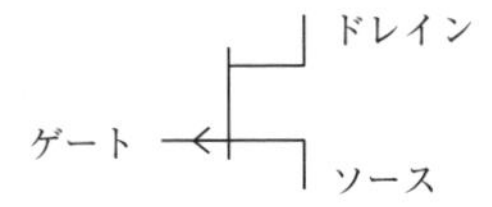

〔3〕

1 波長の**短い**電波は電離層を突き抜け、波長の**長い**電波は反射する。

〔4〕

距離分解能は、150τ〔m〕で表され、150×0.2＝30〔m〕となるので、1が正答となる。

〔6〕

AC VOLTSは交流電圧、DC VOLTSは直流電圧、DC MILLI AMPERESは直流電流、OHMSは導通試験と抵抗測定のときの測定レンジである。したがって、ヒューズ単体の断線を確かめるのは、OHMSである。

〔7〕

振幅変調の変調度 M は次式で与えられる。

$$M = \frac{信号波の振幅}{搬送波の振幅} \times 100 〔\%〕$$

設問図より、信号波の振幅は (A/2−5)/2〔V〕、搬送波の振幅は (A/2+5)/2〔V〕であり、変調度は60〔%〕である。したがって、

$$\frac{(A/2-5)/2}{(A/2+5)/2} \times 100 = 60 〔\%〕$$

上式を A について解くと

A = 40〔V〕

〔9〕

選択肢 **1**、**3**、**4** の説明は以下のとおり。

1　選択度：多数の異なる周波数の電波の中から、混信を受けないで、目的とする電波を選び出すことができる能力を表すもの。

3　安定度：受信機に一定振幅、一定周波数の信号入力を加えた場合、再調整を行わず、どの程度長時間にわたって一定の出力が得られるかの能力を表すもの。

4　感度：どの程度まで弱い電波を受信できるかの能力を表すもの。

〔10〕

選択肢 **1**、**3**、**4** は受信操作に必要なものである。

〔11〕

1　このシステムは、**海岸地球局～船舶地球局**間の通信を主な目的としたシステムである。

2　宇宙局と船舶地球局間の使用周波数は、**1.5〔GHz〕**帯と**1.6〔GHz〕**帯である。

3　船舶地球局は、**船舶の動揺、旋回及び航行中であっても常に衛星を指向するパラボラアンテナ**を使用する。

令和４年２月期

〔1〕 次の記述の［　　］内に入れるべき字句の組合せで、正しいのはどれか。なお、同じ記号の［　　］内には同じ字句が入るものとする。

磁界の中に置かれた導体に電流を流すと、［A］が生ずる。このときの、磁界の方向、電流の方向及び［A］の方向の関係を表す方法に［B］の法則がある。

	A	B
1	起電力	ビオ・サバール
2	電磁力	フレミングの右手
3	起電力	アンペアの右ねじ
4	電磁力	フレミングの左手

〔2〕 次の記述の［　　］内に入れるべき字句の組合せで、正しいのはどれか。

半導体は周囲の温度の上昇によって、内部の抵抗は［A］し、流れる電流は［B］する。

	A	B
1	減少	減少
2	減少	増加
3	増加	減少
4	増加	増加

〔3〕 次の記述の［　　］内に入れるべき字句の組合せで、正しいのはどれか。

電波が電離層を突き抜けるときの減衰は、周波数が高いほど、［A］、反射するときの減衰は、周波数が高いほど、［B］なる。

	A	B
1	大きく	大きく
2	大きく	小さく
3	小さく	大きく
4	小さく	小さく

〔4〕 船舶用のレーダーアンテナの特性として、特に必要としないものは、次のどれか。

1 サイドローブは、できるだけ抑制すること。
2 水平面内のビーム幅は、できるだけ狭いこと。
3 必要な利得が得られること。
4 垂直面内のビーム幅は、できるだけ狭いこと。

〔5〕 端子電圧 6〔V〕、容量（10時間率）30〔Ah〕の充電済みの鉛蓄電池に、電流が 3〔A〕流れる負荷を接続して使用したとき、この蓄電池は、通常何時間まで連続使用できるか。

1 20時間　　2 15時間　　3 10時間　　4 5時間

〔6〕 図に示す回路において、電圧及び電流を測定するには、ab 及び cd の各端子間に計器をどのように接続すればよいか。下記の組合せのうち、正しいものを選べ。

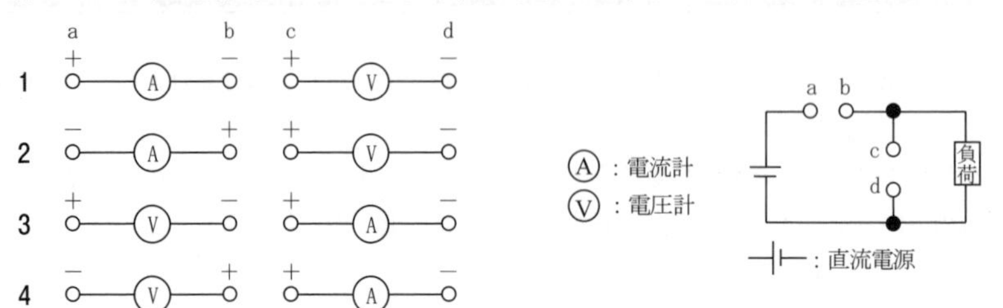

〔7〕 AM（A3E）通信方式と比較したときの FM（F3E）通信方式の一般的な特徴で、誤っているのはどれか。

1 占有周波数帯幅が狭い。

2 受信電界が多少変動しても受信出力は変わらない。

3 受信電界がある値以下になると、信号対雑音比が急激に悪くなる。

4 受信機の信号対雑音比が良い。

〔8〕 SSB 方式の同期調整が可能なものの組合せで、正しいのはどれか。

	送信機	受信機
1	スピーチクリッパ	スケルチ
2	スピーチクリッパ	クラリファイア
3	トーン発振器	スケルチ
4	トーン発振器	クラリファイア

〔9〕 無線受信機のスピーカから大きな雑音が出ているとき、これが外来雑音によるものかどうか確かめる方法で最も適切なものはどれか。

1 アンテナ端子とアース端子間を高抵抗でつなぐ。

2 アンテナ端子とアース端子間を導線でつなぐ。

3 アンテナ端子とスピーカ端子間を高抵抗でつなぐ。

4 アンテナ端子とスピーカ端子間を導線でつなぐ。

〔10〕 次の記述は、船舶自動識別装置（AIS）の概要について述べたものである。誤っているものを下の番号から選べ。

1 通信に使用している周波数は、短波（HF）帯である。

2 AIS 搭載船舶は、識別信号（船名）、位置、針路、船速などの情報を送信する。

3　AISにより受信される他の船舶の位置情報は、自船からの方位、距離としてAISの表示器に表示することができる。

4　電波は、自動的に送信される。

〔11〕　次の記述は、衛星通信について述べたものである。誤っているのはどれか。

1　衛星を見通せる2点間の通信は、常時行うことができる。

2　使用周波数が高くなるほど、降雨による影響が少なくなる。

3　衛星から地球局への通信回線をダウンリンクという。

4　多元接続が容易なので、柔軟な回線設定ができる。

〔12〕　船舶用レーダーにおいて、図に示すような偽像が現れた。主な原因は、次のうちどれか。

1　鏡現象による。

2　二次反射による。

3　サイドローブによる。

4　自船と他船との多重反射による。

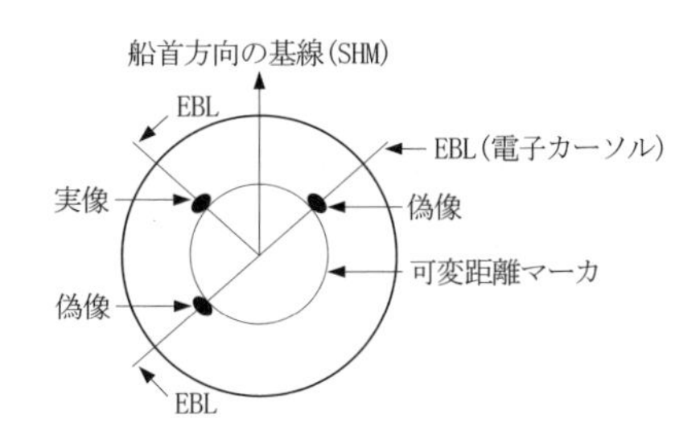

▶ 解答・解説

問 題	解 答	問 題	解 答	問 題	解 答	問 題	解 答
〔1〕	4	〔2〕	2	〔3〕	3	〔4〕	4
〔5〕	3	〔6〕	1	〔7〕	1	〔8〕	4
〔9〕	2	〔10〕	1	〔11〕	2	〔12〕	3

〔4〕

4　垂直面内のビーム幅はできるだけ**広い**こと。

垂直面内のビーム幅が狭いと、船体が動揺したとき物標から反射波が消えてしまう。

〔5〕

電池の容量は〔Ah〕(アンペア・アワー) で表され、取り出すことのできる電流 I〔A〕とその継続時間 h〔時間〕の積で表される。電池の容量を W とすれば、$W=I\times h$ となる。

したがって、

$$h = \frac{W}{I} \text{〔時間〕}$$

これに題意の数値を代入すると次のようになる。

$$h = \frac{30}{3} = 10 \text{〔時間〕}$$

〔6〕

電流計は測定回路に直列に、電圧計は測定回路に並列に接続する。また、計器の＋端子を電池の＋側に、－端子を電池の－端子に接続する。

〔7〕

1　占有周波数帯幅が**広い**。

〔9〕

アンテナ端子とアース端子を導線でつなぐと、アンテナから入ってくる信号と雑音がすべてアースへ行ってしまうため、受信機には入らなくなる。したがって、このようにしたとき雑音が消えると外来雑音であることがわかる。

〔10〕

1　通信に使用している周波数は、**超短波（VHF）帯**である。

〔11〕

2　使用周波数が高くなるほど、降雨による影響が**大きく**なる。

〔12〕

図の偽像は、実像の方向に対し直角方向で実像と等距離に対称に現れている。レーダーアンテナに使われるスロットアレーアンテナのサイドローブの方向は主ローブに直角方向で左右対称である。したがって、アンテナが回転してサイドローブが物標に向いたときにも実像と同じ距離に像が得られる。サイドローブは左右二つあるので、実像の方向に対し直角方向へ対称に二つ表示される。これがサイドローブによる偽像である。

令和4年6月期

〔1〕 次の記述の［　　］内に入れるべき字句の組合せで、正しいのはどれか。

コンデンサの静電容量の大きさは、絶縁物の種類によって異なるが、両金属板の向かいあっている面積が［ A ］ほど、また、間隔が［ B ］ほど大きくなる。

	A	B
1	大きい	広い
2	大きい	狭い
3	小さい	広い
4	小さい	狭い

〔2〕 図に示す電界効果トランジスタ（FET）の図記号において、電極 a の名称はどれか。

1　ドレイン　　2　ゲート
3　ソース　　4　ベース

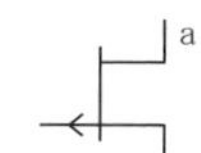

〔3〕 超短波（VHF）帯において、通信可能な距離を延ばすための方法として、誤っているのはどれか。

1　アンテナの高さを高くする。
2　利得の高いアンテナを用いる。
3　アンテナの放射角度を高角度にする。
4　鋭い指向性のアンテナを用いる。

〔4〕 レーダーにおいて、距離レンジを例えば3海里から6海里へと切り替えたとき、レーダーの機能の一部が連動して切り替えられる。次に挙げた機能のうち、通常切り換わらないものはどれか。

1　パルス幅
2　中間周波増幅器の帯域幅
3　パルス繰返し周波数
4　アンテナビーム幅

〔5〕 図は、半導体ダイオードを用いた半波整流回路である。この回路に流れる電流 i の方向と出力電圧の極性との組合せで、正しいのはどれか。

	電流 i の方向	出力電圧の極性
1	a	c
2	a	d
3	b	c
4	b	d

T:変圧器　D：ダイオード　R：抵抗

〔6〕 アナログ方式の回路計（テスタ）を用いて密閉型ヒューズ単体の断線を確かめるには、どの測定レンジを選べばよいか。

1　OHMS　　2　AC VOLTS　　3　DC VOLTS　　4　DC MILLI AMPERES

〔7〕 振幅が140〔V〕の搬送波を単一正弦波で変調度70〔%〕の振幅変調を行うと、変調波の振幅の最大値Aは幾らになるか。

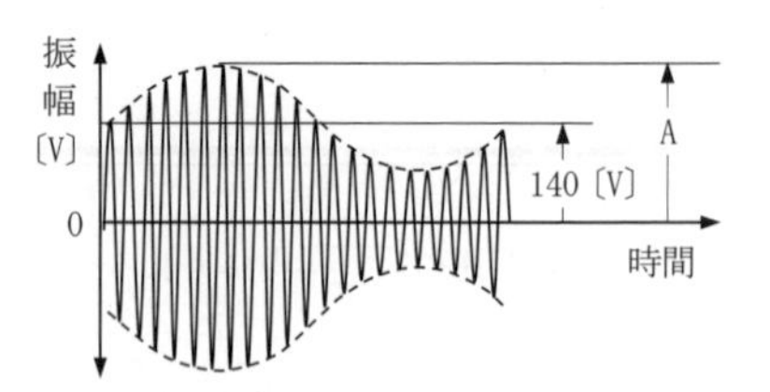

1　98〔V〕　　2　196〔V〕
3　238〔V〕　　4　280〔V〕

〔8〕 次の記述は、GPS（Global Positioning System）の概要について述べたものである。□内に入れるべき字句の正しい組合せを下の番号から選べ。

GPSでは、地上からの高度が約 A 〔km〕の異なる6つの軌道上に衛星が配置され、各衛星は、一周約12時間で周回している。また、測位に使用している周波数は、 B 帯である。

	A	B
1	36,000	極超短波（UHF）
2	36,000	短波（HF）
3	20,000	極超短波（UHF）
4	20,000	短波（HF）

〔9〕 SSB（J3E）受信機において、クラリファイアを調整するのは、どのようなときか。

1　受信中雑音が多くて聞きにくいとき。
2　受信中音声が小さくて聞きにくいとき。
3　受信中受信周波数がずれ、音声がひずんで聞きにくいとき。
4　受信中入力が強くて聞きにくいとき。

〔10〕 図は、直接FM（F3E）送信装置の構成例を示したものである。□内に入れるべき名称の組合せで、正しいのは次のうちどれか。

	A	B
1	周波数変調器	低周波増幅器
2	周波数変調器	電力増幅器
3	平衡変調器	低周波増幅器
4	平衡変調器	電力増幅器

IDC回路　A　周波数混合器　B　アンテナ
音声信号入力　周波数シンセサイザ

〔11〕 静止衛星通信について、誤っているのはどれか。

1　使用周波数が高くなるほど、降雨による影響が少なくなる。
2　衛星を見通せる2点間の通信は、常時行うことができる。
3　衛星の太陽電池の機能が停止する食は、春分及び秋分の時期に発生する。
4　伝搬距離が極めて長いので、電話では遅延による会話の不自然さが生じることがある。

〔12〕 船舶用レーダーのパネル面において、近距離からの海面反射のため物標の識別が困難なとき、操作するつまみで最も適切なものは、次のうちどれか。

1 感度つまみ　2 同調つまみ　3 FTCつまみ　4 STCつまみ

▶ 解答・解説

問題	解答	問題	解答	問題	解答	問題	解答
〔1〕	2	〔2〕	1	〔3〕	3	〔4〕	4
〔5〕	3	〔6〕	1	〔7〕	3	〔8〕	3
〔9〕	3	〔10〕	2	〔11〕	1	〔12〕	4

〔1〕

コンデンサがどのくらいの電気を蓄えられるか、その能力を静電容量という。静電容量の大きさは、両金属板の間に挟まれている絶縁物の種類によっても異なるが、金属板の面積が大きいほど、また、間隔が狭いほど大きくなる。

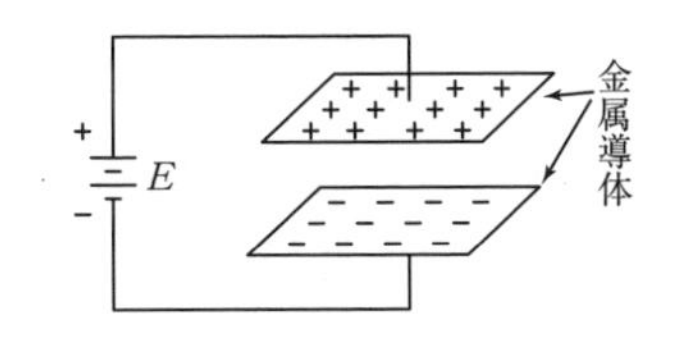

〔2〕

FETのPチャネルの図記号

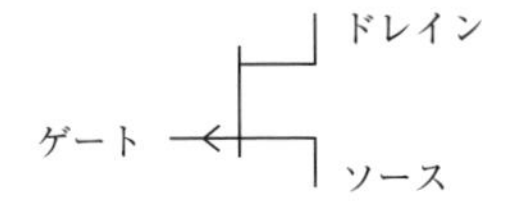

〔3〕

超短波帯では電波の直進性を利用するので、アンテナのビームを水平にすると通信可能な距離は延びる。高角度にすると通信可能な距離が延びないだけでなく、受信点に到達する電波の強度が弱くなってしまう。

〔4〕

アンテナのビーム幅はアンテナの物理的構造によって決まってしまうので、通常切り換えることはできない。

〔5〕

整流器の性質により、電流の向きは図の整流器の左から右の方向であり、Rを上から下に向かって流れる。したがって、Rの上が+、下が−となる。

〔6〕

AC VOLTSは交流電圧、DC VOLTSは直流電圧、DC MILLI AMPERESは直流電流、OHMSは導通試験と抵抗測定のときの測定レンジである。したがって、ヒューズ単体の断線を確かめるのは、OHMSである。

〔7〕

振幅変調の変調度Mは次式で与えられる。

$$M=\frac{\text{信号波の振幅}}{\text{搬送波の振幅}}\times 100〔\%〕$$

設問図より、信号波の振幅はA−140〔V〕、搬送波の振幅は140〔V〕であり、変調度は70〔%〕である。したがって、

$$\frac{\mathrm{A}-140}{140}\times 100=70〔\%〕$$

上式をAについて解くと

$$\mathrm{A}=238〔\mathrm{V}〕$$

〔11〕

1　使用周波数が高くなるほど、降雨による影響が**大きく**なる。

令和４年１０月期

〔1〕 次の記述の□内に入れるべき字句の組合せで、正しいのはどれか。

コンデンサの静電容量の大きさは、絶縁物の種類によって異なるが、両金属板の向かいあっている面積が［A］ほど、また、間隔が［B］ほど大きくなる。

	A	B
1	小さい	狭い
2	小さい	広い
3	大きい	狭い
4	大きい	広い

〔2〕 図に示す電界効果トランジスタ（FET）の図記号において、電極名の組合せとして、正しいのはどれか。

	①	②	③
1	ゲート	ソース	ドレイン
2	ソース	ドレイン	ゲート
3	ドレイン	ゲート	ソース
4	ゲート	ドレイン	ソース

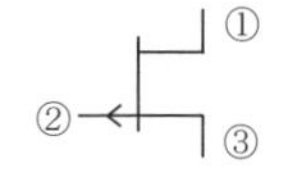

〔3〕 超短波（VHF）帯において、通信可能な距離を延ばすための方法として、誤っているのはどれか。

1 アンテナの放射角度を高角度にする。
2 アンテナの高さを高くする。
3 利得の高いアンテナを用いる。
4 鋭い指向性のアンテナを用いる。

〔4〕 レーダーにおいて、距離レンジを例えば3海里から6海里へと切り替えたとき、レーダーの機能の一部が連動して切り替えられる。次に挙げた機能のうち、通常切り換わらないものはどれか。

1 パルス幅
2 アンテナビーム幅
3 中間周波増幅器の帯域幅
4 パルス繰返し周波数

〔5〕 電池の記述で、誤っているのはどれか。

1 蓄電池は、化学エネルギーを電気エネルギーとして取り出す。
2 鉛蓄電池は、一次電池である。
3 容量を大きくするには、電池を並列に接続する。
4 リチウムイオン蓄電池は、ニッケルカドミウム蓄電池と異なり、メモリー効果がないので継ぎ足し充電が可能である。

〔6〕 次の記述の□内に入れるべき字句の組合せで、正しいのはどれか。

アナログ方式の回路計（テスタ）を用いて交流電圧を測定しようとするときは、切替つまみを測定しようとする電圧の値より、やや[A]の値の[B]レンジにする。

	A	B
1	小さめ	DC VOLTS
2	小さめ	AC VOLTS
3	大きめ	DC VOLTS
4	大きめ	AC VOLTS

〔7〕 AM（A3E）通信方式と比較したときのFM（F3E）通信方式の一般的な特徴として、誤っているのはどれか。

1 受信機の信号対雑音比が良い。
2 占有周波数帯幅が狭いので多くの無線局に周波数の割り当てができる。
3 受信電界が多少変動しても受信出力は変わらない。
4 同一周波数の妨害波があっても、希望波が妨害波よりある程度強ければ妨害波を抑圧して通信ができる。

〔8〕 次の記述は、GPS（Global Positioning System）の概要について述べたものである。□内に入れるべき字句の正しい組合せを下の番号から選べ。

GPSでは、地上からの高度が約[A]〔km〕の異なる6つの軌道上に衛星が配置され、各衛星は、一周約12時間で周回している。また、測位に使用している周波数は、[B]帯である。

	A	B
1	36,000	極超短波（UHF）
2	36,000	短波（HF）
3	20,000	極超短波（UHF）
4	20,000	短波（HF）

〔9〕 SSB（J3E）受信機において、SSB変調波から音声信号を得るためには、図の空欄の部分に何を設ければよいか。

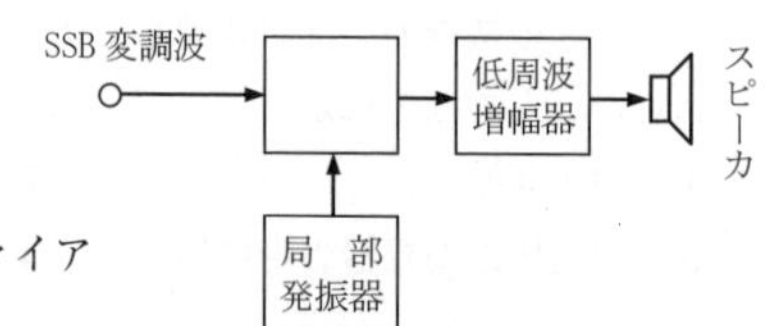

1 中間周波増幅器　　2 クラリファイア
3 帯域フィルタ（BPF）　　4 検波器

〔10〕 SSB（J3E）送受信装置において、送話中電波が発射されているかどうかを、送話時の発声音の強弱にしたがって判別する方法で、最も適切なものはどれか。

1 送受信装置の電源表示灯が明滅するかを確認する。
2 送受信装置のメータ切替つまみを「電源」にし、指針が振れるかを確認する。
3 送受信装置の受話音が変化するかを確認する。
4 送受信装置のメータ切替つまみを「出力」にし、指針が振れるかを確認する。

〔11〕 次の記述は、インマルサット衛星通信システムについて述べたものである。誤っているのはどれか。

1 システムは、3大洋上に配置された静止衛星によって、ほぼ地球上の全ての海域で利用できる。
2 宇宙局と船舶地球局間の使用周波数は、1.5〔GHz〕帯と1.6〔GHz〕帯である。
3 船舶地球局は、船舶が移動するため全方向性（無指向性）アンテナのみを使用する。
4 船舶と陸上との間の通信は、海岸地球局を経由して行われる。

〔12〕 レーダーの距離分解能を良くする方法として、正しいのは次のうちどれか。

1 パルス幅を狭くする。
2 アンテナの水平面内指向性を鋭くする。
3 パルス繰返し周波数を低くする。
4 受信機の感度をよくする。

▶ 解答・解説

問 題	解 答	問 題	解 答	問 題	解 答	問 題	解 答
〔1〕	3	〔2〕	3	〔3〕	1	〔4〕	2
〔5〕	2	〔6〕	4	〔7〕	2	〔8〕	3
〔9〕	4	〔10〕	4	〔11〕	3	〔12〕	1

〔1〕

コンデンサがどのくらいの電気を蓄えられるか、その能力を静電容量という。静電容量の大きさは、両金属板の間に挟まれている絶縁物の種類によっても異なるが、金属板の面積が大きいほど、また、間隔が狭いほど大きくなる。

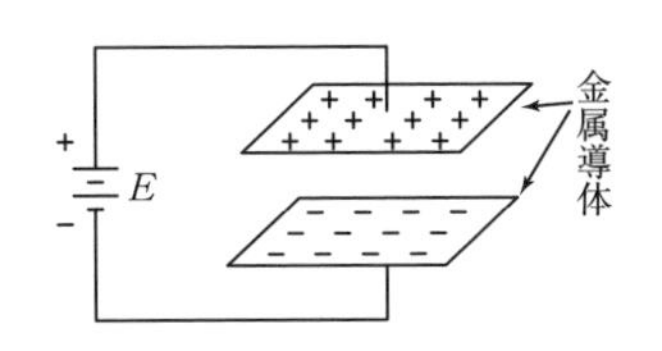

〔2〕

FETのPチャネルの図記号

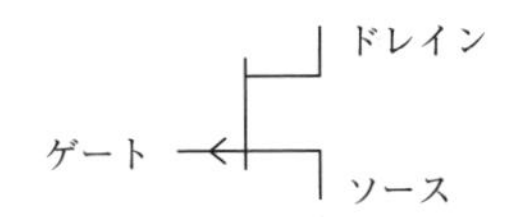

〔3〕

超短波帯では電波の直進性を利用するので、アンテナのビームを水平にすると通信可能な距離は延びる。高角度にすると通信可能な距離が延びないだけでなく、受信点に到達する電波の強度が弱くなってしまう。

〔4〕

アンテナのビーム幅はアンテナの物理的構造によって決まってしまうので、通常切り換えることはできない。

〔5〕

2　鉛蓄電池は、**二次電池**である。

〔7〕

FM（周波数変調）方式は、一般に占有周波数帯幅がAM（振幅変調）方式に比べて**広い**という特徴がある。

〔10〕

メータを出力に切り替えると、発射されている電波の強度を表示するので、電波が出ているかどうかを知ることができる。

〔11〕

3　船舶地球局は、**船舶の動揺、旋回及び航行中であっても常に衛星を指向するパラボラアンテナ**を使用する。

令和5年2月期

〔1〕 次の記述は、交流電流について述べたものである。誤っているのはどれか。

1 導線の抵抗が大きくなるほど、交流電流は流れにくくなる。
2 コイルのインダクタンスが大きくなるほど交流電流は流れにくくなる。
3 コンデンサの静電容量が大きくなるほど交流電流は流れにくくなる。
4 導線の断面積が小さくなるほど、交流電流は流れにくくなる。

〔2〕 電界効果トランジスタ（FET）の電極と、一般の接合形トランジスタの電極の組合せで、その働きが対応しているのは、次のうちどれか。

1	ドレイン	ベース
2	ソース	ベース
3	ドレイン	エミッタ
4	ソース	エミッタ

〔3〕 次の記述の［　　］内に入れるべき字句の組合せで、正しいのはどれか。

使用する電波の波長が、アンテナの［A］波長より長いときは、アンテナ回路に直列に［B］を入れ、アンテナの［C］な長さを長くしてアンテナを共振させる。

	A	B	C
1	固有	延長コイル	電気的
2	励振	延長コイル	幾何学的
3	励振	短縮コンデンサ	幾何学的
4	固有	短縮コンデンサ	電気的

〔4〕 レーダー受信機において、最も影響の大きい雑音は、次のうちどれか。

1 空電による雑音　　2 電気器具による雑音
3 電動機による雑音　　4 受信機の内部雑音

〔5〕 端子電圧6〔V〕、容量（10時間率）30〔Ah〕の充電済みの鉛蓄電池に、電流が3〔A〕流れる負荷を接続して使用したとき、この蓄電池は、通常何時間まで連続使用できるか。

1 5時間　　2 10時間　　3 15時間　　4 20時間

〔6〕 次の記述の［　　］内に入れるべき字句の組合せで、正しいのはどれか。

アナログ方式の回路計（テスタ）を用いて交流電圧を測定しようとするときは、切替つまみを測定しようとする電圧の値より、やや［A］の値の［B］レンジにする。

	A	B
1	大きめ	DC VOLTS
2	小さめ	DC VOLTS
3	大きめ	AC VOLTS
4	小さめ	AC VOLTS

〔7〕 図は、振幅が一定の搬送波を単一正弦波で振幅変調したときの変調波の波形である。変調度は幾らか。

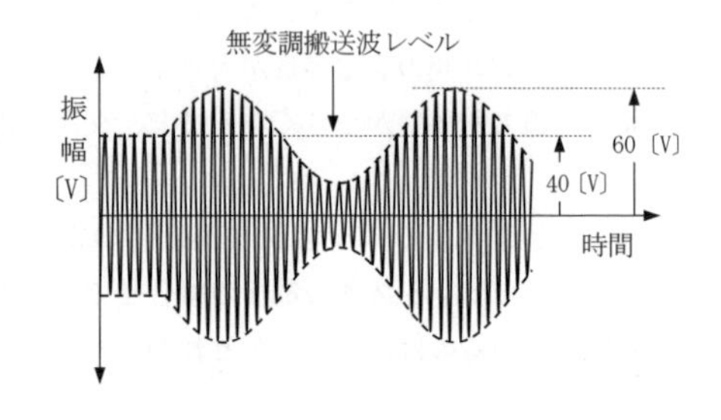

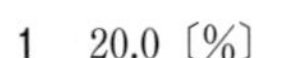

1 20.0〔%〕　　2 33.3〔%〕
3 50.0〔%〕　　4 66.7〔%〕

〔8〕 次の記述の□内に入れるべき字句の組合せで、正しいのはどれか。

SSB方式では、DSB方式に比べて占有周波数帯域幅が［A］ので選択性フェージングの影響が［B］。

	A	B
1	広い	大きい
2	広い	小さい
3	狭い	大きい
4	狭い	小さい

〔9〕 次の記述は、受信機の性能のうち何について述べたものか。

送信された信号を受信し、受信機の出力側で元の信号がどれだけ忠実に再現できるかという能力を表す。

1 忠実度　　2 感度　　3 選択度　　4 安定度

〔10〕 FM（F3E）送受信機において、送信操作に必要なものは、次のうちどれか。

1 スピーカスイッチ　　2 音量調節つまみ
3 プレストークボタン　　4 スケルチ調整つまみ

〔11〕 インマルサット衛星通信システムについて、次の記述のうち、正しいのはどれか。

1 このシステムは、船舶相互間の通信を主な目的としたシステムである。
2 システムは、3大洋上に配置された静止衛星によって、ほぼ地球上の全ての海域で利用できる。
3 宇宙局と船舶地球局間の使用周波数は、4〔GHz〕帯と6〔GHz〕帯である。
4 船舶地球局は、船舶が移動するため全方向性（無指向性）アンテナのみを使用する。

〔12〕 船舶用レーダーにおいて、FTCつまみを調整する必要があるのは、次のうちどれか。

1 映像が暗いため、物標の識別が困難なとき。

2 指示器の中心付近が明るすぎて、物標の識別が困難なとき。

3 掃引線が見えないため、物標の識別が困難なとき。

4 雨や雪による反射波のため、物標の識別が困難なとき。

▶ 解答・解説

問 題	解 答	問 題	解 答	問 題	解 答	問 題	解 答
〔1〕	3	〔2〕	4	〔3〕	1	〔4〕	4
〔5〕	2	〔6〕	3	〔7〕	3	〔8〕	4
〔9〕	1	〔10〕	3	〔11〕	2	〔12〕	4

〔1〕

3 コンデンサの静電容量が大きくなるほど交流電流は流れ**やすく**なる。

〔2〕

次に示すようにFETのソースと接合型のエミッタが対応している。

ゲートはベース、ドレインはコレクタ、ソースはエミッタに対応する。

FETのPチャネルの図記号

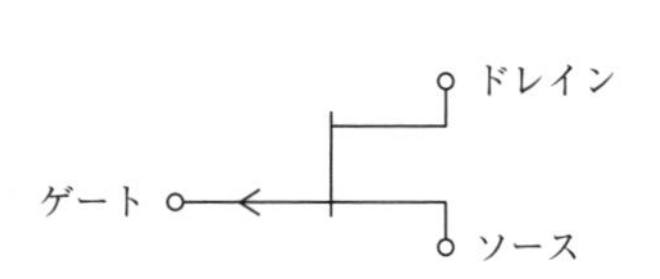

NPN形トランジスタ

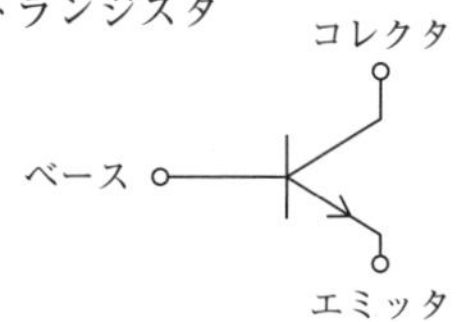

〔3〕

線状アンテナの場合、アンテナに直列にコンデンサやコイルを入れて、アンテナの長さを電気的に変えて、使用する電波の周波数に共振させることがある。使用する電波の波長がアンテナの固有波長より長い場合はコイル（延長コイル）を、短い場合はコンデンサ（短縮コンデンサ）を挿入する。

〔5〕

電池の容量は〔Ah〕(アンペア・アワー)で表され、取り出すことのできる電流 I〔A〕とその継続時間 h〔時間〕の積で表される。電池の容量を W とすれば、$W=I\times h$ となる。

したがって、

$$h=\frac{W}{I}\text{〔時間〕}$$

これに題意の数値を代入すると次のようになる。

$$h=\frac{30}{3}=10\text{〔時間〕}$$

〔7〕

振幅変調の変調度 M は次式で与えられる。

$$M=\frac{\text{信号波の振幅}}{\text{搬送波の振幅}}\times 100\text{〔\%〕}$$

設問図より、信号波の振幅は $60-40=20$〔V〕、搬送波の振幅は40〔V〕であり、変調度は次のとおりとなる。

$$\frac{20}{40}\times 100=50.0\text{〔\%〕}$$

〔9〕

選択肢2～4の説明は以下のとおり。

2　感度：どの程度まで弱い電波を受信できるかの能力を表すもの

3　選択度：多数の異なる周波数の電波の中から、混信を受けないで、目的とする電波を選び出すことができる能力を表すもの

4　安定度：受信機に一定振幅、一定周波数の信号入力を加えた場合、再調整を行わず、どの程度長時間にわたって一定の出力が得られるかの能力を表すもの

〔10〕

選択肢1、2、4は受信操作に必要なものである。

〔11〕

1　このシステムは、**海岸地球局～船舶地球局**間の通信を主な目的としたシステムである。

3　宇宙局と船舶地球局間の使用周波数は、**1.5〔GHz〕**帯と**1.6〔GHz〕**帯である。

4　船舶地球局は、**船舶の動揺、旋回及び航行中であっても常に衛星を指向するパラボラアンテナ**を使用する。

第一級海上
特殊無線技士

英　語

「英会話」

試験概要

試験問題：問題数／ 5 問
合格基準：満　点／100点　合格点／60点
配点内訳：1　問／ 20点

英会話については、過去の問題を国家試験に準じた速度で収録したCD（別売）もございます。当会オンラインショップをご利用ください。

令和２年２月期

（注）解答方法：選択肢の中から最も適切な答えを一つ選び、その番号に対応する答案用紙のマーク欄を黒く塗りつぶしなさい。

QUESTION 1　Port Control, this is Harumi Maru. What is the visibility in the port now?

1　The visibility was poor yesterday.
2　The visibility depends on the weather condition.
3　The present visibility is under 20 meters due to fog.
4　The visibility is going to improve by tomorrow morning.

QUESTION 2　Misaki Maru, this is Port City. Your document does not show your next port of call. What is it?

1　I will call you on channel 16.
2　Your next port of call is Kobe.
3　It is Yokohama. I'm arriving there this evening.
4　I will tell you my schedule after arriving at the next port.

QUESTION 3　Coast Guard Radio, this is Kanto Maru. I am on fire and have dangerous cargo on board. REQUEST. I require fire-fighting assistance immediately.

1　I understand. I am on fire and need help.
2　I understand. I will send a doctor right now.
3　Understood. I have dangerous cargo on board.
4　Understood. I will arrange to send a fireboat right now.

QUESTION 4　Port City, this is Tokai Maru. My stern mooring lines have been cut at the berth. Please send a tug right away because the wind is strong.

1　Understood. I will dispatch a tug immediately.
2　Understood. You do not need the tug immediately.
3　I understand the wind is too strong for you to berth right away.
4　I understand you will change berth right away because of the strong wind.

QUESTION 5　Miura Maru, this is Coast Guard Radio. I heard you are engaged in the rescue operation. Tell me the present situation.

1　I have found the presents for my engagement.

2　I know they are working very hard at survival training.

3　I was informed that you were engaged in the rescue operation.

4　I have located some survivors. I will start picking them up now.

▶ 解答　〔Q－1〕3　〔Q－2〕3　〔Q－3〕4　〔Q－4〕1　〔Q－5〕4

令和２年１０月期

（注）解答方法：選択肢の中から最も適切な答えを一つ選び、その番号に対応する答案用紙のマーク欄を黒く塗りつぶしなさい。

QUESTION 1 Port City, this is Sendai Maru. Where will the pilot come on board?

1 He will meet you alone.
2 He will come on board using the pilot ladder.
3 He will come on board at 1500 hours local time.
4 He will meet you near the No.3 buoy outside of the harbor.

QUESTION 2 Harumi Maru, this is Misaki Maru. I cannot see you due to the dense fog. How do you read me?

1 Sure, I am good at reading a map.
2 I'm sorry. I don't like to read such a thick book.
3 Your signals are broken and not clear. Try Channel 10.
4 I don't like this program. Change this channel to the next one.

QUESTION 3 Kawasaki Maru, this is Port City. I have heard you finished bunkering. When is your departure?

1 I will depart for Nagoya port.
2 I will depart as soon as my agent clears me.
3 My arrival time is 1000 hours local time.
4 The change in job was a new departure for me.

QUESTION 4 Nagasaki Maru, this is Port Control. You have anchored in the wrong position and are obstructing the fairway. You must anchor clear of the fairway.

1 Understood. I will leave the fairway immediately.
2 I understand. I will enter the fairway soon.
3 I think we are dragging the anchor.
4 I anchored where the water was cleared.

QUESTION 5 Tokai Maru, this is the Coast Guard Radio. We have received your message that you collided with another ship. Tell me your present situation.

1 The cargo ship is in danger of collision.

2 If you were in my situation, you would do the same.

3 I am proceeding carefully in dense fog to prevent a collision with the fishing vessels.

4 I have a dangerous list on the port side owing to a leak. I need immediate help.

▶解答 〔Q－1〕4 〔Q－2〕3 〔Q－3〕2 〔Q－4〕1 〔Q－5〕4

令和3年2月期

（注）解答方法：選択肢の中から最も適切な答えを一つ選び、その番号に対応する答案用紙のマーク欄を黒く塗りつぶしなさい。

QUESTION 1　Coast Guard Radio, this is Kushiro Maru. We are stuck in thick ice. We request ice-breaking assistance.

1　I understand. We will send fire-fighting vessels.
2　I understand. We will send two tugs immediately.
3　Understood. You are sailing in an ice-free area now.
4　Understood. We will ask an ice-breaker to go to you immediately.

QUESTION 2　Miyagi Maru, this is the Coast Guard vessel. You have told me you are aground. Tell me your present situation.

1　I am approaching the next port of call on schedule.
2　I am navigating carefully so as not to run aground.
3　I have slight damage on my port side. I am expecting to refloat at high water.
4　I am in danger of running aground in dense fog off the breakwater. Give me some advice.

QUESTION 3　Yokohama Maru, this is the rescue helicopter. I will start picking up the injured crew member immediately. Can I land on deck right now?

1　Yes, you can. We are ready to receive you.
2　No, I cannot land on deck due to the strong wind.
3　Yes, the injured crew member has already been picked up.
4　Yes, you can take off safely from the ship because the weather is clear now.

QUESTION 4　Sendai Maru, this is the fish inspection vessel. Tell us the date you started fishing and how long you will be fishing in these waters.

1　We are fishing for tuna and swordfish.
2　We started fishing yesterday and will work here for 30 days in total.
3　Our catch is not large enough yet but you can inspect our fish-hold.

4 We have the fishing permit and have already informed your authority of our activity.

QUESTION 5 Tokyo Maru, this is the headquarters of ABC Company. We have been informed the country you last visited is suffering from cholera. You must go to the quarantine anchorage at the next port of call.

1 Thank you very much for your medical support. All of our crew have recovered now.

2 I understand. It is convenient for us that the next port has radio quarantine capabilities.

3 Understood. I will go to the quarantine anchorage when we arrive at the next port of call.

4 It is a difficult situation. We will study the disease with the doctors at the next port of call.

▶解答 〔Q－1〕4 〔Q－2〕3 〔Q－3〕1 〔Q－4〕2 〔Q－5〕3

令和３年６月期

（注）解答方法：選択肢の中から最も適切な答えを一つ選び、その番号に対応する答案用紙のマーク欄を黒く塗りつぶしなさい。

QUESTION 1 Tokai Maru, this is Port Control. A large vessel is leaving the port. Keep clear of the approach channel.

1 No, I did not request tug boats for the large vessel.
2 Understood. I will keep watch on the specified channel.
3 I understand. I will stay where I am until the large vessel has left.
4 I understand. I will enter the port as quickly as possible.

QUESTION 2 Yokohama Maru, this is the harbor master. The weather is terrible and the sea, very rough. I want to confirm your ETA is still 1500 hours local time.

1 I confirm my next port of call is Kobe.
2 I confirm there is a red buoy on my starboard side.
3 I will proceed with caution at slow speed due to the bad weather.
4 I will be late. My new ETA（Estimated Time of Arrival）is 1530 hours local time.

QUESTION 3 Misaki Maru, this is the Coast Guard vessel. I understand you are engaged in a search and rescue operation. Tell me the present situation.

1 I am aground and in danger of sinking because of flooding.
2 The water in the engine room is rising rapidly and I cannot stop the leak.
3 I have sighted some wreckage but no survival craft. I will continue to search.
4 I have abandoned my vessel and all crew have been transferred to the lifeboats.

QUESTION 4 Harumi Maru, this is Port Control. There is a hampered vessel, bearing 30 degrees from the lighthouse distance 20 nautical miles. ADVICE. Keep enough distance from the vessel.

1 Correction. My bearing is 50 degrees, not 30 degrees.

2 I understand the lighthouse service has been terminated.

3 Understood. I will keep a sufficient distance from the lighthouse.

4 Understood. I will try to navigate so as not to get any closer to the vessel.

QUESTION 5 Miura Maru, this is the Coast Guard vessel. I am sailing near you. I was informed that you had engine trouble. What is the situation of your engine now?

1 Visibility is poor.

2 It is working now.

3 The waves are very high now.

4 I will repair the mast at the next port of call.

▶ 解答 〔Q－1〕3 〔Q－2〕4 〔Q－3〕3 〔Q－4〕4 〔Q－5〕2

令和３年１０月期

（注）解答方法：選択肢の中から最も適切な答えを一つ選び、その番号に対応する答案用紙のマーク欄を黒く塗りつぶしなさい。

QUESTION 1 Port City, this is Kawasaki Maru. My ship has a draught of five meters. Is there a sufficient depth of water for me to proceed to the berth?

1 Yes, the depth of water is good for fishing.
2 Yes, the bridge is high enough for you to proceed.
3 No, the depth of water is not sufficient for diving.
4 Yes, the water is deep enough for you. You can proceed.

QUESTION 2 Harbor master, this is Miura Maru. I want to enter your port to avoid the typhoon. How congested is your port now?

1 My port was crowded yesterday.
2 I had seven empty berths yesterday.
3 There is enough space for you to berth.
4 My port has recovered from the typhoon damage.

QUESTION 3 Misaki Maru, this is a fishery inspector. I will inspect your vessel to examine the size of your catch. What tonnage have you caught so far?

1 I caught three tons in total yesterday.
2 I have caught a total of thirty-four tons.
3 My average daily catch is about two tons.
4 Thank you. Your inspection was very quick.

QUESTION 4 Headquarters, this is Kanto Maru. We have a new next port of call. I want to confirm it has an LNG bunkering station.

1 We confirmed you had finished bunkering yesterday.
2 We have confirmed they offer bunkering boats for the fuel.
3 I understand you have no bunkering scheduled for tomorrow.
4 I understand you will finish bunkering by noon and then prepare for departure.

QUESTION 5 Harumi Maru, this is the Coast Guard Radio. You have informed us that you have run aground and your ship is listing dangerously. Do you intend to abandon your vessel?

1 Yes. I am waiting for the pilot.

2 Yes, I cannot proceed owing to low bunker.

3 Yes. The results of the search are negative.

4 Yes. All crew members are leaving on two lifeboats.

▶ 解答 〔Q－1〕 4 〔Q－2〕 3 〔Q－3〕 2 〔Q－4〕 2 〔Q－5〕 4

令和４年２月期

(注) 解答方法：選択肢の中から最も適切な答えを一つ選び、その番号に対応する答案用紙のマーク欄を黒く塗りつぶしなさい。

QUESTION 1　Nagoya Maru, this is Port City. You have anchored in the wrong position. Anchor in the position designated by the harbor master.

1　Understood. I will stay where I am.

2　I understand. I am waiting for the harbor master to see me.

3　I understand. I will tell the harbor master my present position.

4　Understood. I will heave up anchor immediately and proceed to the correct position.

QUESTION 2　Tokai Maru, this is Port Control. Your berth is North Pier Number Two, but it is occupied now. Wait where you are until 1400 hours local time.

1　Understood. I will wait here until the designated time.

2　I understand. I will arrive at the designated berth in four hours.

3　I understand. I will search for an empty berth by myself in the port.

4　Understood. I will proceed and wait at a point near my berth until the designated time.

QUESTION 3　Misaki Maru, this is Coast Guard Radio. We have been informed you have engine trouble and have an injured crew member. What assistance is required?

1　I require a pilot.

2　I need bunkering and a pilot.

3　I require two tugs and a helicopter for the injured crew member.

4　I am proceeding to the port to have the injured crew member see a doctor.

QUESTION 4　Nemuro Maru, this is headquarters. We have just heard you have been in a heavy snow storm. What time do you expect to get into port?

1　I will arrive on time because the sea condition is fair.

2 I will arrive three hours ahead of schedule because of the strong head wind.

3 I estimate I will arrive slightly earlier than expected because of the rough sea.

4 I expect to arrive behind schedule because the waves are high and visibility is poor.

QUESTION 5 Coast Guard Radio, this is Harumi Maru. I have requested ice-breaking assistance but the ice-breaker has not arrived yet. Tell us the situation.

1 The tug boats you requested are on the way.

2 ADVICE. Be careful of the iceberg on the approach to our port.

3 The ice-breaker is moving more slowly than expected but will be there in less than one hour.

4 Thank you for your ice breaking assistance. We can enter the port by ourselves now.

▶解答 〔Q－1〕4 〔Q－2〕1 〔Q－3〕3 〔Q－4〕4 〔Q－5〕3

令和4年6月期

（注）解答方法：選択肢の中から最も適切な答えを一つ選び、その番号に対応する答案用紙のマーク欄を黒く塗りつぶしなさい。

QUESTION 1 Tokyo Maru, this is Port City. The pilot you have requested will reach you on your port side. Please lower the pilot ladder on that side.

1 I understand that you are bringing the pilot ladders to us.
2 Understood. I will prepare the pilot ladder on the port side.
3 Understood. I will prepare the pilot ladder on the starboard side.
4 I understand that your rudder is not working. We will send tug boats to you.

QUESTION 2 Hakata Maru, this is Port Control. Reduce your speed below 7 knots. We are reducing the speed limit due to congestion in the fairway.

1 I understand. I will reduce speed.
2 I understand. I will heave up the anchor not to block the fairway.
3 Understood. I will go faster than 7 knots to avoid the congestion.
4 Understood. I will keep my current speed until I reach the berth.

QUESTION 3 Misaki Maru, this is Coastguard Radio. We sent firefighting boats immediately after you reported you were on fire. Tell us your current situation.

1 The fire on the other vessel is now under control.
2 The collision is serious and we are abandoning ship.
3 We have run aground and our vessel is listing to starboard.
4 The fire is not yet under control. There are no injured crew members.

QUESTION 4 Tokai Maru, this is Honshu Maru. I have an important message for you. Please move to VHF Channel 6.

1 Understood. I will standby on VHF Channel 6.
2 I understand VHF Channel 6 is important.
3 I understand. I will stay on my current VHF channel.

4 Understood. I will relay your important message to headquarters.

QUESTION 5 Yamato Maru, this is the helicopter pilot. Tell me the situation of the injured crew member and if I can land on your deck.

1 He has been navigating with the pilot.

2 He has caught a cold, has a slight fever and needs sufficient rest.

3 He is on lookout duty and has no time to care for the injured crew member.

4 He has stopped bleeding but you cannot land on my deck. Please hoist him up.

▶解答 〔Q－1〕2 〔Q－2〕1 〔Q－3〕4 〔Q－4〕1 〔Q－5〕4

令和４年１０月期

（注）解答方法：選択肢の中から最も適切な答えを一つ選び、その番号に対応する答案用紙のマーク欄を黒く塗りつぶしなさい。

QUESTION 1　Tokai Maru, this is the fishery inspection vessel. How long have you been fishing in this area?

1　Just two weeks.
2　Bunkering will finish in thirty minutes.
3　The total fish catch so far is about three tons.
4　Go ahead. The fish hold is ready for your inspection.

QUESTION 2　Port City, this is Kyushu Maru. We will arrive at your port behind schedule due to the storm. Can we have the tugboat service late at night?

1　It depends on the draught of your ship.
2　Yes, but you must book it in advance.
3　The Port Regulations say that ships of your size should take two tugs.
4　The tugboat service is necessary for any large ship leaving or coming into the port.

QUESTION 3　Haneda Maru, this is Coast Guard Radio. We have been informed that you have run aground near the port. Tell me your present situation.

1　I need bunkering before departure for the next port of call.
2　I will alter my course to the southeast to avoid running aground.
3　I am sailing toward the port with the lighthouse on my port side.
4　I am abandoning cargo and pumping out water to refloat at high water.

QUESTION 4　Misaki Maru, this is the headquarters of ABC company. I understand you are making a detour to avoid Typhoon Nancy. Will you update your estimated arrival time?

1　My ETA (estimated time of arrival) will be 7:30 UTC.

2 We left the last port of call two hours behind schedule.

3 We have no information on the estimated course of Typhoon Nancy.

4 No problem. Typhoon Nancy is not so big, according to the NAVTEX information.

QUESTION 5 Osaka Maru, this is Port City. Pier 3 is not now accessible. We will assign a new berth to you. We want to confirm your length. Tell us your LOA.

1 My air draught is 35 meters.

2 Tell me why the pier is not accessible.

3 My LOA (length overall) is 165 meters.

4 The gross tonnage of the ship is 11,000 tons.

▶ 解答 〔Q－1〕 1 〔Q－2〕 2 〔Q－3〕 4 〔Q－4〕 1 〔Q－5〕 3

令和５年２月期

（注）解答方法：選択肢の中から最も適切な答えを一つ選び、その番号に対応する答案用紙のマーク欄を黒く塗りつぶしなさい。

QUESTION 1 Port City, this is Harumi Maru. When will my berth be available?

1 The berth will be cleared at 0900 hours local time.
2 The doctor is now available. He will fly to you by helicopter.
3 Two tugs will be available soon. Wait there few more minutes.
4 The ice-breaker is out of port. It will be available in two hours.

QUESTION 2 Port City, this is Miura Maru. I heard the quarantine anchorage was congested. How long should I wait?

1 You should leave the quarantine anchorage soon.
2 You should not anchor there. You are blocking the fairway.
3 It is not so congested now. I can let you proceed there shortly.
4 The quarantine office is located next to the harbor master's office.

QUESTION 3 Tokyo Maru, this is Coast Guard Radio. You reported that you had gone aground. What is the condition of your vessel now?

1 I see the large vessel is sinking in front of me.
2 We expect to repair the vessel at the next port of call.
3 We are navigating with care so as not to run aground.
4 It is badly damaged and the water is now flooding into the ship.

QUESTION 4 Tokai Maru, this is Coast Guard Radio. We hear you have been engaged in the search and rescue operation for several hours now. Have you found anything?

1 No. She has not found her engagement ring yet.
2 No. I did not know there was an accident in our vicinity.
3 No, not yet. Can you update the position of the ship in distress?
4 Thank you. I will keep away from the drifting logs in this area.

QUESTION 5　Port City, this is Nagoya Maru. We are arriving at your port behind schedule and want to make up time. Do you have any speed restrictions on the fairway?

1　Yes, you have permission to proceed without a pilot.
2　Yes, you have to explain why you are behind schedule.
3　Yes, you have to speed up and arrive here on schedule.
4　Yes, you are required to reduce speed to under 10 knots.

▶解答　〔Q－1〕1　〔Q－2〕3　〔Q－3〕4　〔Q－4〕3　〔Q－5〕4

第二級海上特殊無線技士 法規

ご注意

各設問に対する答は、出題時点での法令等に準拠して解答しております。

試験概要

試験問題：問題数／12問
合格基準：満　点／60点　合格点／40点
配点内訳：1　問／5点

令和２年２月期

〔1〕 無線局の免許人は、無線設備の設置場所を変更しようとするときは、どうしなければならないか。次のうちから選べ。

1　あらかじめ総務大臣の指示を受ける。

2　あらかじめ総務大臣の許可を受ける。

3　遅滞なく、その旨を総務大臣に届け出る。

4　変更の期日を総務大臣に届け出る。

〔2〕 次の記述は、「レーダー」の定義である。電波法施行規則の規定に照らし、□内に入れるべき字句を下の番号から選べ。

「レーダー」とは、決定しようとする位置から反射され、又は再発射される無線信号と□との比較を基礎とする無線測位の設備をいう。

1　基準信号　　2　標識信号　　3　同期信号　　4　応答信号

〔3〕 第二級海上特殊無線技士の資格を有する者が、船舶局の25,010kHz以上の周波数の電波を使用する無線電話の国内通信のための通信操作を行うことができるのは、空中線電力何ワット以下のものか。次のうちから選べ。

1　5ワット　　2　10ワット　　3　50ワット　　4　100ワット

〔4〕 無線局の免許人は、電波法又は電波法に基づく命令の規定に違反して運用した無線局を認めたときは、どうしなければならないか。次のうちから選べ。

1　その無線局の免許人を告発する。

2　その無線局の電波の発射を停止させる。

3　その無線局の免許人にその旨を通知する。

4　総務省令で定める手続により、総務大臣に報告する。

〔5〕 総務大臣が無線局に対して臨時に電波の発射の停止を命ずることができるのはどの場合か。次のうちから選べ。

1　無線局が免許状に記載された空中線電力の範囲を超えて運用していると認めるとき。

2　運用の停止を命じた無線局を運用していると認めるとき。

3　無線局の発射する電波が他の無線局の通信に混信を与えていると認めるとき。

4　無線局の発射する電波の質が総務省令で定めるものに適合していないと認めるとき。

〔6〕 船舶局の免許状は、掲示を困難とするものを除き、どの箇所に掲げておかなければならないか。次のうちから選べ。

1 主たる送信装置のある場所の見やすい箇所
2 受信装置のある場所の見やすい箇所
3 航海船橋の適宜な箇所
4 船内の適宜な箇所

〔7〕 船舶局の遭難呼出し及び遭難通報の送信は、海岸局又は他の船舶局から応答があるまでどうしなければならないか。次のうちから選べ。

1 他の通信に混信を与えるおそれがある場合を除き、反復を継続する。
2 少なくとも3分間の間隔をおいて反復する。
3 少なくとも5回反復する。
4 応答があるまで、必要な間隔をおいて反復する。

〔8〕 無線電話通信において、応答に際して直ちに通報を受信することができない事由があるときに応答事項の次に送信することになっている事項はどれか。次のうちから選べ。

1 「どうぞ」及び分で表す概略の待つべき時間
2 「どうぞ」及び通報を受信することができない理由
3 「お待ちください」及び分で表す概略の待つべき時間
4 「お待ちください」及び通報を受信することができない理由

〔9〕 無線局は、遭難通信等を行う場合を除き、相手局を呼び出そうとするときは、電波を発射する前に、どの電波の周波数を聴守しなければならないか。次のうちから選べ。

1 自局の発射しようとする電波の周波数その他必要と認める周波数
2 他の既に行われている通信に使用されている電波の周波数であって、最も感度の良いもの
3 自局の付近にある無線局において使用している電波の周波数
4 自局に指定されているすべての周波数

〔10〕 無線電話通信における遭難通信の通報の送信速度は、どのようなものでなければならないか。次のうちから選べ。

1 できるだけ速いもの
2 緊急の度合いに応じたもの
3 受信者が筆記できる程度のもの
4 送信者の技量に応じたもの

〔11〕 156.8MHz の周波数の電波を使用することができないのはどの場合か。次のうちから選べ。

1　遭難通信を行う場合
2　安全通信（安全呼出しを除く。）を行う場合
3　緊急通信（医事通報に係るものにあっては、緊急呼出しに限る。）を行う場合
4　呼出し又は応答を行う場合

〔12〕 船舶局は、安全信号を受信したときは、どうしなければならないか。次のうちから選べ。

1　その通信が自局に関係のないことを確認するまでその安全通信を受信する。
2　その通信が自局に関係がないものであってもその安全通信が終了するまで受信する。
3　できる限りその安全通信が終了するまで受信する。
4　少なくとも 2 分間はその安全通信を受信する。

▶ 解答・根拠

問題	解答	根　　拠
〔1〕	2	変更等の許可（法17条）
〔2〕	1	レーダーの定義（施行 2 条）
〔3〕	3	操作及び監督の範囲（施行令 3 条）
〔4〕	4	報告等（法80条）
〔5〕	4	電波の発射の停止（法72条）
〔6〕	1	免許状を掲げる場所（施行38条）
〔7〕	4	遭難呼出し及び遭難通報の送信の反復（運用81条）
〔8〕	3	応答（運用23条）、無線電話通信に対する準用（運用18条）、業務用語（運用14条）
〔9〕	1	発射前の措置（運用19条の 2 ）
〔10〕	3	送信速度等（運用16条）
〔11〕	2	電波の使用制限（運用58条）
〔12〕	1	安全通信（法68条）

令和２年10月期

〔1〕 次の記述は、電波法の目的である。[ ]内に入れるべき字句を下の番号から選べ。

この法律は、電波の公平かつ[ ]な利用を確保することによって、公共の福祉を増進することを目的とする。

1 積極的　　2 経済的　　3 能率的　　4 能動的

〔2〕 次の記述は、電波の質について述べたものである。電波法の規定に照らし、[ ]内に入れるべき字句を下の番号から選べ。

送信設備に使用する電波の[ ]電波の質は、総務省令で定めるところに適合するものでなければならない。

1 周波数の偏差及び安定度等
2 周波数の偏差、空中線電力の偏差等
3 周波数の偏差及び幅、空中線電力の偏差等
4 周波数の偏差及び幅、高調波の強度等

〔3〕 第二級海上特殊無線技士の資格を有する者が、船舶局の25,010kHz以上の周波数の電波を使用する無線電話の国内通信のための通信操作を行うことができるのは、空中線電力何ワット以下のものか。次のうちから選べ。

1 100ワット　　2 50ワット　　3 10ワット　　4 5ワット

〔4〕 総務大臣から無線従事者がその免許を取り消されることがあるのはどの場合か。次のうちから選べ。

1 引き続き５年以上無線設備の操作を行わなかったとき。
2 電波法又は電波法に基づく命令に違反したとき。
3 刑法に規定する罪を犯し、罰金以上の刑に処せられたとき。
4 日本の国籍を有しない者となったとき。

〔5〕 無線局の免許人は、その船舶局が遭難通信を行ったときは、どうしなければならないか。次のうちから選べ。

1 総務省令で定める手続により、総務大臣に報告する。
2 その通信の記録を作成し、１年間これを保存する。
3 速やかに海上保安庁の海岸局に通知する。
4 総務大臣に届け出て、無線局の検査を受ける。

〔6〕 次の記述は、業務書類等の備付けについて述べたものである。電波法の規定に照らし、□内に入れるべき字句を下の番号から選べ。

無線局には、□及び無線業務日誌その他総務省令で定める書類を備え付けておかなければならない。ただし、総務省令で定める無線局については、これらの全部又は一部の備付けを省略することができる。

1 無線局の免許の申請書の写し　　2 無線設備等の点検実施報告書の写し
3 免許人の氏名又は名称を証する書類　　4 正確な時計

〔7〕 次の記述は、秘密の保護について述べたものである。電波法の規定に照らし、□内に入れるべき字句を下の番号から選べ。

何人も法律に別段の定めがある場合を除くほか、□を傍受してその存在若しくは内容を漏らし、又はこれを窃用してはならない。

1 特定の相手方に対して行われる暗語による無線通信
2 総務省令で定める周波数を使用して行われる無線通信
3 特定の相手方に対して行われる無線通信
4 総務省令で定める周波数を使用して行われる暗語による無線通信

〔8〕 一般通信方法における無線通信の原則として無線局運用規則に定める事項に該当するものはどれか。次のうちから選べ。

1 必要のない無線通信は、これを行ってはならない。
2 無線通信を行う場合においては、暗語を使用してはならない。
3 無線通信は、長時間継続して行ってはならない。
4 無線通信は、試験電波を発射した後でなければ行ってはならない。

〔9〕 無線電話通信において、応答に際して直ちに通報を受信しようとするときに応答事項の次に送信する略語はどれか。次のうちから選べ。

1 OK　　2 了解　　3 どうぞ　　4 送信してください

〔10〕 無線局が電波を発射して行う無線電話の機器の試験中、しばしば確かめなければならないことはどれか。次のうちから選べ。

1 他の無線局から停止の要求がないかどうか。
2 空中線電力が許容値を超えていないかどうか。
3 「本日は晴天なり」の連続及び自局の呼出名称の送信が5秒間を超えていないかどうか。
4 その電波の周波数の偏差が許容値を超えていないかどうか。

〔11〕 156.8MHzの周波数の電波を使用することができないのはどの場合か。次のうちから選べ。

1 遭難通信を行う場合
2 緊急通信（医事通報に係るものにあっては、緊急呼出しに限る。）を行う場合
3 呼出し又は応答を行う場合
4 安全通信（安全呼出しを除く。）を行う場合

〔12〕 船舶局は、安全信号を受信したときは、どうしなければならないか。次のうちから選べ。

1 その通信が自局に関係がないものであってもその安全通信が終了するまで受信する。
2 その通信が自局に関係のないことを確認するまでその安全通信を受信する。
3 できる限りその安全通信が終了するまで受信する。
4 少なくとも2分間はその安全通信を受信する。

▶ 解答・根拠

問題	解答	根　　拠
〔1〕	3	電波法の目的（法1条）
〔2〕	4	電波の質（法28条）
〔3〕	2	操作及び監督の範囲（施行令3条）
〔4〕	2	無線従事者の免許の取消し等（法79条）
〔5〕	1	報告等（法80条）
〔6〕	4	時計、業務書類等の備付け（法60条）
〔7〕	3	秘密の保護（法59条）
〔8〕	1	無線通信の原則（運用10条）
〔9〕	3	応答（運用23条）
〔10〕	1	試験電波の発射（運用39条）
〔11〕	4	電波の使用制限（運用58条）
〔12〕	2	安全通信（法68条）

令和３年２月期

〔1〕 無線局の免許人は、電波の型式及び周波数の指定の変更を受けようとするときは、どうしなければならないか。次のうちから選べ。

1 電波の型式及び周波数の指定の変更を総務大臣に申請する。
2 総務大臣に免許状を提出し、訂正を受ける。
3 電波の型式及び周波数の指定の変更を総務大臣に届け出る。
4 あらかじめ総務大臣の指示を受ける。

〔2〕 次の記述は、電波の質について述べたものである。電波法の規定に照らし、□内に入れるべき字句を下の番号から選べ。

送信設備に使用する電波の周波数の偏差及び幅、□電波の質は、総務省令で定めるところに適合するものでなければならない。

1	変調度等	2	空中線電力の偏差等
3	信号対雑音比等	4	高調波の強度等

〔3〕 第二級海上特殊無線技士の資格を有する者が、船舶局の空中線電力50ワット以下の無線電話の国内通信のための通信操作を行うことができる周波数の電波はどれか。次のうちから選べ。

1	470MHz 以上	2	25,010kHz 以上
3	4,000kHz から 25,010kHz まで	4	1,606.5kHz から 4,000kHz まで

〔4〕 無線局の免許人は、その船舶局が緊急通信を行ったときは、どうしなければならないか。次のうちから選べ。

1 速やかに海上保安庁の海岸局に通知する。
2 その通信の記録を作成し、１年間これを保存する。
3 総務省令で定める手続により、総務大臣に報告する。
4 船舶の所有者に通報する。

〔5〕 無線従事者が電波法又は電波法に基づく命令に違反したときに総務大臣から受けることがある処分はどれか。次のうちから選べ。

1 無線従事者の免許の取消し
2 期間を定めて行う無線設備の操作範囲の制限
3 その業務に従事する無線局の運用の停止

4　6箇月間の業務に従事することの停止

〔6〕 船舶局の免許状は、掲示を困難とするものを除き、どの箇所に掲げておかなければならないか。次のうちから選べ。

1　受信装置のある場所の見やすい箇所
2　航海船橋の適宜な箇所
3　船内の適宜な箇所
4　主たる送信装置のある場所の見やすい箇所

〔7〕 一般通信方法における無線通信の原則として無線局運用規則に定める事項に該当しないものはどれか。次のうちから選べ。

1　無線通信は、正確に行うものとし、通信上の誤りを知ったときは、通報の送信終了後一括して訂正しなければならない。
2　必要のない無線通信は、これを行ってはならない。
3　無線通信に使用する用語は、できる限り簡潔でなければならない。
4　無線通信を行うときは、自局の識別信号を付して、その出所を明らかにしなければならない。

〔8〕 船舶局に備え付けておかなければならない時計は、その時刻をどのように照合しておかなければならないか。次のうちから選べ。

1　毎月1回以上協定世界時に照合する。
2　毎週1回以上中央標準時に照合する。
3　毎日1回以上中央標準時又は協定世界時に照合する。
4　運用開始前に中央標準時又は協定世界時に照合する。

〔9〕 船舶局は、他の船舶局から無線設備の機器の調整のための通信を求められたときは、どうしなければならないか。次のうちから選べ。

1　緊急通信に次ぐ優先順位をもってこれに応ずる。
2　直ちにこれに応ずる。
3　一切の通信を中止して、これに応ずる。
4　支障のない限り、これに応ずる。

〔10〕 船舶局が無線電話通信において遭難通報を送信する場合の送信事項に該当しないものはどれか。次のうちから選べ。

1　「メーデー」又は「遭難」

2　遭難した船舶の乗客及び乗組員の氏名
3　遭難した船舶の名称又は識別
4　遭難した船舶の位置、遭難の種類及び状況並びに必要とする救助の種類その他救助のため必要な事項

〔11〕 船舶局は、無線電話による緊急信号を受信したときは、遭難通信を行う場合を除き、少なくとも何分間継続してその緊急通信を受信しなければならないか。次のうちから選べ。

1　2分間　　2　3分間　　3　5分間　　4　10分間

〔12〕 無線電話通信における安全呼出しは、呼出事項の前に「セキュリテ」又は「警報」を何回送信して行うことになっているか。次のうちから選べ。

1　1回　　2　2回　　3　3回　　4　5回

▶ 解答・根拠

問題	解答	根　　拠
〔1〕	1	申請による周波数等の変更（法19条）
〔2〕	4	電波の質（法28条）
〔3〕	2	操作及び監督の範囲（施行令3条）
〔4〕	3	報告等（法80条）
〔5〕	1	無線従事者の免許の取消し等（法79条）
〔6〕	4	免許状を掲げる場所（施行38条）
〔7〕	1	無線通信の原則（運用10条）
〔8〕	3	時計（運用3条）
〔9〕	4	船舶局の機器の調整のための通信（法69条）
〔10〕	2	遭難通報（運用77条）
〔11〕	2	緊急通信（法67条）、緊急通信を受信した場合の措置（運用93条）
〔12〕	3	安全呼出し（運用96条）

令和３年６月期

〔１〕 無線局の免許人は、無線設備の変更の工事をしようとするときは、総務省令で定める場合を除き、どうしなければならないか。次のうちから選べ。

1　あらかじめ総務大臣の許可を受ける。

2　あらかじめ総務大臣にその旨を届け出る。

3　総務大臣に無線設備の変更の工事の予定期日を届け出る。

4　あらかじめ総務大臣の指示を受ける。

〔２〕 船舶に設置する無線航行のためのレーダー（総務大臣が別に告示するものを除く。）は、何分以内に完全に動作するものでなければならないか。次のうちから選べ。

1　１分以内　　2　２分以内　　3　４分以内　　4　５分以内

〔３〕 無線従事者は、その業務に従事しているときは、免許証をどのようにしていなければならないか。次のうちから選べ。

1　航海船橋に備え付ける。　2　携帯する。

3　無線局に備え付ける。　4　主たる送信装置のある場所の見やすい箇所に掲げる。

〔４〕 無線局の免許人は、その船舶局が遭難通信を行ったときは、どうしなければならないか。次のうちから選べ。

1　総務省令で定める手続により、総務大臣に報告する。

2　その通信の記録を作成し、１年間これを保存する。

3　船舶の所有者に通報する。

4　速やかに海上保安庁の海岸局に通知する。

〔５〕 総務大臣から無線従事者がその免許を取り消されることがあるのはどの場合か。次のうちから選べ。

1　５年以上無線設備の操作を行わなかったとき。

2　電波法又は電波法に基づく命令に違反したとき。

3　刑法に規定する罪を犯し、罰金以上の刑に処せられたとき。

4　日本の国籍を有しない者となったとき。

〔６〕 無線局の免許人は、無線従事者を選任し、又は解任したときは、どうしなければならないか。次のうちから選べ。

1　１箇月以内にその旨を総務大臣に報告する。
2　速やかに、総務大臣の承認を受ける。
3　遅滞なく、その旨を総務大臣に届け出る。
4　２週間以内にその旨を総務大臣に届け出る。

〔7〕 一般通信方法における無線通信の原則として無線局運用規則に定める事項に該当するものはどれか。次のうちから選べ。
1　無線通信は、長時間継続して行ってはならない。
2　無線通信を行う場合においては、暗語を使用してはならない。
3　無線通信は、試験電波を発射した後でなければ行ってはならない。
4　無線通信に使用する用語は、できる限り簡潔でなければならない。

〔8〕 無線局がなるべく擬似空中線回路を使用しなければならないのはどの場合か。次のうちから選べ。
1　工事設計書に記載した空中線を使用できないとき。
2　他の無線局の通信に混信を与えるおそれがあるとき。
3　総務大臣の行う無線局の検査のために運用するとき。
4　無線設備の機器の試験又は調整を行うために運用するとき。

〔9〕 次の記述は、無線電話通信における遭難呼出しの方法について述べたものである。無線局運用規則の規定に照らし、［　　］内に入れるべき字句を下の番号から選べ。
遭難呼出しは、次に掲げる事項を順次送信して行うものとする。
(1)　メーデー（又は「遭難」）　３回
(2)　こちらは　１回
(3)　遭難船舶局の呼出名称　［　　］

1　１回　　2　２回　　3　３回　　4　３回以下

〔10〕 次の記述は、通報の送信について述べたものである。無線局運用規則の規定に照らし、［　　］内に入れるべき字句を下の番号から選べ。
無線電話通信における通報の送信は、［　　］行わなければならない。
1　語辞を区切り、かつ、明りょうに発音して
2　内容を確認し、一字ずつ区切って発音して
3　明りょうに、かつ、速やかに
4　単語を一語ごとに繰り返して

〔11〕 無線電話通信において、応答に際して直ちに通報を受信しようとするときに応答事項の次に送信する略語はどれか。次のうちから選べ。

1 送信してください　2 どうぞ　3 了解　4 OK

〔12〕 無線局は、遭難通信等を行う場合を除き、相手局を呼び出そうとするときは、電波を発射する前に、どの電波の周波数を聴守しなければならないか。次のうちから選べ。

1 自局の発射しようとする電波の周波数その他必要と認める周波数

2 自局に指定されているすべての周波数

3 他の既に行われている通信に使用されている電波の周波数であって、最も感度の良いもの

4 自局の付近にある無線局において使用している電波の周波数

▶ 解答・根拠

問題	解答	根　　拠
〔1〕	1	変更等の許可（法17条）
〔2〕	3	レーダーの条件（設備48条）
〔3〕	2	免許証の携帯（施行38条）
〔4〕	1	報告等（法80条）
〔5〕	2	無線従事者の免許の取消し等（法79条）
〔6〕	3	無線従事者の選解任届（法51条）
〔7〕	4	無線通信の原則（運用10条）
〔8〕	4	擬似空中線回路の使用（法57条）
〔9〕	3	遭難呼出し（運用76条）
〔10〕	1	送信速度等（運用16条）
〔11〕	2	応答（運用23条）
〔12〕	1	発射前の措置（運用19条の2）

令和３年１０月期

〔１〕 次の記述は、電波法に規定する「無線局」の定義である。□内に入れるべき字句を下の番号から選べ。

「無線局」とは、無線設備及び□の総体をいう。ただし、受信のみを目的とするものを含まない。

1　無線設備の操作を行う者　　2　無線設備の管理を行う者
3　無線設備の操作の監督を行う者　　4　無線設備を所有する者

〔２〕 次の記述は、電波の質について述べたものである。電波法の規定に照らし、□内に入れるべき字句を下の番号から選べ。

送信設備に使用する電波の□、高調波の強度等電波の質は、総務省令で定めるところに適合するものでなければならない。

1　周波数の安定度　　2　空中線電力の偏差
3　変調度　　4　周波数の偏差及び幅

〔３〕 第二級海上特殊無線技士の資格を有する者が、船舶局の25,010kHz以上の周波数の電波を使用する無線電話の国内通信のための通信操作を行うことができるのは、空中線電力何ワット以下のものか。次のうちから選べ。

1　100ワット　　2　50ワット　　3　10ワット　　4　５ワット

〔４〕 無線局の免許人が電波法又は電波法に基づく命令に違反したときに総務大臣が行うことができる処分はどれか。次のうちから選べ。

1　電波の型式の制限　　2　再免許の拒否
3　無線局の運用の停止　　4　通信の相手方又は通信事項の制限

〔５〕 無線従事者が電波法又は電波法に基づく命令に違反したときに総務大臣から受けることがある処分はどれか。次のうちから選べ。

1　期間を定めて行う無線設備の操作範囲の制限
2　その業務に従事する無線局の運用の停止
3　６箇月間の業務の従事の停止
4　無線従事者の免許の取消し

〔6〕 無線局の免許人は、無線従事者を選任し、又は解任したときは、どうしなければならないか。次のうちから選べ。

1　1箇月以内にその旨を総務大臣に報告する。
2　遅滞なく、その旨を総務大臣に届け出る。
3　速やかに総務大臣の承認を受ける。
4　2週間以内にその旨を総務大臣に届け出る。

〔7〕 次の記述は、秘密の保護について述べたものである。電波法の規定に照らし、□内に入れるべき字句を下の番号から選べ。

何人も法律に別段の定めがある場合を除くほか、□を傍受してその存在若しくは内容を漏らし、又はこれを窃用してはならない。

1　特定の相手方に対して行われる暗語による無線通信
2　総務省令で定める周波数を使用して行われる無線通信
3　特定の相手方に対して行われる無線通信
4　総務省令で定める周波数を使用して行われる暗語による無線通信

〔8〕 船舶局に備え付けておかなければならない時計は、その時刻をどのように照合しておかなければならないか。次のうちから選べ。

1　毎日1回以上中央標準時又は協定世界時に照合する。
2　毎月1回以上協定世界時に照合する。
3　毎週1回以上中央標準時に照合する。
4　運用開始前に中央標準時又は協定世界時に照合する。

〔9〕 無線電話通信において、応答に際して直ちに通報を受信しようとするときに応答事項の次に送信する略語はどれか。次のうちから選べ。

1　ＯＫ　　2　了解　　3　どうぞ　　4　送信してください

〔10〕 無線局が電波を発射して行う無線電話の機器の試験中、しばしば確かめなければならないことはどれか。次のうちから選べ。

1　他の無線局から停止の要求がないかどうか。
2　空中線電力が許容値を超えていないかどうか。
3　「本日は晴天なり」の連続及び自局の呼出名称の送信が5秒間を超えていないかどうか。
4　その電波の周波数の偏差が許容値を超えていないかどうか。

〔11〕 156.8MHz の周波数の電波を使用することができるのはどの場合か。次のうちから選べ。

1 漁業通信を行う場合
2 呼出し又は応答を行う場合
3 港務に関する通報を送信する場合
4 電波の規正に関する通信を行う場合

〔12〕 船舶局は、安全信号を受信したときは、どうしなければならないか。次のうちから選べ。

1 その通信が自局に関係のないことを確認するまでその安全通信を受信する。
2 その通信が自局に関係がないものであってもその安全通信が終了するまで受信する。
3 できる限りその安全通信が終了するまで受信する。
4 少なくとも2分間はその安全通信を受信する。

▶ 解答・根拠

問題	解答	根　　拠
〔1〕	1	無線局の定義（法2条）
〔2〕	4	電波の質（法28条）
〔3〕	2	操作及び監督の範囲（施行令3条）
〔4〕	3	無線局の運用の停止（法76条）
〔5〕	4	無線従事者の免許の取消し等（法79条）
〔6〕	2	無線従事者の選解任届（法51条）
〔7〕	3	秘密の保護（法59条）
〔8〕	1	時計（運用3条）
〔9〕	3	応答（運用23条）
〔10〕	1	試験電波の発射（運用39条）
〔11〕	2	電波の使用制限（運用58条）
〔12〕	1	安全通信（法68条）

令和４年２月期

〔１〕 次の記述は、電波法に規定する「無線局」の定義である。［　　］内に入れるべき字句を下の番号から選べ。

「無線局」とは、無線設備及び［　　］の総体をいう。ただし、受信のみを目的とするものを含まない。

1　無線設備の操作を行う者　　2　無線設備の管理を行う者
3　無線通信を行う者　　4　無線設備を所有する者

〔２〕 電波の主搬送波の変調の型式が角度変調で周波数変調のもの、主搬送波を変調する信号の性質がアナログ信号である単一チャネルのものであって、伝送情報の型式が電話(音響の放送を含む。)の電波の型式を表示する記号はどれか。次のうちから選べ。

1　J3E　　2　A3E　　3　F1B　　4　F3E

〔３〕 無線従事者は、免許証を失ったためにその再交付を受けた後、失った免許証を発見したときはどうしなければならないか。次のうちから選べ。

1　速やかに発見した免許証を廃棄する。
2　発見した日から10日以内に発見した免許証を総務大臣に返納する。
3　発見した日から10日以内にその旨を総務大臣に届け出る。
4　発見した日から10日以内に再交付を受けた免許証を総務大臣に返納する。

〔４〕 総務大臣から無線従事者がその免許を取り消されることがあるのはどの場合か。次のうちから選べ。

1　引き続き５年以上無線設備の操作を行わなかったとき。
2　日本の国籍を有しない者となったとき。
3　電波法に違反したとき。
4　免許証を失ったとき。

〔５〕 無線局の免許人は、その船舶局が遭難通信を行ったときは、どうしなければならないか。次のうちから選べ。

1　その通信の記録を作成し、１年間これを保存する。
2　総務省令で定める手続により、総務大臣に報告する。
3　船舶の所有者に通報する。
4　速やかに海上保安庁の海岸局に通知する。

〔6〕 船舶局の免許状は、掲示を困難とするものを除き、どの箇所に掲げておかなければならないか。次のうちから選べ。

1 航海船橋の適宜な箇所　　2 受信装置のある場所の見やすい箇所
3 船内の適宜な箇所　　4 主たる送信装置のある場所の見やすい箇所

〔7〕 次の記述は、秘密の保護について述べたものである。電波法の規定に照らし、□内に入れるべき字句を下の番号から選べ。

何人も法律に別段の定めがある場合を除くほか、□を傍受してその存在若しくは内容を漏らし、又はこれを窃用してはならない。

1 特定の相手方に対して行われる暗語による無線通信
2 総務省令で定める周波数を使用して行われる無線通信
3 総務省令で定める周波数を使用して行われる暗語による無線通信
4 特定の相手方に対して行われる無線通信

〔8〕 無線局を運用する場合においては、遭難通信を行う場合を除き、無線設備の設置場所は、どの書類に記載されたところによらなければならないか。次のうちから選べ。

1 免許状　　2 免許証
3 無線局事項書の写し　　4 無線局の免許の申請書の写し

〔9〕 無線電話通信において、応答に際して直ちに通報を受信しようとするときに応答事項の次に送信する略語はどれか。次のうちから選べ。

1 送信してください　　2 OK　　3 了解　　4 どうぞ

〔10〕 無線局が電波を発射して行う無線電話の機器の試験中、しばしば確かめなければならないことはどれか。次のうちから選べ。

1 空中線電力が許容値を超えていないかどうか。
2 その電波の周波数の偏差が許容値を超えていないかどうか。
3 他の無線局から停止の要求がないかどうか。
4 「本日は晴天なり」の連続及び自局の呼出名称の送信が5秒間を超えていないかどうか。

〔11〕 遭難通信を行う場合を除き、その周波数の電波の使用は、できる限り短時間とし、かつ、1分以上にわたってはならないものはどれか。次のうちから選べ。

1 156.525MHz　　2 156.8MHz　　3 2,187.5kHz　　4 27,524kHz

〔12〕 緊急通信は、どのような場合に行うか。次のうちから選べ。

1 船舶又は航空機が重大かつ急迫の危険に陥るおそれがある場合その他緊急の事態が発生した場合

2 地震、台風、洪水、津波、雪害、火災等が発生した場合

3 船舶又は航空機の航行に対する重大な危険を予防するために必要な場合

4 船舶又は航空機が重大かつ急迫の危険に陥った場合

▶ **解答・根拠**

問題	解答	根　　　拠
〔1〕	1	無線局の定義（法2条）
〔2〕	4	電波の型式の表示（施行4条の2）
〔3〕	2	免許証の返納（従事者51条）
〔4〕	3	無線従事者の免許の取消し等（法79条）
〔5〕	2	報告等（法80条）
〔6〕	4	免許状を掲げる場所（施行38条）
〔7〕	4	秘密の保護（法59条）
〔8〕	1	免許状記載事項の遵守（法53条）
〔9〕	4	応答（運用23条）
〔10〕	3	試験電波の発射（運用39条）
〔11〕	2	電波の使用制限（運用58条）
〔12〕	1	目的外使用の禁止等（緊急通信）（法52条）

令和４年６月期

〔1〕 次の記述は、電波法の目的である。[　　]内に入れるべき字句を下の番号から選べ。

この法律は、電波の公平かつ[　　]な利用を確保することによって、公共の福祉を増進することを目的とする。

1 経済的　　2 能率的　　3 積極的　　4 能動的

〔2〕 次の記述は、電波の質について述べたものである。電波法の規定に照らし、[　　]内に入れるべき字句を下の番号から選べ。

送信設備に使用する電波の周波数の偏差及び幅、[　　]電波の質は、総務省令で定めるところに適合するものでなければならない。

1 変調度等　　2 空中線電力の偏差等

3 信号対雑音比等　　4 高調波の強度等

〔3〕 第二級海上特殊無線技士の資格を有する者が、船舶局の25,010kHz以上の周波数の電波を使用する無線電話の国内通信のための通信操作を行うことができるのは、空中線電力何ワット以下のものか。次のうちから選べ。

1 100ワット　　2 50ワット　　3 10ワット　　4 5ワット

〔4〕 無線局の免許人は、電波法又は電波法に基づく命令の規定に違反して運用した無線局を認めたときは、どうしなければならないか。次のうちから選べ。

1 総務省令で定める手続により、総務大臣に報告する。
2 その無線局の免許人にその旨を通知する。
3 その無線局の電波の発射の停止を求める。
4 その無線局の免許人を告発する。

〔5〕 総務大臣から無線従事者がその免許を取り消されることがあるのはどの場合か。次のうちから選べ。

1 電波法又は電波法に基づく命令に違反したとき。
2 引き続き５年以上無線設備の操作を行わなかったとき。
3 刑法に規定する罪を犯し、罰金以上の刑に処せられたとき。
4 日本の国籍を有しない者となったとき。

〔6〕 無線局の免許人は、無線従事者を選任し、又は解任したときは、どうしなければな

らないか。次のうちから選べ。

1　速やかに総務大臣の承認を受ける。

2　10日以内にその旨を総務大臣に報告する。

3　遅滞なく、その旨を総務大臣に届け出る。

4　１箇月以内にその旨を総務大臣に届け出る。

〔7〕 一般通信方法における無線通信の原則として無線局運用規則に定める事項に該当しないものはどれか。次のうちから選べ。

1　無線通信は、正確に行うものとし、通信上の誤りを知ったときは、通報の送信終了後一括して訂正しなければならない。

2　必要のない無線通信は、これを行ってはならない。

3　無線通信に使用する用語は、できる限り簡潔でなければならない。

4　無線通信を行うときは、自局の識別信号を付して、その出所を明らかにしなければならない。

〔8〕 船舶局に備え付けておかなければならない時計は、その時刻をどのように照合しておかなければならないか。次のうちから選べ。

1　毎月１回以上協定世界時に照合する。

2　毎週１回以上中央標準時に照合する。

3　毎日１回以上中央標準時又は協定世界時に照合する。

4　運用開始前に中央標準時又は協定世界時に照合する。

〔9〕 無線局は、遭難通信等を行う場合を除き、相手局を呼び出そうとするときは、電波を発射する前に、どの電波の周波数を聴守しなければならないか。次のうちから選べ。

1　他の既に行われている通信に使用されている電波の周波数であって、最も感度の良いもの

2　自局に指定されているすべての周波数

3　自局の付近にある無線局において使用している電波の周波数

4　自局の発射しようとする電波の周波数その他必要と認める周波数

〔10〕 緊急通信は、どのような場合に行うか。次のうちから選べ。

1　船舶又は航空機が重大かつ急迫の危険に陥るおそれがある場合その他緊急の事態が発生した場合

2　地震、台風、洪水、津波、雪害、火災等が発生した場合

3　船舶又は航空機の航行に対する重大な危険を予防するために必要な場合

4　船舶又は航空機が重大かつ急迫の危険に陥った場合

〔11〕 遭難呼出し及び遭難通報の送信は、どのように反復しなければならないか。次のうちから選べ。

1　他の通信に混信を与えるおそれがある場合を除き、反復を継続する。

2　少なくとも3分間の間隔をおいて反復する。

3　少なくとも5回反復する。

4　応答があるまで、必要な間隔をおいて反復する。

〔12〕 無線電話通信において、無線局は、自局に対する呼出しを受信した場合に、呼出局の呼出名称が不確実であるときは、応答事項のうち相手局の呼出名称の代わりにどの略語を使用して直ちに応答しなければならないか。次のうちから選べ。

1　反復　　2　誰かこちらを呼びましたか　　3　貴局名は何ですか　　4　各局

▶ 解答・根拠

問題	解答	根　　拠
〔1〕	2	電波法の目的（法1条）
〔2〕	4	電波の質（法28条）
〔3〕	2	操作及び監督の範囲（施行令3条）
〔4〕	1	報告等（法80条）
〔5〕	1	無線従事者の免許の取消し等（法79条）
〔6〕	3	無線従事者の選解任届（法51条）
〔7〕	1	無線通信の原則（運用10条）
〔8〕	3	時計（運用3条）
〔9〕	4	発射前の措置（運用19条の2）
〔10〕	1	目的外使用の禁止等（緊急通信）（法52条）
〔11〕	4	遭難呼出し及び遭難通報の送信の反復（運用81条）
〔12〕	2	不確実な呼出しに対する応答（運用26条）

令和4年10月期

〔1〕 無線局の無線設備の変更の工事の許可を受けた免許人は、総務省令で定める場合を除き、どのような手続をとった後でなければ、許可に係る無線設備を運用してはならないか。次のうちから選べ。

1 工事が完了した後、その運用について総務大臣の許可を受けた後
2 総務大臣の検査を受け、当該工事の結果が許可の内容に適合していると認められた後
3 総務大臣に運用開始の予定期日を届け出た後
4 当該工事の結果が許可の内容に適合している旨を総務大臣に届け出た後

〔2〕 船舶に設置する無線航行のためのレーダー（総務大臣が別に告示するものを除く。）は、何分以内に完全に動作するものでなければならないか。次のうちから選べ。

1 2分以内　2 5分以内　3 1分以内　4 4分以内

〔3〕 第二級海上特殊無線技士の資格を有する者が、船舶局の空中線電力50ワット以下の無線電話の国内通信のための通信操作を行うことができる周波数の電波はどれか。次のうちから選べ。

1 25,010kHz 以上　2 4,000kHz から25,010kHz まで
3 1,606.5kHz から4,000kHz まで　4 1,606.5kHz 以下

〔4〕 総務大臣が無線局に対して臨時に電波の発射の停止を命ずることができるのはどの場合か。次のうちから選べ。

1 運用の停止を命じた無線局を運用していると認めるとき。
2 無線局の発射する電波が他の無線局の通信に混信を与えていると認めるとき。
3 無線局の発射する電波の質が総務省令で定めるものに適合していないと認めるとき。
4 無線局が免許状に記載された空中線電力の範囲を超えて運用していると認めるとき。

〔5〕 無線局の免許人が電波法又は電波法に基づく命令に違反したときに総務大臣が行うことができる処分はどれか。次のうちから選べ。

1 再免許の拒否　2 通信の相手方又は通信事項の制限
3 電波の型式の制限　4 無線局の運用の停止

〔6〕 船舶局の免許状は、掲示を困難とするものを除き、どの箇所に掲げておかなければ

ならないか。次のうちから選べ。

1　航海船橋の適宜な箇所
2　主たる送信装置のある場所の見やすい箇所
3　受信装置のある場所の見やすい箇所
4　船内の適宜な箇所

〔7〕 次の記述は、秘密の保護について述べたものである。電波法の規定に照らし、□内に入れるべき字句を下の番号から選べ。

何人も法律に別段の定めがある場合を除くほか、□を傍受してその存在若しくは内容を漏らし、又はこれを窃用してはならない。

1　総務省令で定める周波数を使用して行われる暗語による無線通信
2　総務省令で定める周波数を使用して行われる無線通信
3　特定の相手方に対して行われる暗語による無線通信
4　特定の相手方に対して行われる無線通信

〔8〕 一般通信方法における無線通信の原則として無線局運用規則に定める事項に該当するものはどれか。次のうちから選べ。

1　無線通信は、試験電波を発射した後でなければ行ってはならない。
2　無線通信を行う場合においては、暗語を使用してはならない。
3　必要のない無線通信は、これを行ってはならない。
4　無線通信は、長時間継続して行ってはならない。

〔9〕 無線電話通信において、応答に際して直ちに通報を受信しようとするときに応答事項の次に送信する略語はどれか。次のうちから選べ。

1　どうぞ　　2　OK　　3　送信してください　　4　了解

〔10〕 船舶局は、他の船舶局から無線設備の機器の調整のための通信を求められたときは、どうしなければならないか。次のうちから選べ。

1　一切の通信を中止して、これに応ずる。
2　直ちにこれに応ずる。
3　緊急通信に次ぐ優先順位をもってこれに応ずる。
4　支障のない限り、これに応ずる。

〔11〕 次の記述は、無線電話通信における遭難呼出しの方法について述べたものである。無線局運用規則の規定に照らし、□内に入れるべき字句を下の番号から選べ。

遭難呼出しは、次に掲げる事項を順次送信して行うものとする。

(1) メーデー（又は「遭難」） 3回

(2) こちらは 1回

(3) 遭難船舶局の呼出名称 [ ]

1 3回以下　2 3回　3 2回　4 1回

〔12〕 緊急通信は、どのような場合に行うか。次のうちから選べ。

1 地震、台風、洪水、津波、雪害、火災等が発生した場合

2 船舶又は航空機の航行に対する重大な危険を予防するために必要な場合

3 船舶又は航空機が重大かつ急迫の危険に陥るおそれがある場合その他緊急の事態が発生した場合

4 船舶又は航空機が重大かつ急迫の危険に陥った場合

▶ 解答・根拠

問題	解答	根　　拠
〔1〕	2	変更検査（法18条）
〔2〕	4	レーダーの条件（設備48条）
〔3〕	1	操作及び監督の範囲（施行令3条）
〔4〕	3	電波の発射の停止（法72条）
〔5〕	4	無線局の運用の停止等（法76条）
〔6〕	2	免許状を掲げる場所（施行38条）
〔7〕	4	秘密の保護（法59条）
〔8〕	3	無線通信の原則（運用10条）
〔9〕	1	応答（運用23条）
〔10〕	4	船舶局の機器の調整のための通信（法69条）
〔11〕	2	遭難呼出し（運用76条）
〔12〕	3	目的外使用の禁止等（緊急通信）（法52条）

令和５年２月期

〔1〕 無線局の免許人は、無線設備の変更の工事をしようとするときは、総務省令で定める場合を除き、どうしなければならないか。次のうちから選べ。

1 あらかじめ総務大臣にその旨を届け出る。
2 あらかじめ総務大臣の指示を受ける。
3 総務大臣に無線設備の変更の工事の予定期日を届け出る。
4 あらかじめ総務大臣の許可を受ける。

〔2〕 次の記述は、電波の質について述べたものである。電波法の規定に照らし、□内に入れるべき字句を下の番号から選べ。

送信設備に使用する電波の□電波の質は、総務省令で定めるところに適合するものでなければならない。

1 周波数の偏差及び幅、空中線電力の偏差等
2 周波数の偏差及び幅、高調波の強度等
3 周波数の偏差、空中線電力の偏差等
4 周波数の偏差及び安定度等

〔3〕 無線従事者は、免許証を失ったためにその再交付を受けた後、失った免許証を発見したときはどうしなければならないか。次のうちから選べ。

1 速やかに発見した免許証を廃棄する。
2 発見した日から10日以内にその旨を総務大臣に届け出る。
3 発見した日から10日以内に発見した免許証を総務大臣に返納する。
4 発見した日から10日以内に再交付を受けた免許証を総務大臣に返納する。

〔4〕 総務大臣が無線局に対して臨時に電波の発射の停止を命ずることができるのはどの場合か。次のうちから選べ。

1 無線局の発射する電波の質が総務省令で定めるものに適合していないと認めるとき。
2 無線局が免許状に記載された空中線電力の範囲を超えて運用していると認めるとき。
3 無線局の発射する電波が他の無線局の通信に混信を与えていると認めるとき。
4 運用の停止を命じた無線局を運用していると認めるとき。

〔5〕 総務大臣から無線従事者がその免許を取り消されることがあるのはどの場合か。次のうちから選べ。

1　刑法に規定する罪を犯し、罰金以上の刑に処せられたとき。
2　引き続き5年以上無線設備の操作を行わなかったとき。
3　電波法又は電波法に基づく命令に違反したとき。
4　日本の国籍を有しない者となったとき。

〔6〕 船舶局の免許状は、掲示を困難とするものを除き、どの箇所に掲げておかなければならないか。次のうちから選べ。

1　航海船橋の適宜な箇所　　2　主たる送信装置のある場所の見やすい箇所
3　船内の適宜な箇所　　4　受信装置のある場所の見やすい箇所

〔7〕 無線局がなるべく擬似空中線回路を使用しなければならないのはどの場合か。次のうちから選べ。

1　無線設備の機器の試験又は調整を行うために運用するとき。
2　他の無線局の通信に混信を与えるおそれがあるとき。
3　総務大臣の行う無線局の検査のために運用するとき。
4　工事設計書に記載した空中線を使用できないとき。

〔8〕 無線電話通信における遭難通信の通報の送信速度は、どのようなものでなければならないか。次のうちから選べ。

1　できるだけ速いもの　　2　緊急の度合いに応じたもの
3　受信者が筆記できる程度のもの　　4　送信者の技量に応じたもの

〔9〕 無線電話通信において、応答に際して直ちに通報を受信することができない事由があるときに応答事項の次に送信することになっている事項はどれか。次のうちから選べ。

1　「お待ちください」及び通報を受信することができない理由
2　「どうぞ」及び通報を受信することができない理由
3　「お待ちください」及び分で表す概略の待つべき時間
4　「どうぞ」及び分で表す概略の待つべき時間

〔10〕 船舶局に備え付けておかなければならない時計は、その時刻をどのように照合しておかなければならないか。次のうちから選べ。

1　運用開始前に中央標準時又は協定世界時に照合する。
2　毎月1回以上協定世界時に照合する。
3　毎週1回以上中央標準時に照合する。
4　毎日1回以上中央標準時又は協定世界時に照合する。

〔11〕 次の記述は、無線電話通信における遭難呼出しの方法について述べたものである。無線局運用規則の規定に照らし、[　　]内に入れるべき字句を下の番号から選べ。

遭難呼出しは、次に掲げる事項を順次送信して行うものとする。

(1) メーデー（又は「遭難」） 3回
(2) こちらは 1回
(3) 遭難船舶局の呼出名称 [　　]

1 3回　　2 1回　　3 3回以下　　4 2回

〔12〕 船舶局は、安全信号を受信したときは、どうしなければならないか。次のうちから選べ。

1 その通信が自局に関係がないものであってもその安全通信が終了するまで受信する。
2 その通信が自局に関係のないことを確認するまでその安全通信を受信する。
3 できる限りその安全通信が終了するまで受信する。
4 少なくとも2分間はその安全通信を受信する。

▶ 解答・根拠

問題	解答	根　　拠
〔1〕	4	変更等の許可（法17条）
〔2〕	2	電波の質（法28条）
〔3〕	3	免許証の返納（従事者51条）
〔4〕	1	電波の発射の停止（法72条）
〔5〕	3	無線従事者の免許の取消し等（法79条）
〔6〕	2	免許状を掲げる場所（施行38条）
〔7〕	1	擬似空中線回路の使用（法57条）
〔8〕	3	送信速度等（運用16条）
〔9〕	3	応答（運用23条）
〔10〕	4	時計（運用3条）
〔11〕	1	遭難呼出し（運用76条）
〔12〕	2	安全通信（法68条）

第二級海上
特殊無線技士

無線工学

試験概要

試験問題：問題数／12問
合格基準：満　点／60点　合格点／40点
配点内訳：1　問／5点

令和２年２月期

〔1〕 図の電気回路において、電源電圧 E の大きさを２分の１倍（1/2倍）にすると、抵抗 R の消費電力は何倍になるか。

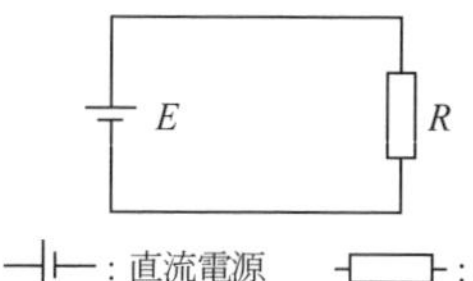

1 $\frac{1}{2}$ 倍　　2 $\frac{1}{4}$ 倍

3 $\frac{1}{8}$ 倍　　4 $\frac{1}{16}$ 倍

〔2〕 図に示すNPN形トランジスタの図記号において、次に挙げた電極名の組合せのうち、正しいのはどれか。

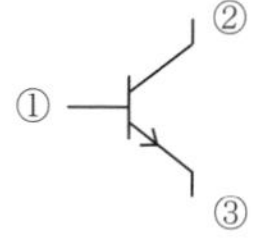

	①	②	③
1	ベース	コレクタ	エミッタ
2	エミッタ	コレクタ	ベース
3	ベース	エミッタ	コレクタ
4	コレクタ	ベース	エミッタ

〔3〕 船舶用レーダーで、船体のローリングにより物標を見失わないようにするため、どのような対策がとられているか。

1 パルス幅を広くする。
2 アンテナの垂直面内のビーム幅を広くする。
3 アンテナの水平面内のビーム幅を広くする。
4 アンテナの取付け位置を低くする。

〔4〕 次の記述の□内に入れるべき字句の組合せで、正しいのはどれか。

電離層は、一般にＤ層、Ｅ層、Ｆ層からなり、このうち高さが最も高いのは［Ａ］層で、他の層に比べて［Ｂ］周波数の電波を反射する。

	A	B
1	E	高い
2	F	低い
3	E	低い
4	F	高い

〔5〕 次の記述の□内に入れるべき字句の組合せで、正しいのはどれか。

交流電源から直流を得る場合は、変圧器により所要の電圧にした後、［Ａ］を経て［Ｂ］でできるだけ完全な直流にする。

	A	B
1	平滑回路	整流回路
2	平滑回路	変調回路
3	整流回路	平滑回路
4	変調回路	平滑回路

〔6〕 次の記述の□内に入れるべき字句の組合せで、正しいのはどれか。

1個2〔V〕の蓄電池3個を図のように接続したとき、ab間の電圧を測定するには、最大目盛が［A］の直流電圧計の［B］につなぐ。

	A	B
1	10〔V〕	⊕端子をa、⊖端子をb
2	10〔V〕	⊕端子をb、⊖端子をa
3	5〔V〕	⊕端子をa、⊖端子をb
4	5〔V〕	⊕端子をb、⊖端子をa

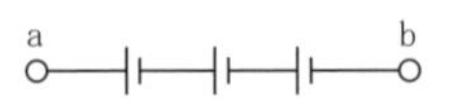

〔7〕 図は、振幅が20〔V〕の搬送波を単一正弦波で振幅変調したときの波形である。変調度は幾らか。

1 20.0〔%〕
2 33.3〔%〕
3 50.0〔%〕
4 66.7〔%〕

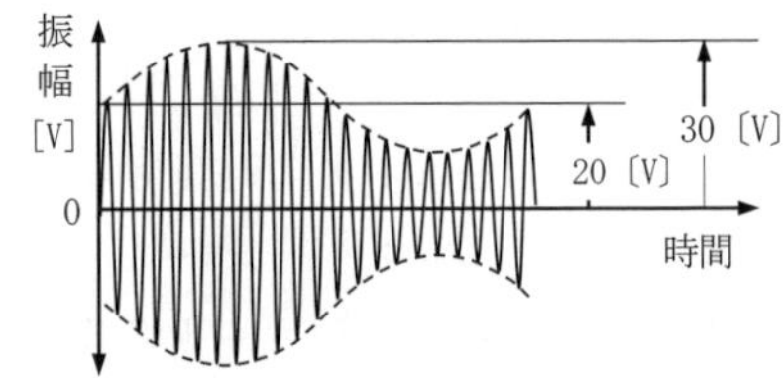

〔8〕 図に示す構成の送信機において、アンテナから放射される電波の周波数を決定する段の組合せは、次のうちどれか。

1 AとB
2 BとD
3 CとD
4 AとC

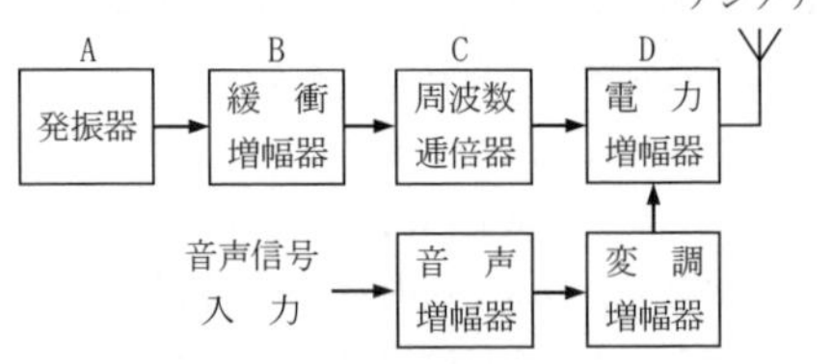

〔9〕 次の記述は、受信機の性能のうち何について述べたものか。

周波数及び強さが一定の電波を受信しているとき、受信機の再調整を行わず、長時間にわたって一定の出力を得ることができる能力を表す。

1 感度　　2 安定度　　3 選択度　　4 忠実度

〔10〕 SSB(J3E)受信機において、SSB変調波から音声信号を得るために、図の空欄の部分に設けるのは、次のうちどれか。

1 検波器
2 クラリファイア
3 中間周波増幅器
4 帯域フィルタ(BPF)

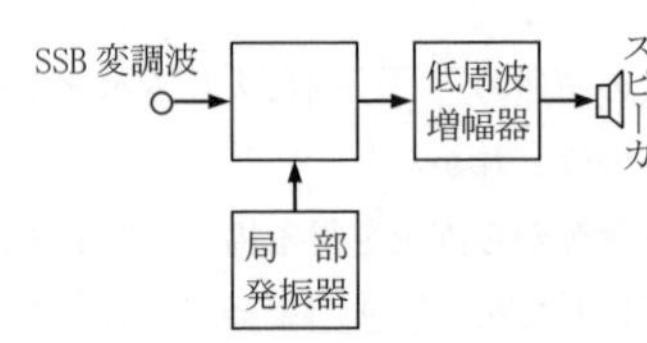

〔11〕 PPI 方式のレーダー装置の画面に偽像が現れるとき、考えられる原因として誤っているものはどれか。

1　アンテナ指向性にサイドローブがある。
2　レーダー装置のアンテナの位置が自船の煙突やマストより低い。
3　付近にスコールをもつ大気団がある。
4　自船と平行して大型船が航行している。

〔12〕 無線受信機のスピーカから大きな雑音が出ているとき、これが外来雑音によるものかどうか確かめる方法で、最も適切なものは次のうちどれか。

1　アンテナ端子とスピーカ端子間を高抵抗でつなぐ。
2　アンテナ端子とスピーカ端子間を導線でつなぐ。
3　アンテナ端子とアース端子間を高抵抗でつなぐ。
4　アンテナ端子とアース端子間を導線でつなぐ。

▶ **解答・解説**

問題	解答	問題	解答	問題	解答	問題	解答
〔1〕	2	〔2〕	1	〔3〕	2	〔4〕	4
〔5〕	3	〔6〕	1	〔7〕	3	〔8〕	4
〔9〕	2	〔10〕	1	〔11〕	3	〔12〕	4

〔1〕

電力の式 $P=E^2/R$ において E を 2 分の 1 倍にすると、

$$P=\frac{(E/2)^2}{R}=\frac{1}{4}\times\frac{E^2}{R}$$

となり、消費電力は $\frac{1}{4}$ 倍となる。

〔2〕

設問図は NPN 形トランジスタである。

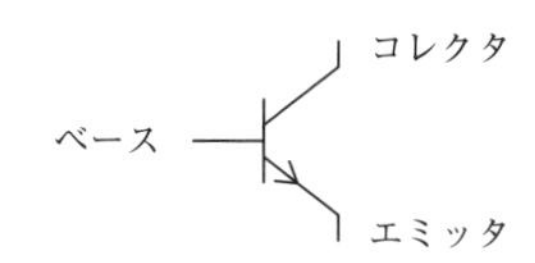

〔6〕

設問図は直列接続であり合成電圧は6〔V〕となるので、これを測定するには、6〔V〕よりやや大きい値の10〔V〕の電圧計を使用し、電圧計の⊕端子を電池の＋側(a)、⊖端子を電池の－側(b)につないで測定する。

〔7〕

振幅変調の変調率Mは次式で与えられる。

$$M=\frac{\text{信号波の振幅}}{\text{搬送波の振幅}}\times 100\ 〔\%〕$$

設問図より、信号波の振幅は30－20＝10〔V〕、搬送波の振幅は20〔V〕であり、変調率は次のとおりとなる。

$$\frac{10}{20}\times 100 = 50.0\ 〔\%〕$$

〔9〕

選択肢1、3、4の説明は以下のとおり。

1　感度：どの程度まで弱い電波を受信できるかの能力を表すもの

3　選択度：多数の異なる周波数の電波の中から、混信を受けないで、目的とする電波を選び出すことができる能力を表すもの

4　忠実度：送信機から送られた信号を受信した場合、受信機の出力側でどれだけ正しく元の信号を再現できるかの能力を表すもの

〔11〕

実際には、物標が存在しないのに、レーダーのスコープ上に物標があるように現れる映像を偽像という。偽像が発生するのは、アンテナの指向性にサイドローブがある場合、レーダー装置のアンテナの位置が低く自船の煙突やマストで反射されてしまう場合、自船と平行して大型船が航行して多重反射が生じる場合、船外構造物の鏡現象による場合等がある。

〔12〕

アンテナ端子とアース端子を導線でつなぐと、アンテナから入ってくる信号と雑音がすべてアースへ行ってしまうため、受信機には入らなくなる。したがって、このようにしたとき雑音が消えると外来雑音であることがわかる。

令和２年１０月期

〔１〕 図に示す電気回路において、抵抗 R の値の大きさを２倍にすると、この抵抗の消費電力は、何倍になるか。

1　2倍　　2　4倍
3　1/2倍　　4　1/4倍

〔２〕 半導体を用いた電子部品の温度が上昇すると、一般にその部品の動作にどのような変化が起きるか。

1　半導体の抵抗が増加し、電流が減少する。
2　半導体の抵抗が増加し、電流が増加する。
3　半導体の抵抗が減少し、電流が増加する。
4　半導体の抵抗が減少し、電流が減少する。

〔３〕 パルスレーダーの最小探知距離に最も影響を与える要素は、次のうちどれか。

1　パルス幅　　2　送信周波数　　3　送信電力　　4　パルス繰返し周波数

〔４〕 短波において、電波が電離層を最も突き抜けやすいのは、次のうちどれか。

1　周波数が低く、電離層の電子密度が小さい場合。
2　周波数が高く、電離層の電子密度が小さい場合。
3　周波数が低く、電離層の電子密度が大きい場合。
4　周波数が高く、電離層の電子密度が大きい場合。

〔５〕 次の記述の□内に入れるべき字句の組合せで、正しいのはどれか。

一般に、充放電が可能な［Ａ］電池の一つに［Ｂ］があり、ニッケルカドミウム蓄電池に比べて、自己放電が少なく、メモリー効果がない等の特徴がある。

	A	B
1	一次	リチウムイオン蓄電池
2	二次	マンガン乾電池
3	一次	マンガン乾電池
4	二次	リチウムイオン蓄電池

〔６〕 次の記述は、アナログ方式の回路計（テスタ）で直流電圧を測定するとき、通常、測定前に行う操作について述べたものである。適当でないものはどれか。

1　メータの指針のゼロ点を確かめる。
2　測定する電圧に応じた、適当な測定レンジを選ぶ。

3　電圧値が予測できないときは、最大の測定レンジにしておく。

4　測定前の操作の中で、最初にテストリード（テスト棒）を測定しようとする箇所に触れる。

〔7〕 B級増幅と比べたときのA級増幅の特徴の組合せで、正しいのは次のうちどれか。

	ひずみ	効率
1	多い	良い
2	多い	悪い
3	少ない	良い
4	少ない	悪い

〔8〕 次の記述の［　　］内に入れるべき字句の組合せで、正しいのはどれか。

無線電話装置において、受信電波の中から音声信号を取り出すことを［ A ］という。FM（F3E）電波の場合、この役目をするのは［ B ］である。

	A	B
1	復調	2乗検波器
2	復調	周波数弁別器
3	変調	2乗検波器
4	変調	周波数弁別器

〔9〕 次の記述は、船舶自動識別装置（AIS）の概要について述べたものである。［　　］内に入れるべき字句の正しい組合せを下の番号から選べ。

AISを搭載した船舶は、識別信号（船名）、位置、針路、船速などの情報を［ A ］帯の電波を使って自動的に送信する。また、AISにより受信される他の船舶の位置情報は、自船からの［ B ］としてAISの表示器に表示することができる。

	A	B
1	短波（HF）	方位、距離
2	短波（HF）	12個の輝点列
3	超短波（VHF）	12個の輝点列
4	超短波（VHF）	方位、距離

〔10〕 次の記述は、GPS（Global Positioning System）等について述べたものである。誤っているのは次のうちどれか。

1　GPSでは、地上からの高度が約20,000〔km〕の異なる6つの軌道上に衛星が配置されている。

2　測位に使用している周波数は、極超短波（UHF）帯である。

3　各衛星は、一周約24時間で周回している。

4　ディファレンシャルGPSという方式を用いることにより、GPS測位精度を上げることができる。

〔11〕 次の記述の□内に入れるべき字句の組合せで、正しいのはどれか。

レーダーの映像は、画面の中心付近では A に現れるが、端の方になるにしたがって、 B に映るようになる。これは電波の C の広がりによるためである。

	A	B	C
1	線状	点状	ビーム
2	点状	線状	パルス幅
3	点状	線状	ビーム
4	線状	点状	パルス幅

〔12〕 無線送受信機の制御器（コントロールパネル）は、一般にどのような目的で使用されるか。

1 送受信機を離れたところから操作するため。
2 スピーカから出る雑音のみを消すため。
3 電源電圧の変動を避けるため。
4 送信と受信の切替えのみを容易に行うため。

▶ 解答・解説

問 題	解 答	問 題	解 答	問 題	解 答	問 題	解 答
〔1〕	3	〔2〕	3	〔3〕	1	〔4〕	2
〔5〕	4	〔6〕	4	〔7〕	4	〔8〕	2
〔9〕	4	〔10〕	3	〔11〕	3	〔12〕	1

〔1〕

電力の式 $P=E^2/R$ において R を2倍にすると、

$$P=\frac{E^2}{2R}=\frac{1}{2}\times\frac{E^2}{R}$$

となり、消費電力は $\frac{1}{2}$ 倍となる。

〔3〕

最小探知距離は、パルス幅を τ〔μs〕とすれば、150τ〔m〕である。したがって、最小探知距離は、パルス幅によって影響される。

〔6〕

アナログ式の回路計は、前に使用した状態になっていることが多いので、いきなりテストリードを測定箇所に触れると、回路計のメータを焼き切ってしまうことがある。

〔7〕

A 級増幅器は波形全体を増幅するのでひずみが少ないが効率は良くない。一方、B 級増幅器は波形の半分だけを増幅するので効率は良いがひずみが非常に多くなる。

〔10〕

3　各衛星は、一周約**12時間**で周回している。

令和３年２月期

〔１〕 図に示す電気回路において、抵抗 R の値の大きさを２分の１倍（1/2 倍）にすると、この抵抗の消費電力は、何倍になるか。

1　2 倍　　2　4 倍　　3　1/2 倍　　4　1/4 倍

〔２〕 図に示すトランジスタの図記号において、電極 a の名称は次のうちどれか。

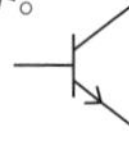

1　コレクタ　　2　ゲート　　3　ソース　　4　エミッタ

〔３〕 パルスレーダーの最大探知距離を大きくするための条件で、誤っているのは次のうちどれか。

1　送信電力を大きくする。
2　受信機の感度を良くする。
3　パルス幅を狭くし、パルス繰返し周波数を高くする。
4　空中線の高さを高くする。

〔４〕 $\frac{1}{4}$ 波長垂直接地アンテナの記述で、誤っているのは次のうちどれか。

1　指向特性は、水平面内では全方向性（無指向性）である。
2　固有周波数の奇数倍の周波数にも同調する。
3　接地抵抗が大きいほど効率が良い。
4　電流分布は先端で零、基部で最大となる。

〔５〕 図の電源回路の入力に交流を加えたとき、出力及び出力端子の極性の組合せで、正しいのは次のうちどれか。

	出力	極性
1	直流	b
2	直流	a
3	交流	b
4	交流	a

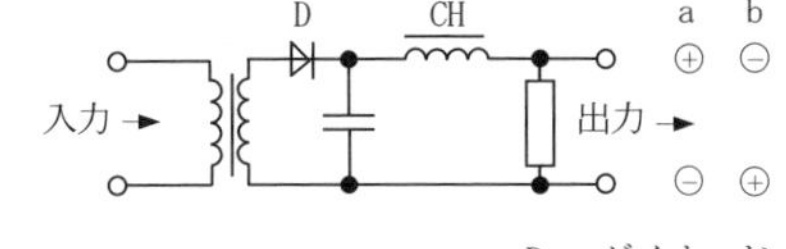

〔６〕 一般に使用されているアナログ方式の回路計（テスタ）で、直接測定できないものは、次のうちどれか。

1　抵抗　　2　直流電流　　3　交流電圧　　4　高周波電流

〔7〕 図は、無線電話の振幅変調波の周波数成分の分布を示したものである。これに対応する電波の型式はどれか。ただし、破線部分は、電波が出ていないものとする。

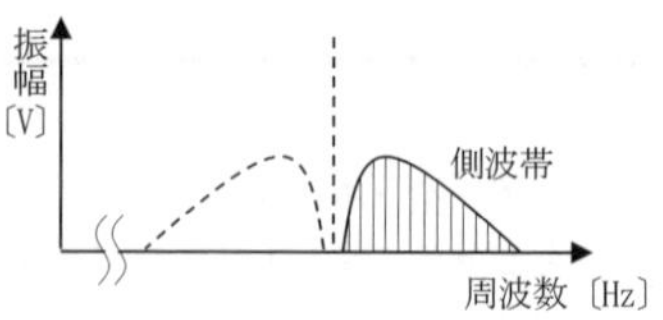

1 J3E　　2 A3E
3 R3E　　4 H3E

〔8〕 受信機の性能についての記述で、正しいのはどれか。

1 感度とは、どれだけ強い電波まで受信できるかの能力をいう。
2 忠実度とは、受信すべき信号が受信機の入力側で、どれだけ忠実に再現できるかの能力をいう。
3 選択度とは、多数の異なる周波数の電波の中から、混信を受けないで、目的とする電波を選びだすことができる能力をいう。
4 安定度とは、周波数及び強さが一定の電波を受信したとき、再調整をすることによって、どれだけ長時間にわたって、一定の出力が得られるかの能力をいう。

〔9〕 図は、直接FM（F3E）送信装置の構成例を示したものである。□内に入れるべき名称の組合せで、正しいのは次のうちどれか。

	A	B
1	周波数変調器	低周波増幅器
2	周波数変調器	電力増幅器
3	平衡変調器	低周波増幅器
4	平衡変調器	電力増幅器

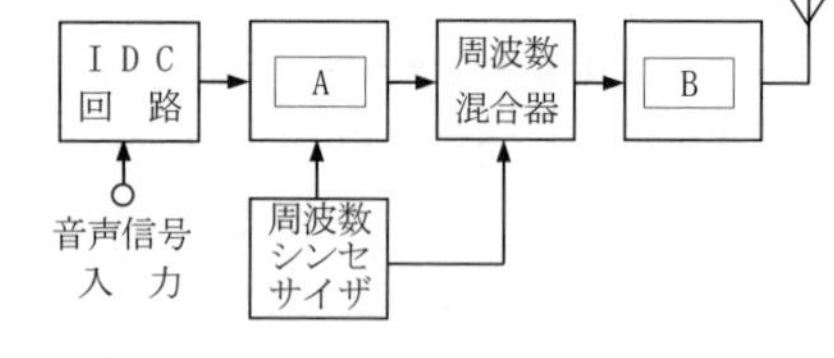

〔10〕 次の記述の□内に入れるべき字句の組合せで、正しいのはどれか。

SSB（J3E）送受信機において、受信周波数がずれて受信音がひずむときは、［A］つまみを回し、最も［B］の良い状態にする。

	A	B
1	クラリファイア	感度
2	クラリファイア	明りょう度
3	感度調整	感度
4	感度調整	明りょう度

〔11〕 レーダーにおいて、距離レンジを例えば3海里から6海里へと切り替えたとき、レーダーの機能の一部が連動して切り替えられる。次に挙げた機能のうち、通常切り替わらないものはどれか。

1 パルス幅　　2 中間周波増幅器の帯域幅
3 パルス繰返し周波数　　4 アンテナのビーム幅

〔12〕 FM（F3E）送受信機において、プレストークボタンを押したのに電波が発射されなかった。このとき点検しなくてよいのは、次のうちどれか。

1　音量調整つまみ　　2　制御切替器　　3　電源スイッチ　　4　マイクコード

▶ 解答・解説

問 題	解 答	問 題	解 答	問 題	解 答	問 題	解 答
〔1〕	1	〔2〕	4	〔3〕	3	〔4〕	3
〔5〕	2	〔6〕	4	〔7〕	1	〔8〕	3
〔9〕	2	〔10〕	2	〔11〕	4	〔12〕	1

〔1〕

電力の式 $P = E^2/R$ において R を1/2倍にすると、

$$P = \frac{E^2}{R/2} = 2 \times \frac{E^2}{R}$$

となり、消費電力は2倍となる。

〔2〕

設問図はNPN形トランジスタである。

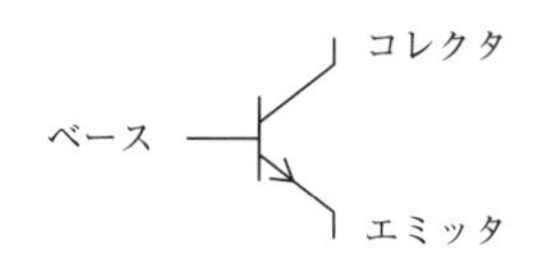

〔3〕

3　パルス幅を**広く**し、パルス繰返し周波数を**低く**する。

〔4〕

3　接地抵抗が大きいほど効率が**悪い**。

〔5〕

出力は直流で、図の抵抗を上から下へ流れるので、抵抗の上が＋、下が－となる。

なお、出力が交流だとすると極性はないから、選択肢3と4は最初から除外してよい。

〔7〕

振幅変調波の名称とその周波数分布は下図のとおりである。したがって、設問図と同じ周波数分布の名称は J3E である。

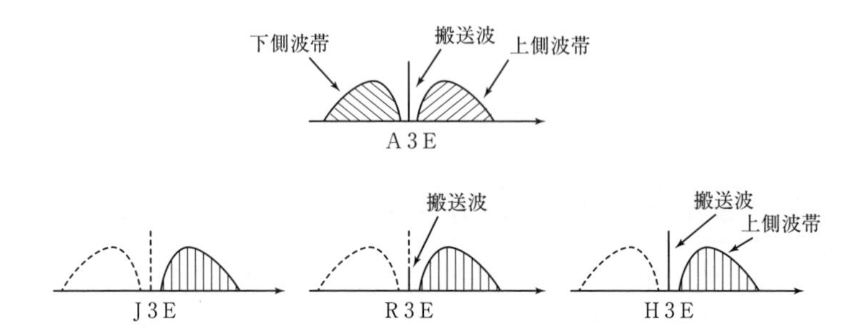

〔8〕

選択肢 1 、 2 、 4 の正しい記述は次のとおり。

1　感度とは、どれだけ**弱い**電波まで受信できるかの能力をいう。

2　忠実度とは、受信すべき信号が受信機の**出力側**で、どれだけ忠実に再現できるかの能力をいう。

4　安定度とは、周波数及び強さが一定の電波を受信したとき、**再調整しないで**、どれだけ長時間にわたって、一定の出力が得られるかの能力をいう。

〔11〕

アンテナのビーム幅はアンテナの物理的構造によって決まってしまうので、通常切り替えることはできない。

〔12〕

音量調整つまみは受信時の音量を調整するためのもので、プレストークボタンを押し、電波発射をしようとする時には点検しなくてよい。

令和３年６月期

〔１〕 図に示す回路の端子 ab 間の合成静電容量は、幾らになるか。

1 12〔μF〕
2 15〔μF〕
3 25〔μF〕
4 50〔μF〕

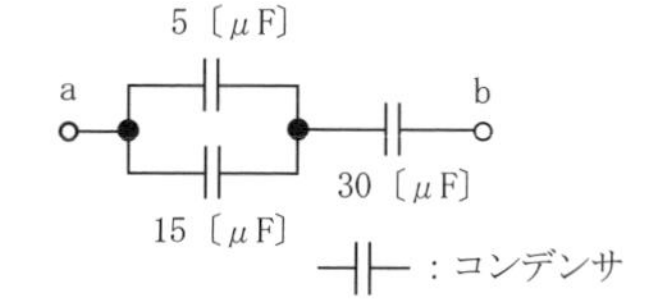

〔２〕 次の記述で、正しいのはどれか。

1 コンデンサの静電容量が大きくなるほど、交流電流は流れにくくなる。
2 コイルのインダクタンスが大きくなるほど、交流電流は流れにくくなる。
3 導線の抵抗が小さくなるほど、交流電流は流れにくくなる。
4 導線の断面積が大きくなるほど、交流電流は流れにくくなる。

〔３〕 レーダー受信機において、最も影響の大きい雑音は、次のうちどれか。

1 空電による雑音　　2 電気器具による雑音
3 電動機による雑音　　4 受信機内部の雑音

〔４〕 短波の伝わり方の一般的な記述で、誤っているのは次のうちどれか。

1 遠距離で受信できても、近距離で受信できない地帯がある。
2 波長の短い電波ほど、電離層を突き抜けるときの減衰が少ない。
3 波長の長い電波は電離層を突き抜け、波長の短い電波は反射する。
4 波長の短い電波ほど、電離層で反射されるときの減衰が多い。

〔５〕 12〔V〕、60〔Ah〕の蓄電池を２個並列に接続したとき、合成電圧及び合成容量の組合せで、正しいのは次のうちどれか。

	合成電圧	合成容量
1	12〔V〕	60〔Ah〕
2	12〔V〕	120〔Ah〕
3	24〔V〕	60〔Ah〕
4	24〔V〕	120〔Ah〕

〔６〕 負荷抵抗 R にかかる電圧を測定するときの電圧計 V のつなぎ方で、正しいのは次のうちどれか。

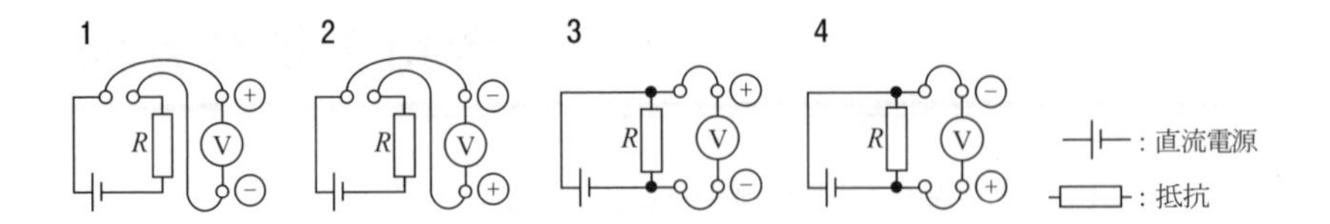

〔7〕 図は、振幅が20〔V〕の搬送波を単一正弦波で振幅変調したときの波形である。変調度は幾らか。

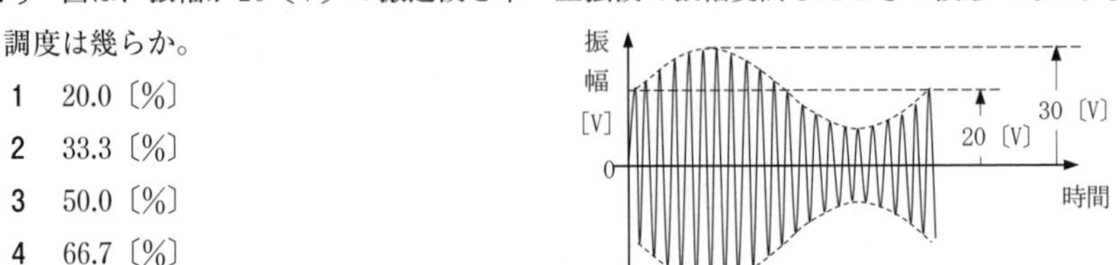

1　20.0〔%〕
2　33.3〔%〕
3　50.0〔%〕
4　66.7〔%〕

〔8〕 次の記述は、受信機の性能のうち何について述べたものか。

多数の異なる周波数の電波の中から、混信を受けないで、目的とする電波を選びだすことができる能力を表す。

1　感度　　2　安定度　　3　選択度　　4　忠実度

〔9〕 図は、直接FM（F3E）送信装置の構成例を示したものである。□内に入れるべき名称の組合せで、正しいのは次のうちどれか。

	A	B
1	平衡変調器	低周波増幅器
2	平衡変調器	電力増幅器
3	周波数変調器	低周波増幅器
4	周波数変調器	電力増幅器

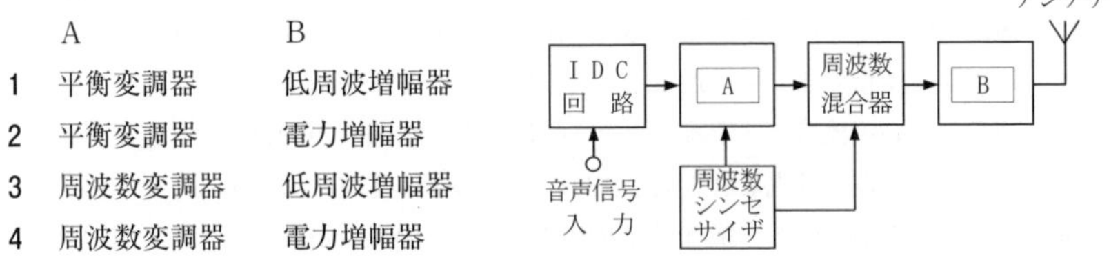

〔10〕 SSB（J3E）受信機において、クラリファイアを設ける目的はどれか。

1　受信周波数目盛を校正する。
2　受信雑音を軽減する。
3　受信周波数がずれ、音声がひずんで聞きにくいとき、明りょう度を良くする。
4　受信強度の変動を防止する。

〔11〕 船舶用レーダーのパネル面において、雨による反射波のため物標の識別が困難な場合、操作する部分で最も適切なのはどれか。

1　FTCつまみ　　2　STCつまみ　　3　感度つまみ　　4　同調つまみ

〔12〕 単信方式のFM（F3E）送受信機において、プレストークボタンを押して送信しているときの状態の説明で、正しいのはどれか。

1 スピーカから雑音が出ず、受信音も聞こえない。

2 スピーカから雑音が出ていないが、受信音は聞こえる。

3 スピーカから雑音が出ているが、受信音は聞こえない。

4 スピーカから雑音が出ており、受信音も聞こえる。

▶ 解答・解説

問 題	解 答	問 題	解 答	問 題	解 答	問 題	解 答
〔1〕	1	〔2〕	2	〔3〕	4	〔4〕	3
〔5〕	2	〔6〕	3	〔7〕	3	〔8〕	3
〔9〕	4	〔10〕	3	〔11〕	1	〔12〕	1

〔1〕

コンデンサ C_1〔μF〕、C_2〔μF〕を並列接続したコンデンサの合成静電容量 C〔μF〕は、次式のようになる。

$$C=C_1+C_2 \text{〔μF〕}$$

したがって、5〔μF〕と15〔μF〕の並列接続したコンデンサの合成静電容量を求めると

$$C=5+15=20 \text{〔μF〕} \quad \cdots①$$

一方、コンデンサ C_1〔μF〕、C_2〔μF〕を直列接続したコンデンサの合成静電容量 C〔μF〕は、次式のようになる。

$$C=\frac{1}{\frac{1}{C_1}+\frac{1}{C_2}}=\frac{C_1\times C_2}{C_1+C_2} \quad \cdots②$$

したがって、①の結果から左側の並列接続のコンデンサの合成容量が20〔μF〕であることを踏まえ、20〔μF〕と30〔μF〕の直列接続したコンデンサの合成静電容量を②式で求める。

$$C=\frac{1}{\frac{1}{20}+\frac{1}{30}}=\frac{20\times 30}{20+30}=12 \text{〔μF〕}$$

〔2〕

選択肢1、3、4の正しい記述は次のとおり。

1　コンデンサの静電容量が大きくなるほど、交流電流は**流れやすくなる**。

3　導線の抵抗が小さくなるほど、交流電流は**流れやすくなる**。

4　導線の断面積が大きくなるほど、交流電流は**流れやすくなる**。

〔4〕

3　波長の**短い**電波は電離層を突き抜け、波長の**長い**電波は反射する。

〔5〕

同じ蓄電池を並列に接続した場合の合成電圧は電池1個の電圧と同じで、合成容量は和となるから、次のようになる。

合成電圧は$\underline{12〔V〕}$、合成容量は$60+60=\underline{120〔Ah〕}$

〔6〕

電圧計は負荷Rと並列にし、電圧計の＋端子を電池の＋側に、また、－端子を電池の－側に接続する。

〔7〕

振幅変調の変調率Mは次式で与えられる。

$$M=\frac{\text{信号波の振幅}}{\text{搬送波の振幅}}\times 100〔\%〕$$

設問図より、信号波の振幅は$30-20=10$〔V〕、搬送波の振幅は20〔V〕であり、変調率は次のとおりとなる。

$$\frac{10}{20}\times 100=50.0〔\%〕$$

〔8〕

選択肢1、2、4の説明は以下のとおり。

1　感度とは、どれだけ弱い電波まで受信できるかの能力をいう。

2　安定度とは、周波数及び強さが一定の電波を受信したとき、再調整しないで、どれだけ長時間にわたって、一定の出力が得られるかの能力をいう。

4　忠実度とは、受信すべき信号が受信機の出力側で、どれだけ忠実に再現できるかの能力をいう。

〔12〕

単信方式のFM送受信機においてプレストークボタンを押して送信しているときは、受信できないので、スピーカから雑音が出ず、受信音も聞こえない。

令和3年10月期

〔1〕 図に示す電気回路の電源電圧Eの大きさを3倍にすると、抵抗Rによって消費される電力は、もとの何倍になるか。

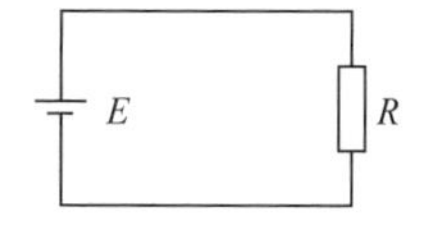

1 1/9倍　2 1/3倍　3 9倍　4 3倍

〔2〕 次の記述で、正しいのはどれか。

1 導線の抵抗が小さくなるほど、交流電流は流れにくくなる。
2 導線の断面積が大きくなるほど、交流電流は流れにくくなる。
3 コンデンサの静電容量が大きくなるほど、交流電流は流れにくくなる。
4 コイルのインダクタンスが大きくなるほど、交流電流は流れにくくなる。

〔3〕 レーダー受信機において、最も影響の大きい雑音は、次のうちどれか。

1 空電による雑音　2 電気器具による雑音
3 電動機による雑音　4 受信機内部の雑音

〔4〕 次の記述は、超短波（VHF）帯の電波の伝わり方について述べたものである。誤っているのはどれか。

1 伝搬途中の地形や建物の影響を受けない。　2 通常、電離層を突き抜けてしまう。
3 見通し距離内の通信に適する。　4 光に似た性質で、直進する。

〔5〕 12〔V〕、60〔Ah〕の蓄電池を2個並列に接続したとき、合成電圧及び合成容量の組合せで、正しいのは次のうちどれか。

	合成電圧	合成容量
1	12〔V〕	60〔Ah〕
2	12〔V〕	120〔Ah〕
3	24〔V〕	60〔Ah〕
4	24〔V〕	120〔Ah〕

〔6〕 一般に使用されているアナログ方式の回路計（テスタ）で、直接測定できないものは、次のうちどれか。

1 直流電流　2 交流電圧　3 高周波電流　4 抵抗

〔7〕 図は、無線電話の振幅変調波の周波数成分の分布を示したものである。これに対応する電波の型式はどれか。ただし、破線部分は、電波が出ていないものとする。

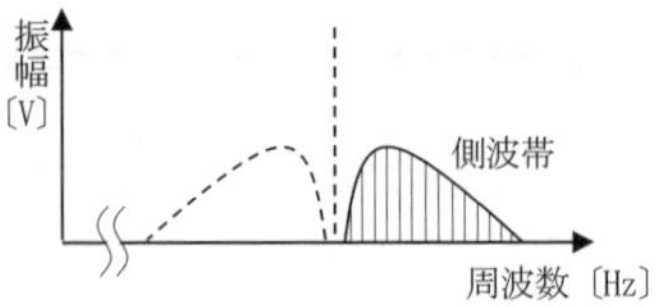

1 A3E　　2 H3E
3 J3E　　4 R3E

〔8〕 図は、周波数シンセサイザの構成例を示したものである。□内に入れるべき名称の組合せで、正しいのは次のうちどれか。

	A	B
1	振幅制限器	高域フィルタ(HPF)
2	位相比較器	高域フィルタ(HPF)
3	振幅制限器	低域フィルタ(LPF)
4	位相比較器	低域フィルタ(LPF)

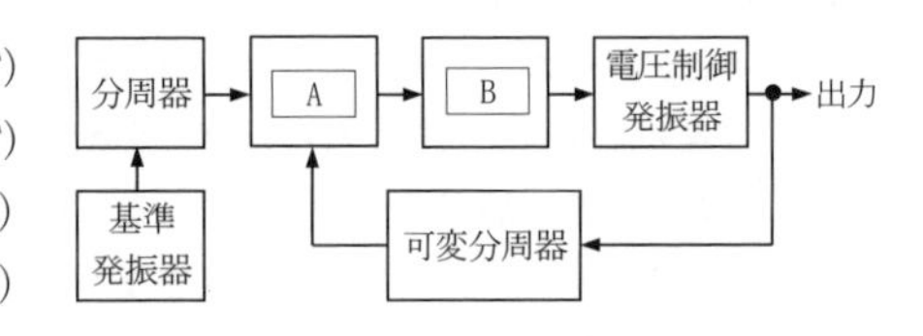

〔9〕 FM (F3E) 送信機において、大きな音声信号が加わっても一定の周波数偏移内に収めるためには、次のうちどれを用いればよいか。

1 IDC 回路　　2 AGC 回路　　3 音声増幅器　　4 緩衝増幅器

〔10〕 SSB (J3E) 受信機において、SSB 変調波から音声信号を得るために、図の空欄の部分に何を設ければよいか。

1 中間周波増幅器
2 検波器
3 帯域フィルタ (BPF)
4 クラリファイア

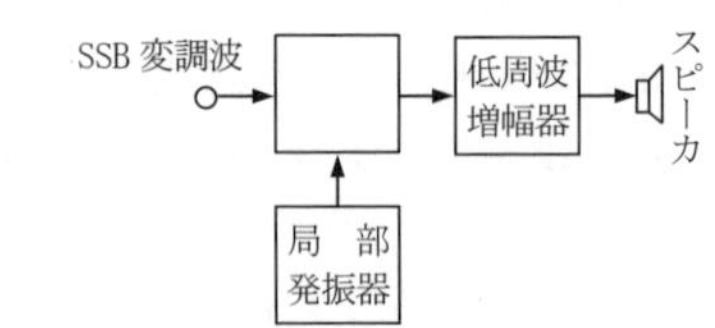

〔11〕 レーダーにおいて、距離レンジを例えば3海里から6海里へと切り替えたとき、レーダーの機能の一部が連動して切り替えられる。次に挙げた機能のうち、通常切り替わらないものはどれか。

1 アンテナのビーム幅　　2 中間周波増幅器の帯域幅
3 パルス幅　　4 パルス繰返し周波数

〔12〕 FM (F3E) 送受信機において、プレストークボタンを押したのに電波が発射されなかった。このとき点検しなくてよいのは、次のうちどれか。

1 電源スイッチ　　2 制御切替器　　3 音量調整つまみ　　4 マイクコード

▶ **解答・解説**

問 題	解 答	問 題	解 答	問 題	解 答	問 題	解 答
〔1〕	3	〔2〕	4	〔3〕	4	〔4〕	1
〔5〕	2	〔6〕	3	〔7〕	3	〔8〕	4
〔9〕	1	〔10〕	2	〔11〕	1	〔12〕	3

〔1〕

電力の式 $P=E^2/R$ において E を3倍にすると、

$$P=\frac{(3E)^2}{R}=9\times\frac{E^2}{R}$$

となり、消費電力は9倍となる。

〔2〕

選択肢1、2、3の正しい記述は次のとおり。

1　導線の抵抗が小さくなるほど、交流電流は**流れやすくなる**。

2　導線の断面積が大きくなるほど、交流電流は**流れやすくなる**。

3　コンデンサの静電容量が大きくなるほど、交流電流は**流れやすくなる**。

〔4〕

1　伝搬途中の地形や建物の影響を受け**やすい**。

〔5〕

同じ蓄電池を並列に接続した場合の合成電圧は電池1個の電圧と同じで、合成容量は和となるから、次のようになる。

合成電圧は12〔V〕、合成容量は60＋60＝120〔Ah〕

〔7〕

振幅変調波の名称とその周波数分布は下図のとおりである。したがって、設問図と同じ周波数分布の名称は J3E である。

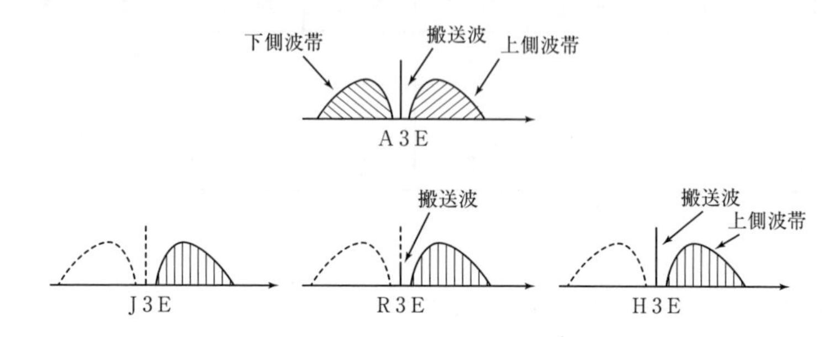

〔11〕

アンテナのビーム幅はアンテナの物理的構造によって決まってしまうので、通常切り替えることはできない。

〔12〕

音量調整つまみは受信時の音量を調整するためのもので、プレストークボタンを押し、電波発射をしようとする時には点検しなくてよい。

令和4年2月期

〔1〕 図に示す回路の端子ab間の合成抵抗の値として、正しいのはどれか。

1　2〔kΩ〕

2　3〔kΩ〕

3　4〔kΩ〕

4　5〔kΩ〕

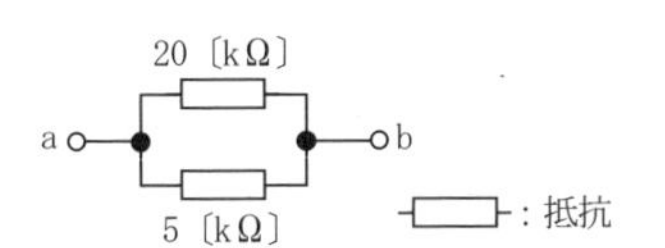

〔2〕 図に示す電界効果トランジスタ（FET）の図記号において、電極aの名称はどれか。

1　ドレイン

2　コレクタ

3　ゲート

4　ソース

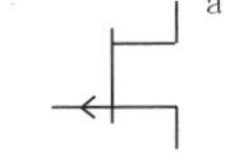

〔3〕 レーダーから等距離にあって、近接した2物標を区別できる限界の能力を表すものはどれか。

1　距離分解能　　2　方位分解能　　3　最小探知距離　　4　最大探知距離

〔4〕 垂直半波長ダイポールアンテナから放射される電波の偏波と、水平面内の指向特性についての組合せで、正しいのはどれか。

	偏波	指向特性
1	水平	全方向性（無指向性）
2	水平	8字特性
3	垂直	8字特性
4	垂直	全方向性（無指向性）

〔5〕 端子電圧6〔V〕、容量（10時間率）30〔Ah〕の充電済みの鉛蓄電池に、動作時に3〔A〕の電流が流れる装置を接続して連続動作させた。通常、何時間まで動作させることができるか。

1　5時間　　2　10時間　　3　15時間　　4　20時間

〔6〕 アナログ方式の回路計（テスタ）を用いて電池単体の端子電圧を測定するには、どの測定レンジを選べばよいか。

1　OHMS　　2　AC VOLTS　　3　DC VOLTS　　4　DC MILLI AMPERES

〔7〕 図は、振幅が120〔V〕の搬送波とそれを単一正弦波で振幅変調した波形をオシロスコープで測定したものである。変調度が70〔%〕のとき、Aの値は幾らになるか。

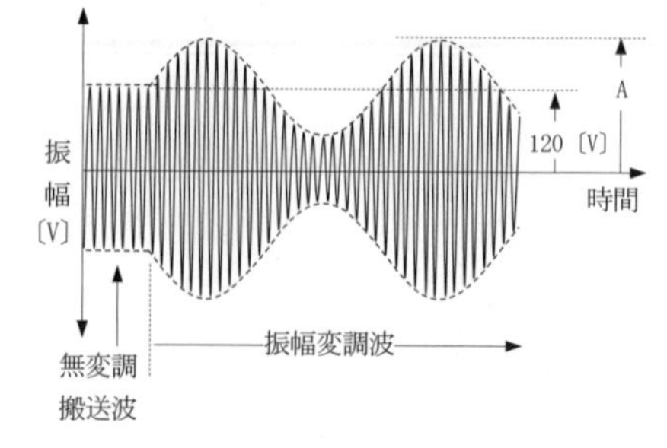

1 84〔V〕
2 102〔V〕
3 168〔V〕
4 204〔V〕

〔8〕 図は、SSB（J3E）波を発生させるための回路構成例である。信号波及び搬送波の周波数がそれぞれ、f_S及びf_Cであるとき、出力に現れる周波数成分は、次のうちどれか。

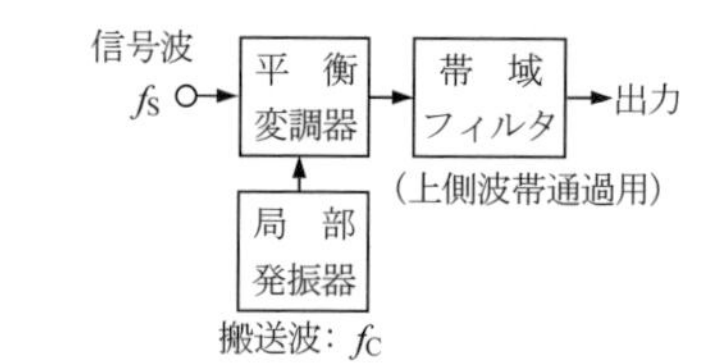

1 $f_C \pm f_S$ 2 $f_C + 2f_C$
3 $f_C + f_S$ 4 $f_C - f_S$

〔9〕 次の記述は、船舶自動識別装置（AIS）の概要について述べたものである。誤っているものを下の番号から選べ。

1 AIS搭載船舶は、識別信号（船名）、位置、針路、船速などの情報を送信する。
2 AISにより受信される他の船舶の位置情報は、自船からの方位、距離としてAISの表示器に表示することができる。
3 通信に使用している周波数は、短波（HF）帯である。
4 電波は、自動的に送信される。

〔10〕 スーパヘテロダイン受信機のAGCの働きについての記述で、正しいのは次のうちどれか。

1 近接周波数の混信をなくする。
2 スピーカから出る雑音を消す。
3 変調に用いられた音声信号を取り出す。
4 受信電波の強さが変化しても、受信出力をほぼ一定にする。

〔11〕 船舶用レーダーのパネル面において、近距離からの海面反射のため物標の識別が困難なとき、操作するつまみで最も適切なものは、次のうちどれか。

1 STCつまみ 2 FTCつまみ 3 感度調整つまみ 4 同調つまみ

〔12〕 DSB（A3E）送受信機のプレストークボタンを押したが、電波が発射されなかった。この場合点検しなくてよいのは、次のうちどれか。

1　給電線の接続端子　　2　感度調整つまみ
3　電源スイッチ　　4　マイクコード

▶ 解答・解説

問 題	解 答	問 題	解 答	問 題	解 答	問 題	解 答
〔1〕	3	〔2〕	1	〔3〕	2	〔4〕	4
〔5〕	2	〔6〕	3	〔7〕	4	〔8〕	3
〔9〕	3	〔10〕	4	〔11〕	1	〔12〕	2

〔1〕

並列接続した抵抗の合成抵抗値 R〔Ω〕は、各抵抗の抵抗値を R_1、R_2、…R_n とすれば、次式のようになる。

$$R=\frac{1}{\frac{1}{R_1}+\frac{1}{R_2}+\cdots+\frac{1}{R_n}}$$

したがって、問題の二つの抵抗20〔kΩ〕と5〔kΩ〕の場合は次のようになる。

$$R=\frac{1}{\frac{1}{20}+\frac{1}{5}}=\frac{20\times5}{20+5}=4\ 〔\text{k}\Omega〕$$

〔2〕

FETのPチャネルの図記号

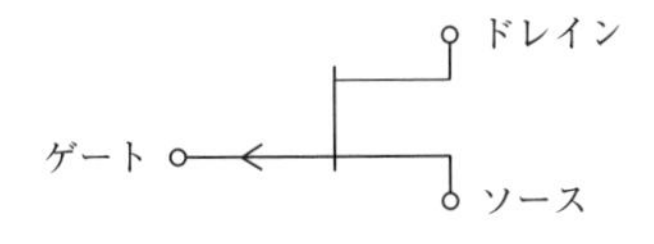

〔5〕

電池の容量は〔Ah〕（アンペア・アワー）で表され、取り出すことのできる電流 I〔A〕とその継続時間 h〔時間〕の積で表される。電池の容量を W とすれば、$W=I\times h$ となる。

したがって、

$$h=\frac{W}{I}\ 〔時間〕$$

これに題意の数値を代入すると次のようになる。

$$h=\frac{30}{3}=10\text{〔時間〕}$$

〔**7**〕

振幅変調の変調率Mは次式で与えられる。

$$M=\frac{\text{信号波の振幅}}{\text{搬送波の振幅}}\times 100\text{〔\%〕}$$

設問図より、信号波の振幅はA－120〔V〕、搬送波の振幅は120〔V〕であり、変調率は70〔%〕である。したがって、次のとおりとなる。

$$\frac{\text{A}-120}{120}\times 100=70\text{〔\%〕}$$

これを解くと、A＝204〔V〕となる。

〔**12**〕

感度調整つまみは、受信時の感度を調整するためのもので、プレストークボタンを押し、電波発射をしようとする時には点検しなくてよい。

令和４年６月期

〔1〕 図に示す回路の端子 ab 間の合成抵抗の値として、正しいのは次のうちどれか。

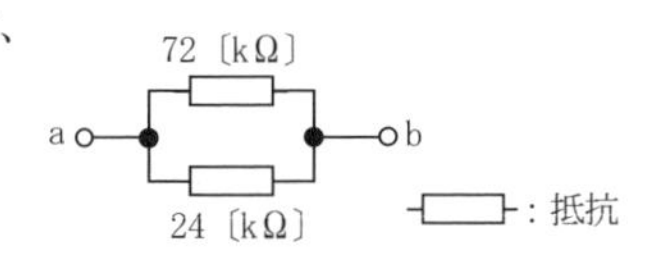

1　14〔kΩ〕　　2　18〔kΩ〕
3　22〔kΩ〕　　4　36〔kΩ〕

〔2〕 図に示す電界効果トランジスタ（FET）の図記号において、電極 a の名称は次のうちどれか。

1　ドレイン　　2　ゲート　　3　コレクタ　　4　ソース

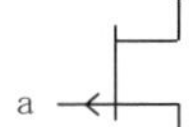

〔3〕 レーダーの最大探知距離を大きくするための条件で、誤っているのは次のうちどれか。

1　空中線の高さを高くする。
2　送信電力を大きくする。
3　パルス幅を狭くし、パルス繰返し周波数を高くする。
4　受信機の感度を良くする。

〔4〕 $\frac{1}{4}$波長垂直接地アンテナの記述で、誤っているのは次のうちどれか。

1　電流分布は先端で零、基部で最大となる。
2　指向性は、水平面内では全方向性（無指向性）である。
3　固有周波数の奇数倍の周波数にも同調する。
4　接地抵抗が大きいほど効率が良い。

〔5〕 図に示す整流回路の名称と a 点に現れる整流電圧の極性との組合せで、正しいのは次のうちどれか。

	名称	a 点の極性
1	全波整流回路	正
2	全波整流回路	負
3	半波整流回路	正
4	半波整流回路	負

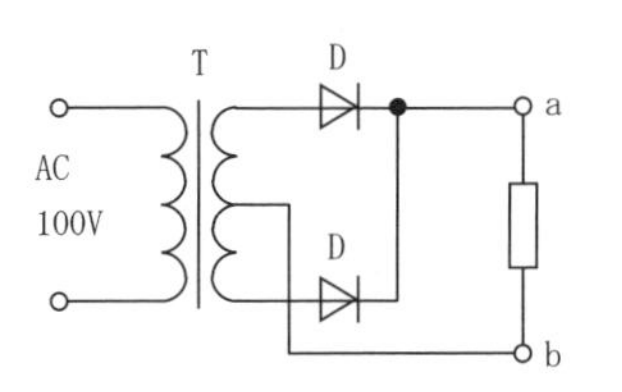

T:変圧器
D:ダイオード
：抵抗

〔6〕 抵抗 R に流れる直流電流を測定するときの電流計 A のつなぎ方で、正しいのは次のうちどれか。

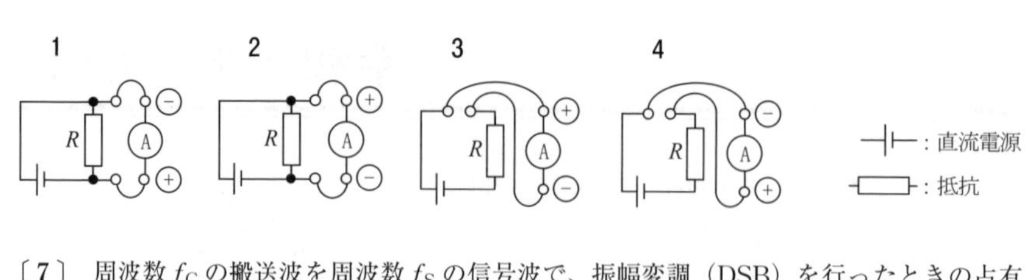

〔7〕 周波数f_Cの搬送波を周波数f_Sの信号波で、振幅変調（DSB）を行ったときの占有周波数帯幅と上側波の周波数の組合せで、正しいのはどれか。

	占有周波数帯幅	上側波の周波数
1	f_S	f_C-f_S
2	$2f_S$	f_C-f_S
3	f_S	f_C+f_S
4	$2f_S$	f_C+f_S

〔8〕 次の記述の［　　］内に入れるべき字句の組合せで、正しいのはどれか。

無線電話装置において、受信電波の中から音声信号を取り出すことを［ A ］という。FM（F3E）電波の場合、この役目をするのは［ B ］である。

	A	B
1	復調	周波数弁別器
2	復調	2乗検波器
3	変調	周波数弁別器
4	変調	2乗検波器

〔9〕 図は、SSB（J3E）送信機の原理的な構成例を示したものである。［　　］内に入れるべき名称の組合せで正しいのはどれか。

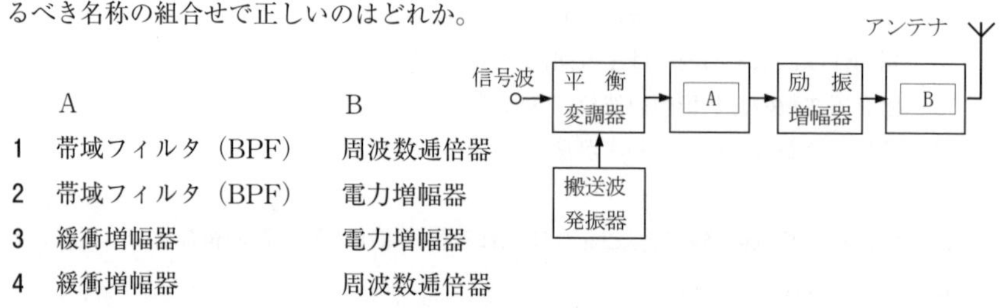

	A	B
1	帯域フィルタ（BPF）	周波数逓倍器
2	帯域フィルタ（BPF）	電力増幅器
3	緩衝増幅器	電力増幅器
4	緩衝増幅器	周波数逓倍器

〔10〕 次の記述は、GPS（Global Positioning System）の概要について述べたものである。［　　］内に入れるべき字句の正しい組合せを下の番号から選べ。

GPSでは、地上からの高度が約20,000〔km〕の異なる6つの軌道上に衛星が配置され、各衛星は、一周約［ A ］時間で周回している。また、測位に使用している周波数は、［ B ］帯である。

	A	B
1	12	長波（LF）
2	12	極超短波（UHF）
3	24	長波（LF）
4	24	極超短波（UHF）

〔11〕 船舶用レーダーにおいて、STCつまみを調整する必要があるのは、次のうちどれか。

1　雨や雪による反射のため、物標の識別が困難なとき。

2　映像が暗いため、物標の識別が困難なとき。

3　レーダー近傍の物標からの反射波が強いため画面の中心付近が過度に明るくなり、物標の識別が困難なとき。

4　掃引線が見えないため、物標の識別が困難なとき。

〔12〕 SSB（J3E）送受信装置において、送話中電波が発射されているかどうかを知る方法で、正しいのはどれか。

1　送話音の強弱にしたがって、「出力」に切り替えたメータが振れるかを確認する。

2　送話音の強弱にしたがって、電源表示灯が明滅するかを確認する。

3　送話音の強弱にしたがって、「電源」に切り替えたメータが振れるかを確認する。

4　送話音の強弱にしたがって、受信音が変化するかを確認する。

▶ 解答・解説

問題	解答	問題	解答	問題	解答	問題	解答
〔1〕	2	〔2〕	2	〔3〕	3	〔4〕	4
〔5〕	1	〔6〕	3	〔7〕	4	〔8〕	1
〔9〕	2	〔10〕	2	〔11〕	3	〔12〕	1

〔1〕

並列接続した抵抗の合成抵抗値R〔Ω〕は、各抵抗の抵抗値をR_1、R_2、…R_nとすれば、次式のようになる。

$$R = \frac{1}{\frac{1}{R_1} + \frac{1}{R_2} + \cdots + \frac{1}{R_n}}$$

したがって、問題の二つの抵抗72〔kΩ〕と24〔kΩ〕の場合は次のようになる。

$$R = \frac{1}{\frac{1}{72} + \frac{1}{24}} = \frac{72 \times 24}{72 + 24} = 18 \text{〔kΩ〕}$$

〔2〕

FETのPチャネルの図記号

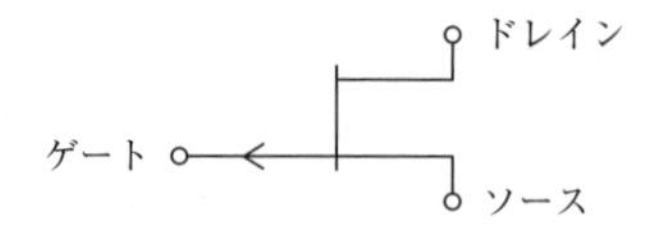

〔3〕

3　パルス幅を**広く**し、パルス繰返し周波数を**低く**する。

〔4〕

4　接地抵抗が大きいほど効率が**悪い**。

〔5〕

設問図の回路は全波整流回路である。正の半サイクルでは上側のダイオードDが、負の半サイクルでは下側のダイオードDが働くため、いずれの場合も電流は図の抵抗を上から下に向かって流れるので、a点の極性は正となる。

〔6〕

電流計は負荷Rと直列にし、電流計の+端子から−端子の向きに電流が流れるように接続する。

〔7〕

搬送波の周波数をf_C、信号波の周波数をf_Sとすれば、AM変調（A3E）したときの周波数成分は図のようになる。したがって、占有周波数帯幅は$(f_C+f_S)-(f_C-f_S)=\underline{2f_S}$となり、上側波の周波数は$\underline{f_C+f_S}$である。

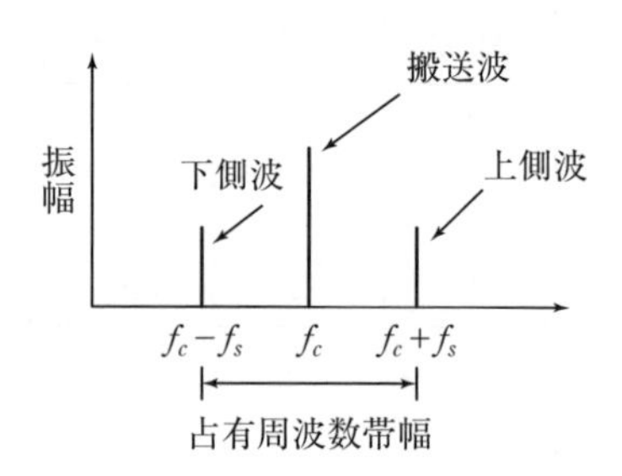

〔12〕

メータを出力に切り替えると、発射されている電波の強度を表示するので、電波が出ているかどうかを知ることができる。

令和4年10月期

〔1〕 図に示す電気回路において、抵抗 R の値の大きさを3倍にすると、この抵抗で消費される電力は、何倍になるか。次のうちから選べ。

1　3倍　　2　1/3倍
3　4倍　　4　1/4倍

―||―：直流電源　―▭―：抵抗

〔2〕 図に示すトランジスタの図記号において、電極aの名称は次のうちどれか。

1　ドレイン　　2　ゲート
3　コレクタ　　4　エミッタ

〔3〕 船舶用レーダーで、船体のローリングにより物標を見失わないようにするため、どのような対策がとられているか。

1　アンテナの垂直面内のビーム幅を広くする。
2　アンテナの水平面内のビーム幅を広くする。
3　アンテナの取付け位置を低くする。
4　パルス幅を広くする。

〔4〕 次の記述の[　]内に入れるべき字句の組合せで、正しいのはどれか。

電離層は、一般にD層、E層、F層からなり、このうち高さが最も高いのは[A]層で、他の層に比べて[B]周波数の電波を反射する。

	A	B
1	D	低い
2	D	高い
3	F	低い
4	F	高い

〔5〕 次の記述の[　]内に入れるべき字句の組合せで、正しいのはどれか。

交流電源から直流を得る場合は、変圧器により所要の電圧にした後、[A]を経て[B]でできるだけ完全な直流にする。

	A	B
1	平滑回路	整流回路
2	平滑回路	変調回路
3	整流回路	平滑回路
4	整流回路	変調回路

〔6〕 次の記述の□内に入れるべき字句の組合せで、正しいのはどれか。

1個2〔V〕の蓄電池3個を図のように接続したとき、ab間の電圧を測定するには、最大目盛が A の直流電圧計の B につなぐ。

	A	B
1	10〔V〕	⊕端子をa、⊖端子をb
2	10〔V〕	⊕端子をb、⊖端子をa
3	5〔V〕	⊕端子をa、⊖端子をb
4	5〔V〕	⊕端子をb、⊖端子をa

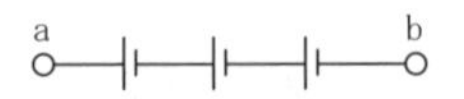

〔7〕 図は、振幅が一定の搬送波を単一正弦波で振幅変調したときの変調波の波形である。変調度は幾らか。

1 25〔%〕　2 40〔%〕
3 60〔%〕　4 75〔%〕

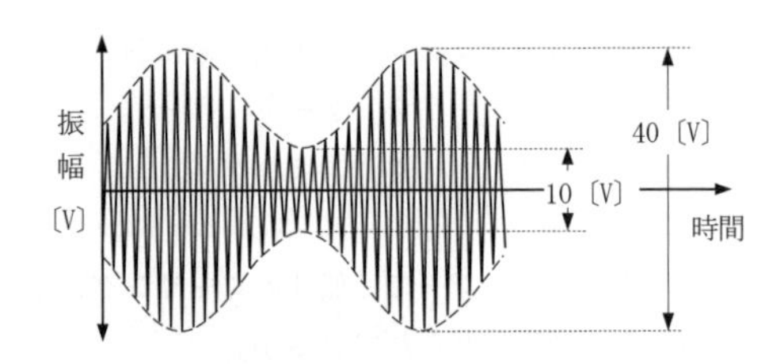

〔8〕 次の記述は、受信機の性能のうち何について述べたものか。

周波数及び強さが一定の電波を受信しているとき、受信機の再調整を行わず、長時間にわたって一定の出力を得ることができる能力を表す。

1 忠実度　2 安定度　3 選択度　4 感度

〔9〕 図に示す構成の送信機において、アンテナから放射される電波の周波数を決定する段の組合せで、正しいのは次のうちどれか。

1 AとC　2 AとB
3 BとD　4 CとD

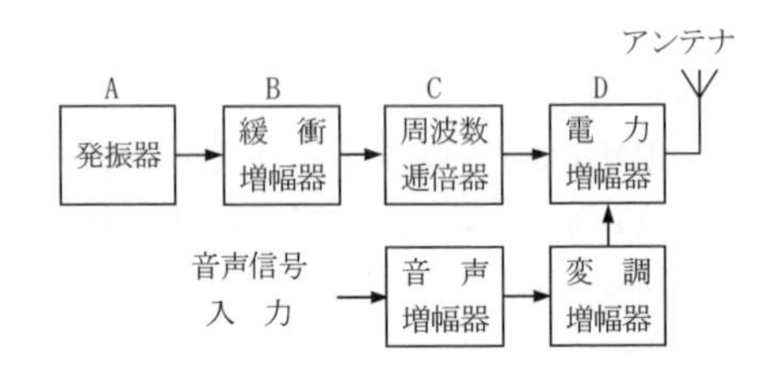

〔10〕 次の記述は、GPS（Global Positioning System）の概要について述べたものである。□内に入れるべき字句の正しい組合せを下の番号から選べ。

GPSでは、地上からの高度が約 A 〔km〕の異なる6つの軌道上に衛星が配置され、各衛星は、一周約12時間で周回している。また、測位に使用している周波数は、 B 帯である。

	A	B
1	36,000	短波（HF）
2	36,000	極超短波（UHF）
3	20,000	短波（HF）
4	20,000	極超短波（UHF）

〔11〕 船舶用レーダーの映像において、図のように多数の斑点が現れ変化する現象は、どのようなときに生ずると考えられるか。

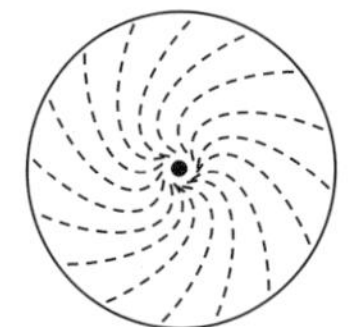

1 他のレーダーによる干渉があるとき。
2 送電線が近くにあるとき。
3 海岸線が近くにあるとき。
4 位置変化の速いものが近くにあるとき。

〔12〕 無線受信機のスピーカから大きな雑音が出ているとき、これが外来雑音によるものかどうか確かめる方法で、最も適切なものは次のうちどれか。

1 アンテナ端子とアース端子間を高抵抗でつなぐ。
2 アンテナ端子とアース端子間を導線でつなぐ。
3 アンテナ端子とスピーカ端子間を高抵抗でつなぐ。
4 アンテナ端子とスピーカ端子間を導線でつなぐ。

▶ 解答・解説

問題	解答	問題	解答	問題	解答	問題	解答
〔1〕	2	〔2〕	3	〔3〕	1	〔4〕	4
〔5〕	3	〔6〕	1	〔7〕	3	〔8〕	2
〔9〕	1	〔10〕	4	〔11〕	1	〔12〕	2

〔1〕

電力の式 $P=E^2/R$ において R を3倍にすると、

$$P=\frac{E^2}{3R}=\frac{1}{3}\times\frac{E^2}{R}$$

となり、消費電力は $\frac{1}{3}$ 倍となる。

〔2〕

設問図は NPN 形トランジスタである。

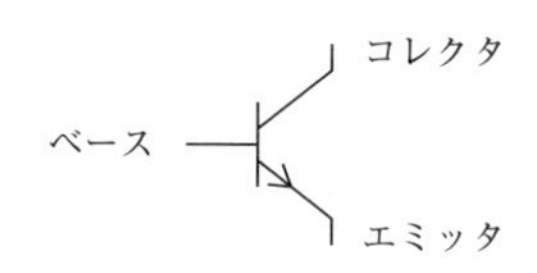

〔6〕

設問図は直列接続であり合成電圧は6〔V〕となるので、これを測定するには、6〔V〕よりやや大きい値の10〔V〕の電圧計を使用し、電圧計の⊕端子を電池の＋側(a)、⊖端子を電池の－側(b)につないで測定する。

〔7〕

振幅変調の変調率Mは次式で与えられる。

$$M=\frac{\text{信号波の振幅}}{\text{搬送波の振幅}}\times 100\ 〔\%〕$$

設問図より、信号波の振幅は(20－5)/2〔V〕、搬送波の振幅は(20＋5)/2〔V〕であり、変調率は次のとおりとなる。

$$\frac{(20-5)/2}{(20+5)/2}\times 100=60\ 〔\%〕$$

〔8〕

選択肢1、3、4の説明は以下のとおり。

1　忠実度：送信機から送られた信号を受信した場合、受信機の出力側でどれだけ正しく元の信号を再現できるかの能力を表すもの

3　選択度：多数の異なる周波数の電波の中から、混信を受けないで、目的とする電波を選び出すことができる能力を表すもの

4　感度：どの程度まで弱い電波を受信できるかの能力を表すもの

〔12〕

アンテナ端子とアース端子を導線でつなぐと、アンテナから入ってくる信号と雑音がすべてアースへ行ってしまうため、受信機には入らなくなる。したがって、このようにしたとき雑音が消えると外来雑音であることがわかる。

令和５年２月期

〔1〕 図に示す回路の端子 ab 間の合成静電容量は幾らになるか。

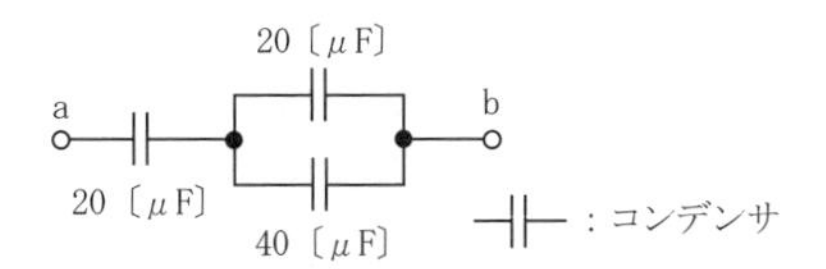

1　5〔μF〕　2　8〔μF〕
3　10〔μF〕　4　15〔μF〕

〔2〕 次の記述は、個別の部品を組み合わせた回路と比べたときの、集積回路（IC）の一般的特徴について述べたものである。誤っているのはどれか。

1　複雑な電子回路が小型化できる。
2　IC 内部の配線が短く、高周波特性の良い回路が得られる。
3　大容量、かつ高速な信号処理回路が作れない。
4　個別の部品を組み合わせた回路に比べて信頼性が高い。

〔3〕 次の記述は、レーダー装置の機能について述べたものである。誤っているのはどれか。

1　航行中の船舶等を探知し、方位や距離が測定できる。
2　物標が小物体でも、最小探知距離内にあれば、識別ができる。
3　島や山の背後に隠れた物標は、探知できない。
4　小型の木船は、金属製の船舶に比べ探知しにくい。

〔4〕 次の記述の□内に入れるべき字句の組合せで、正しいのは次のうちどれか。

電波が電離層を突き抜けるときの減衰は、周波数が高いほど［A］、反射するときの減衰は、周波数が高いほど［B］なる。

	A	B
1	大きく	大きく
2	大きく	小さく
3	小さく	小さく
4	小さく	大きく

〔5〕 図の電源回路の入力に交流を加えたとき、出力及び出力端子の極性の組合せで、正しいのは次のうちどれか。

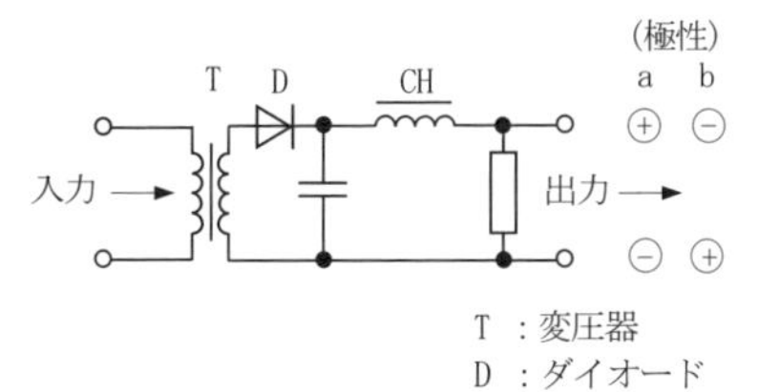

	出力	極性
1	直流	a
2	直流	b
3	交流	a
4	交流	b

〔6〕 アナログ方式の回路計（テスタ）を用いて密閉型ヒューズ単体の断線を確かめるには、どの測定レンジを選べばよいか。

1　DC VOLTS　　2　AC VOLTS　　3　OHMS　　4　DC MILLI AMPERES

〔7〕 周波数f_Cの搬送波を周波数f_Sの信号波で、振幅変調（DSB）を行ったときの占有周波数帯幅と上側波の周波数の組合せで、正しいのはどれか。

	占有周波数帯幅	上側波の周波数
1	f_S	f_C-f_S
2	$2f_S$	f_C-f_S
3	f_S	f_C+f_S
4	$2f_S$	f_C+f_S

〔8〕 受信機の性能についての記述で、正しいのはどれか。

1　感度は、どれだけ強い電波まで受信できるかの能力を表す。

2　忠実度は、受信すべき信号が受信機の入力側で、どれだけ忠実に再現できるかの能力を表す。

3　選択度は、多数の異なる周波数の電波の中から、混信を受けないで、目的とする電波を選びだすことができるかの能力を表す。

4　安定度は、周波数及び強さが一定の電波を受信したとき、再調整をすることによって、どれだけ長時間にわたって、一定の出力が得られるかの能力を表す。

〔9〕 次の記述は、船舶に搭載する船舶自動識別装置（AIS）の概要について述べたものである。誤っているものを下の番号から選べ。

1　通信に使用している周波数は、短波（HF）帯である。

2　AIS搭載船舶は、識別信号（船名）、位置、針路、船速などの情報を送信する。

3　AISにより受信される他の船舶の位置情報は、自船からの方位、距離としてAISの表示器に表示することができる。

4　電波は、自動的に送信される。

〔10〕 次の記述は、GPS（Global Positioning System）の概要について述べたものである。□内に入れるべき字句の正しい組合せを下の番号から選べ。

GPSでは、地上からの高度が約20,000〔km〕の異なる6つの軌道上に衛星が配置され、各衛星は、一周約[A]時間で周回している。また、測位に使用している周波数は、[B]帯である。

	A	B
1	12	長波（LF）
2	12	極超短波（UHF）
3	24	長波（LF）
4	24	極超短波（UHF）

〔11〕 船舶用レーダーにおいて、FTCつまみを調整する必要があるのは、次のうちどれか。

1 雨や雪による反射のため、物標の識別が困難なとき。
2 映像が暗いため、物標の識別が困難なとき。
3 画面の中心付近が明るいため、物標の識別が困難なとき。
4 掃引線が見えないため、物標の識別が困難なとき。

〔12〕 SSB（J3E）送受信装置において、送話中電波が発射されているかどうかを知る方法で、正しいのはどれか。

1 送話音の強弱にしたがって、電源表示灯が明滅するかを確認する。
2 送話音の強弱にしたがって、「出力」に切り替えたメータが振れるかを確認する。
3 送話音の強弱にしたがって、「電源」に切り替えたメータが振れるかを確認する。
4 送話音の強弱にしたがって、受信音が変化するかを確認する。

▶ 解答・解説

問 題	解 答	問 題	解 答	問 題	解 答	問 題	解 答
〔1〕	4	〔2〕	3	〔3〕	2	〔4〕	4
〔5〕	1	〔6〕	3	〔7〕	4	〔8〕	3
〔9〕	1	〔10〕	2	〔11〕	1	〔12〕	2

〔1〕

コンデンサ C_1〔μF〕、C_2〔μF〕を並列接続したコンデンサの合成静電容量 C〔μF〕は、次式のようになる。

$$C = C_1 + C_2 \text{〔μF〕}$$

したがって、20〔μF〕と40〔μF〕の並列接続したコンデンサの合成静電容量を求めると

$$C = 20 + 40 = 60 \text{〔μF〕} \quad \cdots①$$

一方、コンデンサ C_1〔μF〕、C_2〔μF〕を直列接続したコンデンサの合成静電容量 C〔μF〕は、次式のようになる。

$$C = \frac{1}{\dfrac{1}{C_1} + \dfrac{1}{C_2}} = \frac{C_1 \times C_2}{C_1 + C_2} \quad \cdots②$$

したがって、①の結果から右側の並列接続のコンデンサの合成容量が60〔μF〕であることを踏まえ、20〔μF〕と60〔μF〕の直列接続したコンデンサの合成静電容量を②式で求める。

$$C=\frac{1}{\frac{1}{20}+\frac{1}{30}}=\frac{20\times 60}{20+60}=15\ 〔\mu F〕$$

〔2〕

3　大容量、かつ高速な信号処理回路が**作れる**。

〔3〕

2　物標**の大きさにかかわらず、**最小探知距離内**の識別はできない**。

〔5〕

出力は直流で、図の抵抗を上から下へ流れるので、抵抗の上が+、下が−となる。

なお、出力が交流だとすると極性はないから、選択肢3と4は最初から除外してよい。

〔7〕

搬送波の周波数をf_C、信号波の周波数をf_Sとすれば、AM変調（A3E）したときの周波数成分は図のようになる。したがって、占有周波数帯幅は$(f_C+f_S)-(f_C-f_S)=\underline{2f_S}$となり、上側波の周波数は$\underline{f_C+f_S}$である。

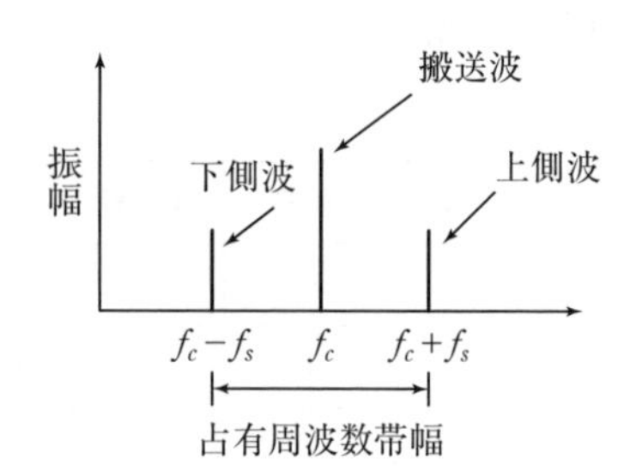

〔8〕

選択肢1、2、4の正しい記述は次のとおり。

1　感度とは、どれだけ**弱い**電波まで受信できるかの能力をいう。

2　忠実度とは、受信すべき信号が受信機の**出力側**で、どれだけ忠実に再現できるかの能力をいう。

4　安定度とは、周波数及び強さが一定の電波を受信したとき、**再調整しないで**、どれだけ長時間にわたって、一定の出力が得られるかの能力をいう。

〔9〕

1　通信に使用している周波数は、**超短波（VHF）帯**である。

〔12〕

メータを出力に切り替えると、発射されている電波の強度を表示するので、電波が出ているかどうかを知ることができる。

第三級海上特殊無線技士　法規

ご注意

各設問に対する答は、出題時点での法令等に準拠して解答しております。

試験概要

試験問題：問題数／ 20問
合格基準：満　点／100点　合格点／60点
配点内訳：1　問／ 5点

令和２年２月期

次の各問題の記述について、正誤のいずれかを選べ。

〔1〕 免許人は、船舶局の識別信号（呼出符号、呼出名称等をいう。）の指定の変更を受けようとするときは、あらかじめ免許状の訂正を受けなければならない。

〔2〕 船舶局を開設しようとする者は、総務大臣にその旨を届け出なければならない。

〔3〕 送信設備に使用する電波の質とは、電波の型式、周波数及び空中線電力をいう。

〔4〕 第三級海上特殊無線技士の資格を有する者は、船舶局の空中線電力10キロワット以下のレーダーの外部の転換装置で電波の質に影響を及ぼさないものの技術操作を行うことができる。

〔5〕 第三級海上特殊無線技士の資格を有する者は、船舶局の無線電話の国際通信のための通信操作を行うことができる。

〔6〕 船舶局は、遭難通信を行うときは、免許状に記載された目的又は通信の相手方若しくは通信事項の範囲を超えて運用することができる。

〔7〕 何人も法律に別段の定めがある場合を除くほか、特定の相手方に対して行われる無線通信を傍受してその存在若しくは内容を漏らし、又はこれを窃用してはならない。

〔8〕 船舶局は、相手局を呼び出そうとする場合において、遭難通信等を行うときを除き、他の通信に混信を与えるおそれがあるときは、その通信が終了した後でなければ呼出しをしてはならない。

〔9〕 船舶局は、自局に対する無線電話による呼出しを受信したときは、操業中であれば直ちに応答しなくてもよい。

〔10〕 船舶局は、海岸局と通信を行う場合において、通信の順序について海岸局から指示を受けたときは、その指示に従わなければならない。

〔11〕 無線通信は、正確に行うものとし、通信上の誤りを知ったときは、その通報の終了後、一括して訂正しなければならない。

〔12〕 船舶局における遭難呼出しは、特定の無線局にあてなければならない。

〔13〕 船舶局は、遭難信号を受信したときは、遭難通信を妨害するおそれのある電波の発射を直ちに中止しなければならない。

〔14〕 27,524kHz の周波数の電波は、呼出し又は応答を行う場合に使用することができる。

〔15〕「安全通信」とは、船舶又は航空機の航行に対する重大な危険を予防するために安全信号を前置する方法その他総務省令で定める方法により行う無線通信をいう。

〔16〕 船舶局は、「パン　パン」又は「緊急」の信号を受信したときは、遭難通信を行う場合を除き、少なくとも１分間継続してその通信を受信しなければならない。

〔17〕 漁船の船舶局（漁業の指導監督用のものを除く。）と漁業用の海岸局（漁業の指導監督用のものを除く。）との間において行う漁業に関する無線通信は、漁業通信である。

〔18〕 船舶局が総務大臣から電波の質が総務省令で定めるものに適合していないため、電波の発射の停止を命じられたときは、免許人は、その電波の質が総務省令に適合するよう措置すれば直ちに使用することができる。

〔19〕 免許人は、その船舶局が遭難通信を行ったときは、所属する海岸局に通知すれば、総務大臣に報告しなくてよい。

〔20〕 船舶局の免許状は、掲示を困難とするものを除き、主たる送信装置のある場所の見やすい箇所に掲げておかなければならない。

▶ 解答・根拠

問題	解答	根　拠
〔1〕	誤	申請による周波数等の変更（法19条）
〔2〕	誤	無線局の開設（法4条）
〔3〕	誤	電波の質（法28条）
〔4〕	誤	操作及び監督の範囲（施行令3条）
〔5〕	誤	操作及び監督の範囲（施行令3条）
〔6〕	正	目的外使用の禁止等（法52条）
〔7〕	正	秘密の保護（法59条）
〔8〕	正	発射前の措置（運用19条の2）
〔9〕	誤	応答（運用23条）
〔10〕	正	船舶局の運用（法62条）
〔11〕	誤	無線通信の原則（運用10条）
〔12〕	誤	遭難呼出し（運用76条）
〔13〕	正	遭難通信（法66条）
〔14〕	正	電波の使用制限（運用58条）
〔15〕	正	目的外使用の禁止（安全通信）（法52条）
〔16〕	誤	緊急通信（法67条）
〔17〕	正	漁業通信（運用2条）
〔18〕	誤	電波の発射の停止（法72）
〔19〕	誤	報告等（法80条）
〔20〕	正	免許状を掲げる場所（施行38条）

令和２年10月期

次の各問題の記述について、正誤のいずれかを選べ。

〔1〕 船舶局を開設しようとする者は、総務大臣の免許を受けなければならない。

〔2〕 船舶局（義務船舶局を除く。）の免許の有効期間は、免許の日から７年である。

〔3〕 送信設備に使用する電波の質とは、電波の型式、周波数及び空中線電力をいう。

〔4〕 第三級海上特殊無線技士の資格を有する者は、船舶局の空中線電力５ワット以下の無線電話で25,010kHz以上の周波数の電波を使用するものの国内通信のための通信操作を行うことができる。

〔5〕 第三級海上特殊無線技士の資格を有する者は、船舶局の空中線電力10キロワット以下のレーダーの外部の転換装置で電波の質に影響を及ぼさないものの技術操作を行うことができる。

〔6〕 船舶局は、遭難通信を行う場合でも、免許状に記載された通信の相手方の範囲を超えて運用してはならない。

〔7〕 何人も法律に別段の定めがある場合を除くほか、特定の相手方に対して行われる無線通信を傍受してその存在若しくは内容を漏らし、又はこれを窃用してはならない。

〔8〕 船舶局は、相手局を呼び出そうとする場合において、遭難通信等を行うときを除き、他の通信に混信を与えるおそれがあるときは、その通信が終了した後でなければ呼出しをしてはならない。

〔9〕 船舶局は、安全信号を受信したときは、その通信が自局に関係のないものであっても、最後までその安全通信を受信しなければならない。

〔10〕 船舶局は、自局に対する呼出しであることが確実でない呼出しを受信したときは、その呼出しが反復され、かつ、自局に対する呼出しであることが確実に判明するまで応答してはならない。

〔11〕 船舶局による試験電波の発射は、他の無線局の通信に混信を与えないことを確かめた後でなければ、行ってはならない。

〔12〕 27,524kHz の周波数の電波は、遭難通信、緊急通信又は安全通信を行う場合に使用することができる。

〔13〕 船舶局は、緊急通信を行っている場合は、遭難している船舶が自局の付近にあることが明らかなときも、その遭難通報に応答しなくてもよい。

〔14〕 遭難呼出しを行った場合は、できる限り速やかにその遭難呼出しに続いて、遭難通報を送信しなければならない。

〔15〕 船舶局は、緊急通信が自局に対して行われているものでないときは、その通信に使用されている周波数の電波により、漁業通信を行うことができる。

〔16〕 漁船の船舶局（漁業の指導監督用のものを除く。）相互間において行う漁業に関する無線通信は、漁業通信である。

〔17〕 必要のない無線通信は、これを行ってはならない。また、無線通信は正確に行うものとし、通信上の誤りを知ったときは、直ちに訂正しなければならない。

〔18〕 船舶局が総務大臣から電波の質が総務省令で定めるものに適合していないため、電波の発射の停止を命じられたときは、免許人は、その電波の質が総務省令に適合するよう措置すれば直ちに使用することができる。

〔19〕 免許人は、その船舶局が遭難通信を行ったときは、所属する海岸局に通知すれば、総務大臣に報告しなくてよい。

〔20〕 船舶局には、免許状を備え付けておかなければならない。

▶ 解答・根拠

問題	解答	根　　拠
〔1〕	正	無線局の開設（法4条）
〔2〕	誤	免許の有効期間（法13条、施行7条）
〔3〕	誤	電波の質（法28条）
〔4〕	正	操作及び監督の範囲（施行令3条）
〔5〕	誤	操作及び監督の範囲（施行令3条）
〔6〕	誤	目的外使用の禁止等（法52条）
〔7〕	正	秘密の保護（法59条）
〔8〕	正	発射前の措置（運用19条の2）
〔9〕	誤	安全通信（法68条）
〔10〕	正	不確実な呼出しに対する応答（運用26条）
〔11〕	正	試験電波の発射（運用39条）
〔12〕	正	電波の使用制限（運用58条）
〔13〕	誤	緊急通信（法67条）
〔14〕	正	遭難通報（運用77条）
〔15〕	誤	緊急通信を受信した場合の措置（運用93条）
〔16〕	正	漁業通信（運用2条）
〔17〕	正	無線通信の原則（運用10条）
〔18〕	誤	電波の発射の停止（法72条）
〔19〕	誤	報告等（法80条）
〔20〕	正	備付けを要する業務書類（施行38条）

令和３年２月期

次の各問題の記述について、正誤のいずれかを選べ。

〔1〕 船舶局を開設しようとする者は、総務大臣の免許を受けなければならない。

〔2〕 船舶局（義務船舶局を除く。）の免許の有効期間は、免許の日から７年である。

〔3〕 送信設備に使用する電波の質は、総務省令で定めるところに適合するものでなければならない。

〔4〕 第三級海上特殊無線技士の資格を有する者は、船舶局の空中線電力５ワット以下の無線電話で25,010kHz以上の周波数の電波を使用するものの国内通信のための通信操作を行うことができる。

〔5〕 第三級海上特殊無線技士の資格を有する者は、船舶局の空中線電力10キロワット以下のレーダーの外部の転換装置で電波の質に影響を及ぼさないものの技術操作を行うことができる。

〔6〕 船舶局は、いかなる場合でも、免許状に記載された通信事項の範囲を超えて運用してはならない。

〔7〕 船舶局は、緊急通信を行う場合を除き、他の無線局にその運用を妨げるような混信その他の妨害を与えてはならない。

〔8〕 何人も法律に別段の定めがある場合を除くほか、特定の相手方に対して行われる無線通信を傍受してその存在若しくは内容を漏らし、又はこれを窃用してはならない。

〔9〕 無線通信は、正確に行うものとし、通信上の誤りを知ったときは、その通報の終了後、一括して訂正しなければならない。

〔10〕 船舶局は、海岸局と通信を行う場合において、海岸局から使用周波数を変更するよう指示を受けても、至急漁況に関する通信を行わなければならないときは、その指示に従わなくともよい。

〔11〕 船舶局は、自局に対する無線電話による呼出しを受けたときは、直ちに応答しなければならない。

〔12〕 船舶局の無線電話による呼出しは、次の事項を順次送信して行う。
① 自局の呼出名称 3回 ② 相手局の呼出名称 3回

〔13〕 船舶局は、無線電話により自局に対する呼出しを受けた場合において、呼出局の呼出名称が不確実であるときは、応答事項のうち相手局の呼出名称の代わりに「誰かこちらを呼びましたか」を使用して、直ちに応答しなければならない。

〔14〕 船舶局による試験電波の発射は、他の無線局の通信に混信を与えないことを確かめた後でなければ、行ってはならない。

〔15〕 船舶局は、遭難通信を受信したときは、他の一切の無線通信に優先して直ちにこれに応答する等、救助の通信に関し最善の措置をとらなければならない。

〔16〕 船舶局の無線電話による遭難呼出しは、次の事項を順次送信して行う。
① メーデー（又は「遭難」） 3回 ② こちらは 1回 ③ 遭難船舶局の呼出名称 3回

〔17〕 船舶局は、「パン パン」又は「緊急」の信号を受信したときは、遭難通信を行う場合を除き、少なくとも1分間継続してその通信を受信しなければならない。

〔18〕 無線従事者が電波法に違反したときは、その免許を取り消されるか、又は3箇月以内の期間を定めてその業務に従事することを停止されることがある。

〔19〕 免許人は、電波法の規定に違反して運用した船舶局を認めたときは、総務省令で定める手続によりその船舶の所属する海岸局の局長に通知しなければならない。

〔20〕 船舶局には、免許状を備え付けておかなければならない。

▶ **解答・根拠**

問題	解答	根　　拠
〔1〕	正	無線局の開設（法4条）
〔2〕	誤	免許の有効期間（法13条、施行7条）
〔3〕	正	電波の質（法28条）
〔4〕	正	操作及び監督の範囲（施行令3条）
〔5〕	誤	操作及び監督の範囲（施行令3条）
〔6〕	誤	目的外使用の禁止等（法52条）
〔7〕	誤	混信等の防止（法56条）
〔8〕	正	秘密の保護（法59条）
〔9〕	誤	無線通信の原則（運用10条）
〔10〕	誤	船舶局の運用（法62条）
〔11〕	正	応答（運用23条）
〔12〕	誤	呼出し（運用20条、58条の11）
〔13〕	正	不確実な呼出しに対する応答（運用26条）
〔14〕	正	試験電波の発射（運用39条）
〔15〕	正	遭難通信（法66条）
〔16〕	正	遭難呼出し（運用76条）
〔17〕	誤	緊急通信（法67条）
〔18〕	正	無線従事者の免許の取消し等（法79条）
〔19〕	誤	報告等（法80条）
〔20〕	正	備付けを要する業務書類（施行38条）

令和3年6月期

次の各問題の記述について、正誤のいずれかを選べ。

〔1〕 船舶局を開設しようとする者は、総務大臣の免許を受けなければならない。

〔2〕 船舶局（義務船舶局を除く。）の免許の有効期間は、免許の日から5年である。

〔3〕 送信設備に使用する電波の質とは、その電波の周波数の偏差のみをいう。

〔4〕 第三級海上特殊無線技士の資格を有する者は、船舶局の空中線電力5ワット以下の無線電話で25,010kHz以上の周波数の電波を使用するものの国内通信のための通信操作を行うことができる。

〔5〕 第三級海上特殊無線技士の資格を有する者は、船舶局の空中線電力5キロワット以下のレーダーの外部の転換装置で電波の質に影響を及ぼさないものの技術操作を行うことができる。

〔6〕 船舶局は、遭難通信を行う場合でも、免許状に記載された通信の相手方の範囲を超えて運用してはならない。

〔7〕 何人も法律に別段の定めがある場合を除くほか、特定の相手方に対して行われる無線通信を傍受してその存在若しくは内容を漏らし、又はこれを窃用してはならない。

〔8〕 無線通信を行うときは、自局の識別信号（呼出符号、呼出名称等をいう。）を付してその出所を明らかにしなければならない。

〔9〕 無線電話通信では、略語を使用してはならない。

〔10〕 船舶局は、海岸局と通信を行う場合において、海岸局から使用周波数を変更するよう指示を受けても、至急漁況に関する通信を行わなければならないときは、その指示に従わなくてもよい。

〔11〕 船舶局が無線電話により試験電波を発射する場合においては、「本日は晴天なり」の連続及び自局の呼出名称の送信は、10秒間を超えてはならない。

〔12〕 A3E 電波 27,524kHz により遭難通信を行う場合は、呼出しの前に緊急信号を送信することができる。

〔13〕 船舶局の無線電話による遭難呼出しは、次の事項を順次送信して行う。
① メーデー（又は「遭難」） 3回 ② こちらは 1回 ③ 遭難船舶局の呼出名称 1回

〔14〕 船舶局における遭難呼出しは、特定の無線局にあてなければならない。

〔15〕 船舶局は、緊急通信が自局に対して行われているものでないときは、その通信に使用されている周波数の電波により、漁業通信を行うことができる。

〔16〕「安全通信」とは、船舶又は航空機の航行に対する重大な危険を予防するために安全信号を前置する方法その他総務省令で定める方法により行う無線通信をいう。

〔17〕 漁船の船舶局（漁業の指導監督用のものを除く。）と漁業用の海岸局（漁業の指導監督用のものを除く。）との間において行う漁業に関する無線通信は、漁業通信ではない。

〔18〕 電波法に違反した無線従事者は、3箇月以内の期間を定めてその業務に従事することを停止されることがある。

〔19〕 免許人は、その船舶局が遭難通信を行ったときは、総務省令で定める手続により、総務大臣に報告しなければならない。

〔20〕 船舶局の免許状は、免許人の事務所に保管していなければならない。

▶ 解答・根拠

問題	解答	根　　拠
〔1〕	正	無線局の開設（法４条）
〔2〕	正	免許の有効期間（法13条、施行７条）
〔3〕	誤	電波の質（法28条）
〔4〕	正	操作及び監督の範囲（施行令３条）
〔5〕	正	操作及び監督の範囲（施行令３条）
〔6〕	誤	目的外使用の禁止等（法52条）
〔7〕	正	秘密の保護（法59条）
〔8〕	正	無線通信の原則（運用10条）
〔9〕	誤	業務用語（運用14条）
〔10〕	誤	船舶局の運用（法62条）
〔11〕	正	試験電波の発射（運用39条）
〔12〕	誤	注意信号（運用73条の２）
〔13〕	誤	遭難呼出し（運用76条）
〔14〕	誤	遭難呼出し（運用76条）
〔15〕	誤	緊急通信を受信した場合の措置（運用93条）
〔16〕	正	目的外使用の禁止（安全通信）（法52条）
〔17〕	誤	漁業通信（運用２条）
〔18〕	正	無線従事者の免許の取消し等（法79条）
〔19〕	正	報告等（法80条）
〔20〕	誤	免許状を掲げる場所（施行38条）

令和３年１０月期

次の各問題の記述について、正誤のいずれかを選べ。

〔1〕 船舶局を開設しようとする者は、総務大臣の免許を受けなければならない。

〔2〕 免許人は、船舶局の識別信号（呼出符号、呼出名称等をいう。）の指定の変更を受けようとするときは、あらかじめ免許状の訂正を受けなければならない。

〔3〕 送信設備に使用する電波の質とは、電波の型式、周波数及び空中線電力をいう。

〔4〕 第三級海上特殊無線技士の資格を有する者は、船舶局の空中線電力10キロワット以下のレーダーの外部の転換装置で電波の質に影響を及ぼさないものの技術操作を行うことができる。

〔5〕 無線従事者は、その業務に従事しているときは、免許証を携帯していなければならない。

〔6〕 船舶局は、遭難通信を行う場合でも、免許状に記載された通信の相手方の範囲を超えて運用してはならない。

〔7〕 何人も法律に別段の定めがある場合を除くほか、特定の相手方に対して行われる無線通信を傍受してその存在若しくは内容を漏らし、又はこれを窃用してはならない。

〔8〕 船舶局は、相手局を呼び出そうとする場合において、遭難通信等を行う場合を除き、他の通信に混信を与えるおそれがあるときは、その通信が終了した後でなければ呼出しをしてはならない。

〔9〕 船舶局は、自局に対する無線電話による呼出しを受信したときは、操業中であれば直ちに応答しなくてもよい。

〔10〕 船舶局は、海岸局と通信を行う場合において、通信の順序について海岸局から指示を受けたときは、その指示に従わなければならない。

〔11〕 必要のない無線通信は、これを行ってはならない。また、無線通信は正確に行うものとし、通信上の誤りを知ったときは、直ちに訂正しなければならない。

〔12〕 船舶局の無線電話による呼出しは、次の事項を順次送信して行う。
① 自局の呼出名称 3回　　② 相手局の呼出名称 3回

〔13〕 船舶局が無線電話により試験電波を発射する場合において、必要があるときは、10秒間を超えて「本日は晴天なり」の連続及び自局の呼出名称を送信することができる。

〔14〕 船舶局における遭難呼出しは、特定の無線局にあてではならない。

〔15〕 船舶局は、「パン　パン」又は「緊急」の信号を受信したときは、遭難通信を行う場合を除き、少なくとも1分間継続してその通信を受信しなければならない。

〔16〕「安全通信」とは、船舶又は航空機の航行に対する重大な危険を予防するために安全信号を前置する方法その他総務省令で定める方法により行う無線通信をいう。

〔17〕 漁船の船舶局（漁業の指導監督用のものを除く。）と漁業用の海岸局（漁業の指導監督用のものを除く。）との間において行う漁業に関する無線通信は、漁業通信ではない。

〔18〕 無線従事者が電波法に違反したときは、その免許を取り消されるか、又は3箇月以内の期間を定めてその業務に従事することを停止されることがある。

〔19〕 免許人は、その船舶局が遭難通信を行ったときは、総務省令で定める手続により、総務大臣に報告しなければならない。

〔20〕 船舶局の免許状は、掲示を困難とするものを除き、主たる送信装置のある場所の見やすい箇所に掲げておかなければならない。

▶ 解答・根拠

問題	解答	根　　拠
〔1〕	正	無線局の開設（法４条）
〔2〕	誤	申請による周波数等の変更（法19条）
〔3〕	誤	電波の質（法28条）
〔4〕	誤	操作及び監督の範囲（施行令３条）
〔5〕	正	免許証の携帯（施行38条）
〔6〕	誤	目的外使用の禁止等（法52条）
〔7〕	正	秘密の保護（法59条）
〔8〕	正	発射前の措置（運用19条の２）
〔9〕	誤	応答（運用23条）
〔10〕	正	船舶局の運用（法62条）
〔11〕	正	無線通信の原則（運用10条）
〔12〕	誤	呼出し（運用20条、58条の11）
〔13〕	誤	試験電波の発射（運用39条）
〔14〕	正	遭難呼出し（運用76条）
〔15〕	誤	緊急通信（法67条）
〔16〕	正	目的外使用の禁止（安全通信）（法52条）
〔17〕	誤	漁業通信（運用２条）
〔18〕	正	無線従事者免許の取消し等（法79条）
〔19〕	正	報告等（法80条）
〔20〕	正	免許状を掲げる場所（施行38条）

令和4年2月期

次の各問題の記述について、正誤のいずれかを選べ。

〔1〕 船舶局を開設しようとする者は、総務大臣の免許を受けなければならない。

〔2〕 船舶局の免許の有効期間は、すべて無期限である。

〔3〕 送信設備に使用する電波の周波数の偏差及び幅、高調波の強度等は、電波の質という。

〔4〕 第三級海上特殊無線技士の資格を有する者は、船舶局の無線電話の国際通信のための通信操作を行うことができる。

〔5〕 無線従事者は、その業務に従事しているときは、免許証を携帯していなければならない。

〔6〕 何人も法律に別段の定めがある場合を除くほか、特定の相手方に対して行われる無線通信を傍受してその存在若しくは内容を漏らし、又はこれを窃用してはならない。

〔7〕 船舶局は、遭難通信を行う場合でも、他の無線局にその運用を妨げるような混信を与えてはならない。

〔8〕 無線通信を行うときは、自局の識別信号（呼出符号、呼出名称等をいう。）を付してその出所を明らかにしなければならない。

〔9〕 船舶局は、自局の呼出しが他の既に行われている通信に混信を与える旨の通知を受けたときは、直ちにその呼出しを中止しなければならない。

〔10〕 船舶局は、海岸局と通信を行う場合において、海岸局から使用周波数を変更するよう指示を受けたときは、その指示に従わなければならない。

〔11〕 船舶局が無線電話により試験電波を発射する場合においては、「本日は晴天なり」の連続及び自局の呼出名称の送信は、10秒間を超えてはならない。

〔12〕 27,524kHz の周波数の電波は、遭難通信、緊急通信又は安全通信を行う場合に使用することができる。

〔13〕 船舶局は、自局の付近にある遭難している船舶の遭難通報を受信した場合は、これに応答する前に救助作業に向かう旨を最寄りの海岸局に送信しなければならない。

〔14〕 船舶局における遭難呼出しは、特定の無線局にあててはならない。

〔15〕 船舶局は、遭難通信に次ぐ優先順位で緊急通信を取り扱わなければならない。

〔16〕 漁船の船舶局（漁業の指導監督用のものを除く。）と漁業用の海岸局（漁業の指導監督用のものを除く。）との間において行う漁業に関する無線通信は、漁業通信ではない。

〔17〕 船舶局は、「パン　パン」又は「緊急」の信号を受信したときは、遭難通信を行う場合を除き、少なくとも１分間継続してその通信を受信しなければならない。

〔18〕 免許人は、その船舶局が遭難通信を行ったときは、総務省令で定める手続により、総務大臣に報告しなければならない。

〔19〕 船舶局が総務大臣から電波の質が総務省令で定めるものに適合していないため、電波の発射の停止を命じられたときは、免許人は、その電波の質が総務省令に適合するよう措置すれば直ちに使用することができる。

〔20〕 船舶局の免許状は、掲示を困難とするものを除き、免許人の事務所に掲げておかなければならない。

▶ **解答・根拠**

問題	解答	根　　拠
〔1〕	正	無線局の開設（法4条）
〔2〕	誤	免許の有効期間（法13条、施行7条）
〔3〕	正	電波の質（法28条）
〔4〕	誤	操作及び監督の範囲（施行令3条）
〔5〕	正	免許証の携帯（施行38条）
〔6〕	正	秘密の保護（法59条）
〔7〕	誤	混信等の防止（法56条）
〔8〕	正	無線通信の原則（運用10条）
〔9〕	正	呼出しの中止（運用22条）
〔10〕	正	船舶局の運用（法62条）
〔11〕	正	試験電波の発射（運用39条）
〔12〕	正	電波の使用制限（運用58条）
〔13〕	誤	遭難通報等を受信した海岸局及び船舶局のとるべき措置（運用81条の7）
〔14〕	正	遭難呼出し（運用76条）
〔15〕	正	緊急通信（法67条）
〔16〕	誤	漁業通信（運用2条）
〔17〕	誤	緊急通信（法67条）
〔18〕	正	報告等（法80条）
〔19〕	誤	電波の発射の停止（法72条）
〔20〕	誤	免許状を掲げる場所（施行38条）

令和４年６月期

次の各問題の記述について、正誤のいずれかを選べ。

〔1〕 船舶局を開設しようとする者は、総務大臣にその旨を届け出なければならない。

〔2〕 船舶局の免許の有効期間は、すべて無期限である。

〔3〕 送信設備に使用する電波の質は、総務省令で定めるところに適合するものでなければならない。

〔4〕 第三級海上特殊無線技士の資格を有する者は、船舶局の無線電話の国際通信のための通信操作を行うことができる。

〔5〕 無線従事者は、その業務に従事しているときは、免許証を携帯していなければならない。

〔6〕 船舶局は、遭難通信を行うときは、免許状に記載された目的又は通信の相手方若しくは通信事項の範囲を超えて運用することができる。

〔7〕 船舶局は、遭難通信を行う場合でも、他の無線局にその運用を妨げるような混信を与えてはならない。

〔8〕 無線通信を行うときは、自局の識別信号（呼出符号、呼出名称等をいう。）を付してその出所を明らかにしなければならない。

〔9〕 船舶局は、自局の呼出しが他の既に行われている通信に混信を与える旨の通知を受けたときは、直ちにその呼出しを中止しなければならない。

〔10〕 船舶局は、海岸局と通信を行う場合において、海岸局から使用周波数を変更するよう指示を受けても、至急漁況に関する通信を行わなければならないときは、その指示に従わなくてもよい。

〔11〕 船舶局が無線電話により試験電波を発射する場合において、必要があるときは、10秒間を超えて「本日は晴天なり」の連続及び自局の呼出名称を送信することができる。

〔12〕 27,524kHzの周波数の電波は、遭難通信、緊急通信又は安全通信を行う場合に使用することができる。

〔13〕 船舶局は、自局の付近にある遭難している船舶の遭難通報を受信した場合は、これに応答する前に救助作業に向かう旨を最寄りの海岸局に送信しなければならない。

〔14〕 船舶局における遭難呼出しは、特定の無線局にあててはならない。

〔15〕 船舶局は、遭難通信に次ぐ優先順位で緊急通信を取り扱わなければならない。

〔16〕 電波法では、無線通信の秘密の保護については、何人も法律に別段の定めがある場合を除くほか、特定の相手方に対して行われる無線通信を傍受してはならない旨のみを規定している。

〔17〕 漁船の船舶局（漁業の指導監督用のものを除く。）相互間において行う漁業に関する無線通信は、漁業通信である。

〔18〕 総務大臣は、免許人が不正な手段により無線局の免許を受けたときは、その免許を取り消すことができる。

〔19〕 電波法に違反した無線従事者は、その免許を取り消されることがある。

〔20〕 船舶局の免許状は、掲示を困難とするものを除き、免許人の事務所に掲げておかなければならない。

▶ 解答・根拠

問題	解答	根　　拠
〔1〕	誤	無線局の開設（法4条）
〔2〕	誤	免許の有効期間（法13条、施行7条）
〔3〕	正	電波の質（法28条）
〔4〕	誤	操作及び監督の範囲（施行令3条）
〔5〕	正	免許証の携帯（施行38条）
〔6〕	正	目的外使用の禁止等（法52条）
〔7〕	誤	混信等の防止（法56条）
〔8〕	正	無線通信の原則（運用10条）
〔9〕	正	呼出しの中止（運用22条）
〔10〕	誤	船舶局の運用（法62条）
〔11〕	誤	試験電波の発射（運用39条）
〔12〕	正	電波の使用制限（運用58条）
〔13〕	誤	遭難通報等を受信した海岸局及び船舶局のとるべき措置（運用81条の7）
〔14〕	正	遭難呼出し（運用76条）
〔15〕	正	緊急通信（法67条）
〔16〕	誤	秘密の保護（法59条）
〔17〕	正	漁業通信（運用2条）
〔18〕	正	無線局の免許の取消し等（法76条）
〔19〕	正	無線従事者の免許の取消し等（法79条）
〔20〕	誤	免許状を掲げる場所（施行38条）

令和４年10月期

次の各問題の記述について、正誤のいずれかを選べ。

〔1〕 船舶局を開設しようとする者は、総務大臣にその旨を届け出なければならない。

〔2〕 船舶局（義務船舶局を除く。）の免許の有効期間は、免許の日から５年である。

〔3〕 送信設備に使用する電波の質とは、電波の型式、周波数及び空中線電力をいう。

〔4〕 第三級海上特殊無線技士の資格を有する者は、船舶局の空中線電力５ワット以下の無線電話で25,010kHz 以上の周波数の電波を使用するものの国内通信のための通信操作を行うことができる。

〔5〕 第三級海上特殊無線技士の資格を有する者は、船舶局の空中線電力10キロワット以下のレーダーの外部の転換装置で電波の質に影響を及ぼさないものの技術操作を行うことができる。

〔6〕 船舶局は、遭難通信を行うときは、免許状に記載された目的又は通信の相手方若しくは通信事項の範囲を超えて運用することができる。

〔7〕 船舶局は、緊急通信を行う場合を除き、他の無線局にその運用を妨げるような混信その他の妨害を与えてはならない。

〔8〕 無線通信は、正確に行うものとし、通信上の誤りを知ったときは、その通報の終了後、一括して訂正しなければならない。

〔9〕 船舶局は、相手局を呼び出そうとする場合において、遭難通信等を行う場合を除き、他の通信に混信を与えるおそれがあるときは、その通信が終了した後でなければ呼出しをしてはならない。

〔10〕 船舶局が無線電話により試験電波を発射する場合において、必要があるときは、10秒間を超えて「本日は晴天なり」の連続及び自局の呼出名称を送信することができる。

〔11〕 船舶局は、海岸局と通信を行う場合において、通信の順序について海岸局から指示を受けたときは、その指示に従わなければならない。

〔12〕 27,524kHz の周波数の電波は、船舶の航行の安全に関し急を要する通信を行う場合に使用することができる。

〔13〕 船舶局は、自局の付近にある遭難している船舶の遭難通報を受信した場合は、これに応答する前に救助作業に向かう旨を最寄りの海岸局に送信しなければならない。

〔14〕 船舶局における遭難呼出しは、特定の無線局にあててはならない。

〔15〕 船舶局は、遭難通信に次ぐ優先順位で緊急通信を取り扱わなければならない。

〔16〕 船舶局は、安全信号を受信したときは、その通信が自局に関係のないものであっても、最後までその安全通信を受信しなければならない。

〔17〕 漁船の船舶局（漁業の指導監督用のものを除く。）相互間において行う漁業に関する無線通信は、漁業通信である。

〔18〕 総務大臣は、電波法の施行を確保するため特に必要があるときは、その職員を無線局に派遣し、その無線設備、無線従事者の資格及び員数並びに時計及び書類を検査させることができる。

〔19〕 船舶局の免許人が電波法に違反すると、総務大臣からその船舶局の運用の停止を命じられることがある。

〔20〕 船舶局の免許状は、掲示を困難とするものを除き、免許人の事務所に掲げておかなければならない。

▶ **解答・根拠**

問題	解答	根　　拠
〔1〕	誤	無線局の開設（法４条）
〔2〕	正	免許の有効期間（法13条、施行７条）
〔3〕	誤	電波の質（法28条）
〔4〕	正	操作及び監督の範囲（施行令３条）
〔5〕	誤	操作及び監督の範囲（施行令３条）
〔6〕	正	目的外使用の禁止等（法52条）
〔7〕	誤	混信等の防止（法56条）
〔8〕	誤	無線通信の原則（運用10条）
〔9〕	正	発射前の措置（運用19条の２）
〔10〕	誤	試験電波の発射（運用39条）
〔11〕	正	船舶局の運用（法62条）
〔12〕	正	電波の使用制限（運用58条）
〔13〕	誤	遭難通報等を受信した海岸局及び船舶局のとるべき措置（運用81条の７）
〔14〕	正	遭難呼出し（運用76条）
〔15〕	正	緊急通信（法67条）
〔16〕	誤	安全通信（法68条）
〔17〕	正	漁業通信（運用２条）
〔18〕	正	検査（法73条）
〔19〕	正	無線局の免許の取消し等（法76条）
〔20〕	誤	免許状を掲げる場所（施行38条）

令和5年2月期

次の各問題の記述について、正誤のいずれかを選べ。

〔1〕 船舶局を開設しようとする者は、総務大臣にその旨を届け出なければならない。

〔2〕 船舶局（義務船舶局を除く。）の免許の有効期間は、免許の日から5年である。

〔3〕 送信設備に使用する電波の質とは、電波の型式、周波数及び空中線電力をいう。

〔4〕 第三級海上特殊無線技士の資格を有する者は、船舶局の空中線電力5ワット以下の無線電話で25,010kHz以上の周波数の電波を使用するものの国内通信のための通信操作を行うことができる。

〔5〕 第三級海上特殊無線技士の資格を有する者は、船舶局の空中線電力10キロワット以下のレーダーの外部の転換装置で電波の質に影響を及ぼさないものの技術操作を行うことができる。

〔6〕 船舶局は、免許状に記載された目的の範囲を超えて遭難通信を行うことができる。

〔7〕 電波法では、無線通信の秘密の保護については、何人も法律に別段の定めがある場合を除くほか、特定の相手方に対して行われる無線通信を傍受してはならない旨のみを規定している。

〔8〕 無線電話通信では、略語を使用してはならない。

〔9〕 船舶局は、自局に対する無線電話による呼出しを受信したときは、直ちに応答しなければならない。

〔10〕 船舶局が無線電話により試験電波を発射する場合において、必要があるときは、10秒間を超えて「本日は晴天なり」の連続及び自局の呼出名称を送信することができる。

〔11〕 船舶局は、海岸局と通信を行う場合において、通信の順序について海岸局から指示を受けたときは、その指示に従わなければならない。

〔12〕 A3E電波27,524kHzにより遭難通信を行う場合は、呼出しの前に注意信号を送信することができる。

〔13〕 船舶局は、自局の付近にある遭難している船舶の遭難通報を受信した場合は、これに応答する前にその通報を最寄りの海岸局に送信しなければならない。

〔14〕 船舶局の無線電話による遭難呼出しは、次の事項を順次送信して行う。

① メーデー（又は「遭難」） 3回　② こちらは 1回　③ 遭難船舶局の呼出名称 3回

〔15〕 船舶局は、遭難通信に次ぐ優先順位で緊急通信を取り扱わなければならない。

〔16〕 船舶局は、安全信号を受信したときは、その通信が自局に関係のないものであっても、最後までその安全通信を受信しなければならない。

〔17〕 漁船の船舶局（漁業の指導監督用のものを除く。）と漁業用の海岸局（漁業の指導監督用のものを除く。）との間において行う漁業に関する無線通信は、漁業通信ではない。

〔18〕 無線従事者が電波法に違反したときは、その免許を取り消されるか、又は3箇月以内の期間を定めてその業務に従事することを停止されることがある。

〔19〕 免許人は、電波法の規定に違反して運用した船舶局を認めたときは、総務省令で定める手続により、総務大臣に報告しなければならない。

〔20〕 船舶局の免許状は、免許人の事務所に保管していなければならない。

▶ 解答・根拠

問題	解答	根　　拠
〔1〕	誤	無線局の開設（法4条）
〔2〕	正	免許の有効期間（法13条、施行7条）
〔3〕	誤	電波の質（法28条）
〔4〕	正	操作及び監督の範囲（施行令3条）
〔5〕	誤	操作及び監督の範囲（施行令3条）
〔6〕	正	目的外使用の禁止等（法52条）
〔7〕	誤	秘密の保護（法59条）
〔8〕	誤	業務用語（運用14条）
〔9〕	正	応答（運用23条）
〔10〕	誤	試験電波の発射（運用39条）
〔11〕	正	船舶局の運用（法62条）
〔12〕	正	注意信号（運用73条の2）
〔13〕	誤	遭難通報等を受信した海岸局及び船舶局のとるべき措置（運用81条の7）
〔14〕	正	遭難呼出し（運用76条）
〔15〕	正	緊急通信（法67条）
〔16〕	誤	安全通信（法68条）
〔17〕	誤	漁業通信（運用2条）
〔18〕	正	無線従事者の免許の取消し等（法79条）
〔19〕	正	報告等（法80条）
〔20〕	誤	免許状を掲げる場所（施行38条）

第三級海上特殊無線技士　無線工学

試験概要

試験問題：問題数／10問
合格基準：満　点／50点　合格点／30点
配点内訳：１　問／５点

令和２年２月期

次の各問題の記述について、正誤のいずれかを選べ。

〔1〕 電波の伝わる速さは、音が大気中を伝わる速さよりも速い。

〔2〕 搬送波の周波数を音声信号で変化させると、AM（A3E）電波が得られる。

〔3〕 給電線とは、送受信機とアンテナを接続する導線のことをいう。

〔4〕 電離層波と地表波では、地表波の方が遠方まで伝わる。

〔5〕 スケルチつまみは、送信する電波の雑音を消すために使用する。

〔6〕 アンテナは、電波を空中に放射したり、捕えたりする働きをする。

〔7〕 DSB（A3E）方式の無線電話装置は、プレストークボタンを押すと直ちに電波が発射される。

〔8〕 FM（F3E）方式の無線電話装置には、スケルチのつまみがある。

〔9〕 超短波（VHF）帯の電波は、光に似た性質をもっているので見通し距離内の通信に適している。

〔10〕 どんな小型の木造船も、船舶用レーダーで十分探知できる。

▶ 解答・解説

問題	解答	問題	解答	問題	解答	問題	解答
〔1〕	正	〔2〕	誤	〔3〕	正	〔4〕	誤
〔5〕	誤	〔6〕	正	〔7〕	正	〔8〕	正
〔9〕	正	〔10〕	誤				

誤っている番号と説明は以下のとおり。

〔2〕

搬送波の周波数を音声信号で変化させると、**FM（F3E）**電波が得られる。

〔4〕

電離層波と地表波では、**電離層波**の方が遠方まで伝わる。

〔5〕

スケルチつまみは、**受信中の電波が弱すぎるときスピーカから出る大きな雑音を消すために**使用する。

〔10〕

小型の木造船は、船舶用レーダーで**探知できない場合がある**。

令和2年10月期

次の各問題の記述について、正誤のいずれかを選べ。

〔1〕 周波数が高くなるほど、波長は短くなる。

〔2〕 SSB方式は、周波数変調の無線電話に用いられる。

〔3〕 八木・宇田アンテナ（八木アンテナ）は、全方向性（無指向性）アンテナである。

〔4〕 超短波（VHF）を用いる通信では、主として直接波が利用される。

〔5〕 相手の通信を受信するとき、音量つまみで聞きやすい音量に調整する。

〔6〕 直流を交流に変える装置をインバータという。

〔7〕 DSB方式の無線電話装置は、プレストークボタンを押すと直ちに電波が発射される。

〔8〕 スケルチつまみは、送信する電波の雑音を消すために使用する。

〔9〕 電離層の状態は、昼間と夜間又は季節等によって変化しない。

〔10〕 船舶用レーダーは、アンテナ位置が海面より高いほど探知距離は延びるが、探知できない死角範囲も広くなる。

▶ 解答・解説

問 題	解 答	問 題	解 答	問 題	解 答	問 題	解 答
〔1〕	正	〔2〕	誤	〔3〕	誤	〔4〕	正
〔5〕	正	〔6〕	正	〔7〕	正	〔8〕	誤
〔9〕	誤	〔10〕	正				

誤っている番号と説明は以下のとおり。

〔2〕

SSB方式は、**振幅変調**の無線電話に用いられる。

〔3〕

八木・宇田アンテナ（八木アンテナ）は、**指向性アンテナ**である。

〔8〕

スケルチつまみは、**受信中の電波が弱すぎるときスピーカから出る大きな雑音を消すために**使用する。

〔9〕

電離層の状態は、昼間と夜間又は季節等によって**変化する**。

令和３年２月期

次の各問題の記述について、正誤のいずれかを選べ。

〔1〕 電気設備の規格のうち、ワット〔W〕で表示されるのは電圧である。

〔2〕 搬送波の周波数を音声信号で変化させるのは、周波数変調方式である。

〔3〕 超短波（VHF）帯の電波を用いる通信は、主として、電離層波が利用される。

〔4〕 無線電話装置の「音量」つまみは、送信中の電波を弱めるときに使用する。

〔5〕 DSB 方式の無線電話装置は、プレストークボタンを押すと受信状態になり、離すと送信状態になる。

〔6〕 送信アンテナは、電波を空中に放射する働きをする。

〔7〕 FM 送受信装置の「スケルチ」つまみは、受信中の電波が弱くなったときスピーカから出る大きな雑音を消すために使用する。

〔8〕 蓄電池は、充電することができない。

〔9〕 電離層の状態は、昼間と夜間又は季節等によって変化する。

〔10〕 船舶用レーダーは、距離レンジを切り替えたとき、距離目盛りの大きいレンジほど測定誤差が大きい。

▶ **解答・解説**

問題	解答	問題	解答	問題	解答	問題	解答
〔1〕	誤	〔2〕	正	〔3〕	誤	〔4〕	誤
〔5〕	誤	〔6〕	正	〔7〕	正	〔8〕	誤
〔9〕	正	〔10〕	正				

誤っている番号と説明は以下のとおり。

〔1〕

電気設備の規格のうち、ワット〔W〕で表示されるのは**電力**である。

〔3〕

超短波（VHF）帯の電波を用いる通信は、主として、**直接波**が利用される。

〔4〕

無線電話装置の「音量」つまみは、**受信するとき聞きやすい音量にするために**使用する。

〔5〕

DSB方式の無線電話装置は、プレストークボタンを押すと**送信状態**になり、離すと**受信状態**になる。

〔8〕

蓄電池は、**充電することができ、繰り返し使用が可能**である。

令和3年6月期

次の各問題の記述について、正誤のいずれかを選べ。

〔1〕 電流を通さないものを絶縁体という。

〔2〕 音声信号電流は直流である。

〔3〕 スケルチつまみは、送信する電波の雑音を消すために使用する。

〔4〕 無線電話装置のプレストーク・ボタンは、送信と受信の切替えに使用する。

〔5〕 無線電話装置の電源ヒューズが切れたときは、代わりに銅線を使用すればよい。

〔6〕 アンテナは、電波を空中に放射したり、捕えたりする働きをする。

〔7〕 同じ種類の電池を並列に接続すると、高い電圧を得ることができる。

〔8〕 短波（HF）は、電離層で反射する性質があるので遠距離の通信に適している。

〔9〕 超短波（VHF）帯の電波は、光に似た性質をもっているので、見通し距離内の通信に適している。

〔10〕 船舶用レーダーは、距離レンジを切り替えたとき、距離目盛りの大きいレンジほど測定誤差が小さい。

▶ **解答・解説**

問題	解答	問題	解答	問題	解答	問題	解答
〔1〕	正	〔2〕	誤	〔3〕	誤	〔4〕	正
〔5〕	誤	〔6〕	正	〔7〕	誤	〔8〕	正
〔9〕	正	〔10〕	誤				

誤っている番号と説明は以下のとおり。

〔2〕

音声信号電流は**交流**である。

〔3〕

スケルチつまみは、**受信中の電波が弱すぎるときスピーカから出る大きな雑音を消すために**使用する。

〔5〕

ヒューズは、回路に過大な電流が流れた場合、溶断して回路を切り、機器を保護するもので、銅線や装置の定格値以上のヒューズを使用してはならない。

〔7〕

同じ種類の電池を並列に接続**しても**、高い電圧を得ることは**できない。(電圧は変わらない。)**

〔10〕

船舶用レーダーは、距離レンジを切り替えたとき、距離目盛りの大きいレンジほど測定誤差が**大きい**。

船舶用レーダーの表示器上の物標の映像は、パルス幅に相当する距離と輝点の大きさに相当する距離の和だけ長く現れるので、距離目盛の小さいレンジでは誤差が少なく、大きいレンジでは誤差が大きくなる。

令和３年１０月期

次の各問題の記述について、正誤のいずれかを選べ。

〔1〕 電離層波は、大地や海面に沿って伝わる。

〔2〕 SSB 方式は、周波数変調の無線電話に用いられる。

〔3〕 クラリファイアは、受信した SSB 電波の明りょう度が悪いとき、聞きやすくするために使用する。

〔4〕 無線電話装置の「音量」つまみは、送信中の電波を弱めるときに使用する。

〔5〕 電離層の状態は、昼間と夜間又は季節等によって変化する。

〔6〕 スリーブアンテナを大地に対して垂直に設置した場合、水平面内の指向特性は、全方向性（無指向性）である。

〔7〕 FM 送受信装置の「スケルチ」つまみは、受信中の電波が強すぎるときスピーカから出る大きな雑音を消すために使用する。

〔8〕 短波（HF）は、電離層で反射する性質があるので遠距離の通信に適している。

〔9〕 チャネルつまみは、送受信周波数を希望する周波数に合わせるために使用される。

〔10〕 船舶用レーダーは、アンテナ位置が海面より高いほど探知距離は延び、探知できない死角範囲は狭くなる。

▶ **解答・解説**

問 題	解 答	問 題	解 答	問 題	解 答	問 題	解 答
〔1〕	誤	〔2〕	誤	〔3〕	正	〔4〕	誤
〔5〕	正	〔6〕	正	〔7〕	誤	〔8〕	正
〔9〕	正	〔10〕	誤				

誤っている番号と説明は以下のとおり。

〔1〕

電離層波は、**電離層と大地の間を反射して**伝わる。

〔2〕

SSB 方式は、**振幅変調**の無線電話に用いられる。

〔4〕

無線電話装置の「音量」つまみは、**受信するとき聞きやすい音量にするために**使用する。

〔7〕

FM 送受信装置の「スケルチ」つまみは、受信中の電波が**弱すぎるとき**スピーカから出る大きな雑音を消すために使用する。

〔10〕

船舶用レーダーは、アンテナ位置が海面より高いほど探知距離は**延びるが**、探知できない死角範囲は**広くなる**。

令和４年２月期

次の各問題の記述について、正誤のいずれかを選べ。

〔1〕 電流を通さないものを絶縁体という。

〔2〕 送信機は、発振、増幅及び復調を行う部分から構成されている。

〔3〕 超短波（VHF）帯の電波を用いる通信では、主として電離層波が利用される。

〔4〕 超短波（VHF）帯の電波を用いる通信では、主として直接波が利用される。

〔5〕 船舶に用いられる超短波（VHF）帯のブラウンアンテナの放射素子の長さは、使用する電波の波長のほぼ４分の１（1/4）である。

〔6〕 1.5ボルトの電池を４個並列に接続すると、６ボルトの電圧が取り出せる。

〔7〕 無線電話装置で送話の際、マイクロホンにできるだけ口を近付け、大きな声を出した方がよい。

〔8〕 短波は、電離層で反射する性質があるので遠距離の通信に適している。

〔9〕 電離層は、地球表面に近い順にＦ層、Ｅ層、Ｄ層と呼ばれる。

〔10〕 船舶用レーダーは、アンテナ位置が海面より高いほど探知距離は延びるが、探知できない死角範囲も広くなる。

▶ 解答・解説

問 題	解 答	問 題	解 答	問 題	解 答	問 題	解 答
〔1〕	正	〔2〕	誤	〔3〕	誤	〔4〕	正
〔5〕	正	〔6〕	誤	〔7〕	誤	〔8〕	正
〔9〕	誤	〔10〕	正				

誤っている番号と説明は以下のとおり。

〔2〕

送信機は、発振、増幅及び**変調**を行う部分から構成されている。

〔3〕

超短波（VHF）帯の電波を用いる通信では、主として**直接波**が利用される。

〔6〕

1.5ボルトの電池を4個**直列**に接続すると、6ボルトの電圧が取り出せる。

〔7〕

通話の際は、プレストークボタンを押したまま、マイクロホンを口から 5～10〔cm〕離して通話する。（口に近づけすぎたり、大きな声で話すと音声がひずみ、かえって聞き取りにくくなる。）

〔9〕

電離層は、地球表面に近い順に**D層、E層、F層**と呼ばれる。

令和４年６月期

次の各問題の記述について、正誤のいずれかを選べ。

〔１〕 電離層波は、大地や海面に沿って伝わる。

〔２〕 搬送波には、音声周波数より高い周波数を用いる。

〔３〕 電圧の単位はボルト、電流の単位はアンペアを用いる。

〔４〕 DSB 方式の無線電話装置は、プレストークボタンを押すと受信状態になり、離すと送信状態になる。

〔５〕 無線電話装置の電源ヒューズは、切れないように十分太いものを使用すればよい。

〔６〕 1.5ボルトの電池を４個並列に接続すると、６ボルトの電圧が取り出せる。

〔７〕 無線電話装置の「感度」つまみは、受信電波の強弱に応じて調整するとき使用する。

〔８〕 給電線とは、送受信機を接地（アース）するための導線のことをいう。

〔９〕 超短波（VHF）帯の電波は、光に似た性質をもっているので見通し距離内の通信に適している。

〔10〕 船舶用レーダーは、アンテナ位置が海面より高いほど探知距離は延びるが、探知できない死角範囲も広くなる。

▶ **解答・解説**

問題	解答	問題	解答	問題	解答	問題	解答
〔1〕	誤	〔2〕	正	〔3〕	正	〔4〕	誤
〔5〕	誤	〔6〕	誤	〔7〕	正	〔8〕	誤
〔9〕	正	〔10〕	正				

誤っている番号と説明は以下のとおり。

〔1〕

電離層波は、**電離層と大地の間を反射して**伝わる。

〔4〕

DSB 方式の無線電話装置は、プレストークボタンを押すと**送信状態**になり、離すと**受信状態**になる。

〔5〕

ヒューズは、回路に過大な電流が流れた場合、溶断して回路を切り、機器を保護するもので、銅線や装置の定格値以上のヒューズを使用してはならない。

〔6〕

1.5ボルトの電池を 4 個**直列**に接続すると、6 ボルトの電圧が取り出せる。

〔8〕

給電線とは、送受信機を接地（アース）するための導線**ではない**。

送受信機とアンテナを接続してアンテナへ高周波電力を送ったり、アンテナから高周波電力を受けるのに使う線路である。

令和４年１０月期

次の各問題の記述について、正誤のいずれかを選べ。

〔1〕 電波の伝わる速度は、１秒間に15万キロメートルである。

〔2〕 送信機は、発振、増幅及び復調を行う部分から構成されている。

〔3〕 無線電話の単信方式では、一般に一基のアンテナを送信と受信に共用している。

〔4〕 電離層波と地表波では、地表波の方が遠方まで伝わる。

〔5〕 無線電話送受信装置において、プレストークボタンを押すと自動的に受信状態になる。

〔6〕 スリーブアンテナを大地に対して垂直に設置した場合、水平面内の指向特性は、全方向性（無指向性）である。

〔7〕 蓄電池（バッテリー）の容量は、使用する電流の大きさと電圧のみによって決められる。

〔8〕 スケルチ調整つまみは、受信待受け時にスピーカから出る雑音を抑制するときに用いる。

〔9〕 チャネルつまみは、送受信周波数を希望する周波数に合わせるために使用される。

〔10〕 船舶に設置されたパルス波レーダーは、マイクロ波帯を使用するので混信しない。

▶ 解答・解説

問 題	解 答	問 題	解 答	問 題	解 答	問 題	解 答
〔1〕	誤	〔2〕	誤	〔3〕	正	〔4〕	誤
〔5〕	誤	〔6〕	正	〔7〕	誤	〔8〕	正
〔9〕	正	〔10〕	誤				

誤っている番号と説明は以下のとおり。

〔1〕

電波の伝わる速度は、1秒間に**30万キロメートル**である。

〔2〕

送信機は、発振、増幅及び**変調**を行う部分から構成されている。

〔4〕

電離層波と地表波では、**電離層波**の方が遠方まで伝わる。

〔5〕

無線電話送受信装置において、プレストークボタンを押すと**送信状態になり、離すと受信状態になる**。

〔7〕

蓄電池（バッテリー）の容量は、使用する電流の大きさと**放電できる時間の積**によって決められる。

〔10〕

船舶に設置されたパルス波レーダーは、マイクロ波帯を使用するが、**同一周波数帯を使用している他のレーダーが近くにあるとレーダー干渉像が画面に現れる**。

令和５年２月期

次の各問題の記述について、正誤のいずれかを選べ。

〔1〕 電気設備の規格のうち、ワット〔W〕で表示されるのは電圧である。

〔2〕 搬送波には、音声周波数より高い周波数を用いる。

〔3〕 無線電話の単信方式では、一般に、一基のアンテナを送信と受信に共用している。

〔4〕 無線電話装置のプレストークボタンは、送信と受信の切り換えに使用する。

〔5〕 無線電話装置の電源ヒューズが切れたときは、代わりに銅線を使用すればよい。

〔6〕 直流を交流に変える装置をインバータという。

〔7〕 蓄電池（バッテリー）の容量は、使用する電流の大きさと電圧のみによって決められる。

〔8〕 DSB（A3E）送受信装置で、プレストークボタンを押したとき、直ちに電波が発射される。

〔9〕 電離層の状態は、昼間と夜間又は季節等によって変化しない。

〔10〕 船舶に設置されるレーダーは、自船の周囲360度の範囲を探知できるよう、全方向性（無指向性）アンテナを使用する。

▶ 解答・解説

問 題	解 答	問 題	解 答	問 題	解 答	問 題	解 答
〔1〕	誤	〔2〕	正	〔3〕	正	〔4〕	正
〔5〕	誤	〔6〕	正	〔7〕	誤	〔8〕	正
〔9〕	誤	〔10〕	誤				

誤っている番号と説明は以下のとおり。

〔1〕

電気設備の規格のうち、ワット〔W〕で表示されるのは**電力**である。

〔5〕

ヒューズは、回路に過大な電流が流れた場合、溶断して回路を切り、機器を保護するもので、銅線や装置の定格値以上のヒューズを使用してはならない。

〔7〕

蓄電池（バッテリー）の容量は、使用する電流の大きさと**放電できる時間の積**によって決められる。

〔9〕

電離層の状態は、昼間と夜間又は季節等によって**変化する**。

〔10〕

船舶に設置されるレーダーは、**最大探知距離の確保と方位の測定のため、指向性の鋭いアンテナを回転させて使用する**。

レーダー級海上特殊無線技士　法規

ご注意

各設問に対する答は、出題時点での法令等に準拠して解答しております。

試験概要

試験問題：問題数／12問
合格基準：満　点／60点　合格点／40点
配点内訳：1　問／5点

令和２年２月期

〔1〕 次の記述は、電波法に規定する「無線局」の定義である。□内に入れるべき字句を下の番号から選べ。

「無線局」とは、無線設備及び□の総体をいう。ただし、受信のみを目的とするものを含まない。

1 無線設備の操作を行う者　　2 無線局を運用する者
3 無線通信を行う者　　4 無線設備を所有する者

〔2〕 再免許を受けた無線航行移動局の免許の有効期間は何年か。次のうちから選べ。

1 10年　　2 ２年　　3 ３年　　4 ５年

〔3〕 船舶に設置する無線航行のためのレーダー（総務大臣が別に告示するものを除く。）は、電源電圧が定格電圧の（±）何パーセント以内において変動した場合においても安定に動作するものでなければならないか。次のうちから選べ。

1 ２パーセント　　2 ５パーセント　　3 10パーセント　　4 20パーセント

〔4〕 無線従事者がその免許証を総務大臣に返納しなければならないのはどの場合か。次のうちから選べ。

1 無線設備の操作を５年以上行わなかったとき。
2 無線通信の業務に従事することを停止されたとき。
3 無線従事者の免許の取消しの処分を受けたとき。
4 無線従事者の免許を受けてから５年を経過したとき。

〔5〕 無線従事者は、その業務に従事しているときは、免許証をどのようにしていなければならないか。次のうちから選べ。

1 携帯する。
2 航海船橋に備え付ける。
3 無線局に備え付ける。
4 主たる送信装置のある場所の見やすい箇所に掲げる。

〔6〕 次の記述は、レーダー級海上特殊無線技士の資格を有する者が行うことのできる無線設備の操作の範囲を述べたものである。電波法施行令の規定に照らし、□内に入れるべき字句を下の番号から選べ。

海岸局、船舶局及び船舶のための無線航行局のレーダーの外部の転換装置で［　　］に影響を及ぼさないものの技術操作

1　精度　2　電波の質　3　分解能　4　空中線電力

〔7〕 無線局を運用する場合においては、遭難通信を行う場合を除き、無線設備の設置場所は、どの書類に記載されたところによらなければならないか。次のうちから選べ。

1　無線局事項書の写し　2　無線局の免許の申請書の写し
3　免許状　4　免許証

〔8〕 無線局の臨時検査（電波法第73条第5項の検査）において検査されることがあるものはどれか。次のうちから選べ。

1　無線従事者の知識及び技能　2　無線従事者の勤務状況
3　無線従事者の業務経歴　4　無線従事者の資格及び員数

〔9〕 無線局の免許人は、電波法又は電波法に基づく命令の規定に違反して運用した無線局を認めたときは、どうしなければならないか。次のうちから選べ。

1　その無線局の免許人にその旨を通知する。
2　総務省令で定める手続により、総務大臣に報告する。
3　その無線局の電波の発射の停止を求める。
4　その無線局の免許人を告発する。

〔10〕 無線従事者が電波法又は電波法に基づく命令に違反したときに総務大臣から受けることがある処分はどれか。次のうちから選べ。

1　その業務に従事する無線局の運用の停止
2　6箇月間の業務に従事することの停止
3　無線従事者の免許の取消し
4　期間を定めて行う無線設備の操作範囲の制限

〔11〕 無線局の免許人は、無線従事者を選任し、又は解任したときは、どうしなければならないか。次のうちから選べ。

1　遅滞なく、その旨を総務大臣に届け出る。
2　2週間以内にその旨を総務大臣に報告する。
3　速やかに総務大臣の承認を受ける。
4　1箇月以内にその旨を総務大臣に届け出る。

〔12〕 無線局の免許状を１箇月以内に総務大臣に返納しなければならないのはどの場合か。次のうちから選べ。

1 無線局の運用の停止を命じられたとき。
2 無線局の免許がその効力を失ったとき。
3 無線局の運用を休止したとき。
4 免許状を破損し、又は汚したとき。

▶ 解答・根拠

問題	解答	根　　拠
〔1〕	1	無線局の定義（法２条）
〔2〕	4	免許の有効期間（法13条、施行７条）
〔3〕	3	レーダーの条件（設備48条）
〔4〕	3	免許証の返納（従事者51条）
〔5〕	1	免許証の携帯（施行38条）
〔6〕	2	操作及び監督の範囲（施行令３条）
〔7〕	3	免許状記載事項の遵守（法53条）
〔8〕	4	検査（法73条）
〔9〕	2	報告等（法80条）
〔10〕	3	無線従事者の免許の取消し等（法79条）
〔11〕	1	無線従事者の選解任届（法51条）
〔12〕	2	免許状の返納（法24条）、無線局の廃止（法23条）

令和2年10月期

〔1〕 次の記述は、電波法の目的である。□内に入れるべき字句を下の番号から選べ。

この法律は、電波の公平かつ□な利用を確保することによって、公共の福祉を増進することを目的とする。

1 能動的　　2 積極的　　3 能率的　　4 経済的

〔2〕 次の記述は、電波法に規定する「無線局」の定義である。□内に入れるべき字句を下の番号から選べ。

「無線局」とは、無線設備及び□の総体をいう。ただし、受信のみを目的とするものを含まない。

1 無線設備の管理を行う者　　2 無線通信を行う者

3 無線設備の操作を行う者　　4 無線設備を所有する者

〔3〕 次の記述は、船舶に施設する無線設備について述べたものである。無線設備規則の規定に照らし、□内に入れるべき字句を下の番号から選べ。

船舶の航海船橋に通常設置する無線設備には、その筐(きょう)体の見やすい箇所に、当該設備の発する磁界が□に障害を与えない最小の距離を明示しなければならない。

1 他の電気的設備の機能　　2 磁気羅針儀の機能

3 自動レーダープロッティング機能　　4 自動操舵装置の機能

〔4〕 無線従事者は、免許証を失ったためにその再交付を受けた後、失った免許証を発見したときは、発見した日から何日以内にその免許証を総務大臣に返納しなければならないか。次のうちから選べ。

1 30日　　2 14日　　3 10日　　4 7日

〔5〕 総務大臣が無線従事者の免許を与えないことができる者はどれか。次のうちから選べ。

1 無線従事者の免許を取り消され、取消しの日から2年を経過しない者

2 刑法に規定する罪を犯し罰金以上の刑に処せられ、その執行を終わり、又はその執行を受けることがなくなった日から2年を経過しない者

3 無線従事者の免許を取り消され、取消しの日から5年を経過しない者

4 日本の国籍を有しない者

〔6〕 次の記述は、レーダー級海上特殊無線技士の資格を有する者が行うことができる無線設備の操作の範囲を述べたものである。電波法施行令の規定に照らし、[　　]内に入れるべき字句を下の番号から選べ。

海岸局、船舶局及び船舶のための無線航行局のレーダーの[　　]で電波の質に影響を及ぼさないものの技術操作

1 空中線　　2 外部の転換装置　　3 電源設備　　4 内部の調整装置

〔7〕 次の記述は、秘密の保護について述べたものである。電波法の規定に照らし、[　　]内に入れるべき字句を下の番号から選べ。

何人も法律に別段の定めがある場合を除くほか、[　　]を傍受してその存在若しくは内容を漏らし、又はこれを窃用してはならない。

1 特定の相手方に対して行われる無線通信
2 特定の相手方に対して行われる暗語による無線通信
3 総務省令で定める周波数を使用して行われる無線通信
4 総務省令で定める周波数を使用して行われる暗語による無線通信

〔8〕 無線局の臨時検査（電波法第73条第5項の検査）において検査されることがあるものはどれか。次のうちから選べ。

1 無線従事者の知識及び技能　　2 無線従事者の資格及び員数
3 無線従事者の勤務状況　　4 無線従事者の業務経歴

〔9〕 無線局の免許人が電波法又は電波法に基づく命令に違反したときに総務大臣が行うことができる処分はどれか。次のうちから選べ。

1 電波の型式の制限　　2 通信の相手方又は通信事項の制限
3 再免許の拒否　　4 無線局の運用の停止

〔10〕 総務大臣から無線従事者がその免許を取り消されることがあるのはどの場合か。次のうちから選べ。

1 引き続き5年以上無線設備の操作を行わなかったとき。
2 日本の国籍を有しない者となったとき。
3 電波法に違反したとき。
4 免許証を失ったとき。

〔11〕 無線局の免許がその効力を失ったときは、免許人であった者は、その免許状をどうしなければならないか。次のうちから選べ。

1　1箇月以内に総務大臣に返納する。　　2　直ちに廃棄する。
3　3箇月以内に総務大臣に返納する。　　4　2年間保管する。

〔12〕 船舶局の免許状は、掲示を困難とするものを除き、どの箇所に掲げておかなければならないか。次のうちから選べ。
1　船内の適当な箇所
2　主たる送信装置のある場所の見やすい箇所
3　受信装置のある場所の見やすい箇所
4　航海船橋の適宜な箇所

▶ 解答・根拠

問題	解答	根　　拠
〔1〕	3	電波法の目的（法1条）
〔2〕	3	無線局の定義（法2条）
〔3〕	2	磁気羅針儀に対する保護（設備37条の28）
〔4〕	3	免許証の返納（従事者51条）
〔5〕	1	無線従事者の免許を与えない場合（法42条）
〔6〕	2	操作及び監督の範囲（施行令3条）
〔7〕	1	秘密の保護（法59条）
〔8〕	2	検査（法73条）
〔9〕	4	無線局の運用の停止等（法76条）
〔10〕	3	無線従事者の免許の取消し等（法79条）
〔11〕	1	免許状の返納（法24条）
〔12〕	2	免許状を掲げる場所（施行38条）

令和３年２月期

〔1〕 次の記述は、電波法の目的である。＿＿内に入れるべき字句を下の番号から選べ。

この法律は、電波の公平かつ＿＿な利用を確保することによって、公共の福祉を増進することを目的とする。

1 経済的　2 積極的　3 能率的　4 能動的

〔2〕 無線局を開設しようとする者は、どうしなければならないか。次のうちから選べ。

1 あらかじめ総務大臣に届け出る。
2 主任無線従事者を選任する。
3 総務大臣の免許を受ける。
4 無線局を開設した旨、遅滞なく総務大臣に届け出る。

〔3〕 次の記述は、船舶に施設する無線設備について述べたものである。無線設備規則の規定に照らし、＿＿内に入れるべき字句を下の番号から選べ。

船舶の航海船橋に通常設置する無線設備には、その筐(きょう)体の見やすい箇所に、当該設備の発する磁界が＿＿に障害を与えない最小の距離を明示しなければならない。

1 自動操舵装置の機能　2 磁気羅針儀の機能
3 他の電気的設備の機能　4 自動レーダープロッティング機能

〔4〕 無線従事者は、免許証を失ったためにその再交付を受けた後、失った免許証を発見したときはどうしなければならないか。次のうちから選べ。

1 速やかに、発見した免許証を廃棄する。
2 発見した日から10日以内にその旨を総務大臣に届け出る。
3 発見した日から10日以内に再交付を受けた免許証を総務大臣に返納する。
4 発見した日から10日以内に発見した免許証を総務大臣に返納する。

〔5〕 無線従事者は、その業務に従事しているときは、免許証をどのようにしていなければならないか。次のうちから選べ。

1 航海船橋に備え付ける。
2 携帯する。
3 無線局に備え付ける。
4 主たる送信装置のある場所の見やすい箇所に掲げる。

〔6〕 次の記述は、レーダー級海上特殊無線技士の資格を有する者が行うことができる無線設備の操作の範囲を述べたものである。電波法施行令の規定に照らし、［　　］内に入れるべき字句を下の番号から選べ。

海岸局、船舶局及び船舶のための無線航行局のレーダーの［　　］で電波の質に影響を及ぼさないものの技術操作

1 外部の転換装置　　2 空中線　　3 電源設備　　4 内部の調整装置

〔7〕 無線局を運用する場合においては、遭難通信を行う場合を除き、無線設備の設置場所は、どの書類に記載されたところによらなければならないか。次のうちから選べ。

1 免許状　　2 無線局の免許の申請書の写し

3 免許証　　4 無線局事項書の写し

〔8〕 総務大臣から臨時に電波の発射の停止の命令を受けた無線局は、その発射する電波の質を総務省令に適合するように措置したときは、どうしなければならないか。次のうちから選べ。

1 電波の発射について総務大臣の許可を受ける。

2 その旨を総務大臣に申し出る。

3 直ちにその電波を発射する。

4 他の無線局の通信に混信を与えないことを確かめた後、電波を発射する。

〔9〕 無線局の免許人が電波法又は電波法に基づく命令に違反したときに総務大臣が行うことができる処分はどれか。次のうちから選べ。

1 電波の型式の制限　　2 再免許の拒否

3 通信の相手方又は通信事項の制限　　4 無線局の運用の停止

〔10〕 無線局の定期検査（電波法第73条第1項の検査）において検査される事項に該当しないものはどれか。次のうちから選べ。

1 無線従事者の知識及び技能　　2 無線設備

3 時計及び書類　　4 無線従事者の資格及び員数

〔11〕 無線局の免許人は、無線従事者を選任し、又は解任したときは、どうしなければならないか。次のうちから選べ。

1 1箇月以内にその旨を総務大臣に届け出る。

2 2週間以内にその旨を総務大臣に報告する。

3 遅滞なく、その旨を総務大臣に届け出る。

4　速やかに総務大臣の承認を受ける。

〔12〕 無線局の免許状を1箇月以内に総務大臣に返納しなければならないのはどの場合か。次のうちから選べ。

1　無線局の運用の停止を命じられたとき。
2　無線局の運用を休止したとき。
3　免許状を破損し又は汚したとき。
4　無線局の免許がその効力を失ったとき。

▶ 解答・根拠

問題	解答	根　　拠
〔1〕	3	電波法の目的（法1条）
〔2〕	3	無線局の開設（法4条）
〔3〕	2	磁気羅針儀に対する保護（設備37条の28）
〔4〕	4	免許証の返納（従事者51条）
〔5〕	2	免許証の携帯（施行38条）
〔6〕	1	操作及び監督の範囲（施行令3条）
〔7〕	1	免許状記載事項の遵守（法53条）
〔8〕	2	電波の発射の停止（法72条）
〔9〕	4	無線局の運用の停止等（法76条）
〔10〕	1	検査（法73条）
〔11〕	3	無線従事者の選解任届（法51条）
〔12〕	4	免許状の返納（法24条）、無線局の廃止（法23条）

令和３年６月期

〔1〕 次の記述は、電波法に規定する「無線局」の定義である。□内に入れるべき字句を下の番号から選べ。

「無線局」とは、無線設備及び□の総体をいう。ただし、受信のみを目的とするものを含まない。

1　無線設備の操作を行う者　　2　無線設備の管理を行う者
3　無線通信を行う者　　4　無線設備を所有する者

〔2〕 再免許を受けた無線航行移動局の免許の有効期間は何年か。次のうちから選べ。

1　10年　　2　５年　　3　３年　　4　２年

〔3〕 次の記述は、船舶に施設する無線設備について述べたものである。無線設備規則の規定に照らし、□内に入れるべき字句を下の番号から選べ。

船舶の航海船橋に通常設置する無線設備には、その筐体の見やすい箇所に、当該設備の発する磁界が□に障害を与えない最小の距離を明示しなければならない。

1　自動操舵装置の機能　　2　自動レーダープロッティング機能
3　他の電気的設備の機能　　4　磁気羅針儀の機能

〔4〕 無線従事者がその免許証の再交付を受けることができる場合に該当しないものはどれか。次のうちから選べ。

1　免許証を汚したとき。　　2　免許証を失ったとき。
3　氏名に変更を生じたとき。　　4　住所に変更を生じたとき。

〔5〕 無線従事者がその免許証を総務大臣に返納しなければならないのはどの場合か。次のうちから選べ。

1　５年以上無線設備の操作を行わなかったとき。
2　無線従事者の免許の取消しの処分を受けたとき。
3　無線通信の業務に従事することを停止されたとき。
4　無線従事者の免許を受けてから５年を経過したとき。

〔6〕 次の記述は、レーダー級海上特殊無線技士の資格を有する者が行うことのできる無線設備の操作の範囲を述べたものである。電波法施行令の規定に照らし、□内に入れるべき字句を下の番号から選べ。

海岸局、船舶局及び船舶のための無線航行局のレーダーの外部の転換装置で[　　]に影響を及ぼさないものの技術操作

1　電波の質　　2　分解能　　3　空中線電力　　4　電波の型式

〔7〕 次の記述は、秘密の保護について述べたものである。電波法の規定に照らし、[　　]内に入れるべき字句を下の番号から選べ。

何人も法律に別段の定めがある場合を除くほか、[　　]を傍受してその存在若しくは内容を漏らし、又はこれを窃用してはならない。

1　特定の相手方に対して行われる暗語による無線通信
2　特定の相手方に対して行われる無線通信
3　総務省令で定める周波数を使用して行われる無線通信
4　総務省令で定める周波数を使用して行われる暗語による無線通信

〔8〕 無線局の免許人は、電波法又は電波法に基づく命令の規定に違反して運用した無線局を認めたときは、どうしなければならないか。次のうちから選べ。

1　その無線局の免許人を告発する。
2　その無線局の免許人にその旨を通知する。
3　総務省令で定める手続により、総務大臣に報告する。
4　その無線局の電波の発射の停止を求める。

〔9〕 無線局の臨時検査（電波法第73条第5項の検査）において検査されることがあるものはどれか。次のうちから選べ。

1　無線従事者の資格及び員数　　2　無線従事者の知識及び技能
3　無線従事者の勤務状況　　4　無線従事者の業務経歴

〔10〕 無線従事者が総務大臣から3箇月以内の期間を定めてその業務に従事することを停止されることがあるのはどの場合か。次のうちから選べ。

1　免許証を失ったとき。
2　刑法に規定する罪を犯し、罰金以上の刑に処せられたとき。
3　電波法に違反したとき。
4　選任されている無線局が運用停止の処分を受けたとき。

〔11〕 無線局の免許人は、無線従事者を選任し、又は解任したときは、どうしなければならないか。次のうちから選べ。

1　遅滞なく、その旨を総務大臣に届け出る。

2　速やかに総務大臣の承認を受ける。
3　10日以内にその旨を総務大臣に報告する。
4　1箇月以内にその旨を総務大臣に届け出る。

〔12〕 無線局の免許がその効力を失ったときは、免許人であった者は、その免許状をどうしなければならないか。次のうちから選べ。

1　直ちに廃棄する。
2　1箇月以内に総務大臣に返納する。
3　3箇月以内に総務大臣に返納する。
4　2年間保管する。

▶ **解答・根拠**

問題	解答	根　　拠
〔1〕	1	無線局の定義（法2条）
〔2〕	2	免許の有効期間（法13条、施行7条）
〔3〕	4	磁気羅針儀に対する保護（設備37条の28）
〔4〕	4	免許証の再交付（従事者50条）
〔5〕	2	免許証の返納（従事者51条）
〔6〕	1	操作及び監督の範囲（施行令3条）
〔7〕	2	秘密の保護（法59条）
〔8〕	3	報告等（法80条）
〔9〕	1	検査（法73条）
〔10〕	3	無線従事者の免許の取消し等（法79条）
〔11〕	1	無線従事者の選解任届（法51条）
〔12〕	2	免許状の返納（法24条）

令和3年10月期

〔1〕 次の記述は、電波法の目的である。＿＿内に入れるべき字句を下の番号から選べ。

この法律は、電波の公平かつ＿＿な利用を確保することによって、公共の福祉を増進することを目的とする。

1 能率的　　2 経済的　　3 積極的　　4 能動的

〔2〕 再免許を受けた無線航行移動局の免許の有効期間は何年か。次のうちから選べ。

1 4年　　2 10年　　3 3年　　4 5年

〔3〕 次の記述は、船舶に設置する無線航行のためのレーダー（総務大臣が別に告示するものを除く。）の条件について述べたものである。無線設備規則の規定に照らし、＿＿内に入れるべき字句を下の番号から選べ。

その船舶の航行の安全を図るために必要な音声その他の音響の聴取に妨げとならない程度に＿＿が少ないものであること。

1 騒音　　2 内部雑音　　3 機械的雑音　　4 電気的雑音

〔4〕 無線従事者は、免許証を失ったためにその再交付を受けた後、失った免許証を発見したときはどうしなければならないか。次のうちから選べ。

1 速やかに発見した免許証を廃棄する。
2 発見した日から10日以内にその旨を総務大臣に届け出る。
3 発見した日から10日以内に発見した免許証を総務大臣に返納する。
4 発見した日から10日以内に再交付を受けた免許証を総務大臣に返納する。

〔5〕 無線従事者は、その業務に従事しているときは、免許証をどのようにしていなければならないか。次のうちから選べ。

1 主たる送信装置のある場所の見やすい箇所に掲げる。
2 携帯する。
3 航海船橋に備え付ける。
4 無線局に備え付ける。

〔6〕 レーダー級海上特殊無線技士の資格を有する者が行うことができる海岸局、船舶局及び船舶のための無線航行局の無線設備の操作の範囲はどれか。次のうちから選べ。

1　レーダーの空中線電力に影響を及ぼさないものの技術操作

2　レーダーの内部の調整装置の技術操作

3　レーダーのすべての技術操作

4　レーダーの外部の転換装置で電波の質に影響を及ぼさないものの技術操作

〔7〕 次の記述は、秘密の保護について述べたものである。電波法の規定に照らし、□内に入れるべき字句を下の番号から選べ。

何人も法律に別段の定めがある場合を除くほか、□に対して行われる無線通信を傍受してその存在若しくは内容を漏らし、又はこれを窃用してはならない。

1　すべての無線局　　2　総務大臣が告示する無線局

3　特定の相手方　　4　総務省令で定める周波数を使用する無線局

〔8〕 無線局の臨時検査（電波法第73条第5項の検査）において検査されることがあるものはどれか。次のうちから選べ。

1　無線従事者の知識及び技能　　2　無線従事者の勤務状況

3　無線従事者の業務経歴　　4　無線従事者の資格及び員数

〔9〕 総務大臣から無線従事者がその免許を取り消されることがあるのはどの場合か。次のうちから選べ。

1　免許証を失ったとき。

2　電波法に違反したとき。

3　日本の国籍を有しない者となったとき。

4　引き続き5年以上無線設備の操作を行わなかったとき。

〔10〕 無線局の免許人が電波法又は電波法に基づく命令に違反したときに総務大臣が行うことができる処分はどれか。次のうちから選べ。

1　電波の型式の制限　　2　再免許の拒否

3　無線局の運用の停止　　4　無線従事者の業務の従事停止

〔11〕 無線局の免許状を1箇月以内に総務大臣に返納しなければならないのはどの場合か。次のうちから選べ。

1　無線局の免許がその効力を失ったとき。

2　無線局の運用を休止したとき。

3　免許状を破損し、又は汚したとき。

4　無線局の運用の停止を命じられたとき。

〔12〕 船舶局の免許状は、掲示を困難とするものを除き、どの箇所に掲げておかなければならないか。次のうちから選べ。

1 船内の適宜な箇所
2 主たる送信装置のある場所の見やすい箇所
3 受信装置のある場所の見やすい箇所
4 航海船橋の適宜な箇所

▶ **解答・根拠**

問題	解答	根　　拠
〔1〕	1	電波法の目的（法1条）
〔2〕	4	免許の有効期間（法13条、施行7条）
〔3〕	3	レーダーの条件（設備48条）
〔4〕	3	免許証の返納（従事者51条）
〔5〕	2	免許証の携帯（施行38条）
〔6〕	4	操作及び監督の範囲（施行令3条）
〔7〕	3	秘密の保護（法59条）
〔8〕	4	検査（法73条）
〔9〕	2	無線従事者の免許の取消し等（法79条）
〔10〕	3	無線局の運用の停止等（法76条）
〔11〕	1	免許状の返納（法24条）、無線局の廃止（法23条）
〔12〕	2	免許状を掲げる場所（施行38条）

令和４年２月期

〔1〕「無線局」の定義として、正しいものはどれか。次のうちから選べ。

1 無線設備及び無線設備の操作を行う者の総体をいう。ただし、受信のみを目的とするものを含まない。

2 免許人及び無線設備の総体をいう。ただし、受信のみを目的とするものを含まない。

3 無線設備及び無線設備の操作の監督を行う者の総体をいう。ただし、受信のみを目的とするものを含まない。

4 無線設備及び無線従事者の総体をいう。ただし、受信のみを目的とするものを含まない。

〔2〕 再免許を受けた無線航行移動局の免許の有効期間は何年か。次のうちから選べ。

1 10年　　2 5年　　3 3年　　4 2年

〔3〕 次の記述は、船舶に設置する無線航行のためのレーダー（総務大臣が別に告示するものを除く。）の条件について述べたものである。無線設備規則の規定に照らし、□内に入れるべき字句を下の番号から選べ。

その船舶の無線設備、羅針儀その他の設備であって重要なものの□に障害を与え、又は他の設備によってその運用が妨げられるおそれのないように設置されるものであること。

1 操作　　2 装置　　3 設備　　4 機能

〔4〕 総務大臣が無線従事者の免許を与えないことができる者はどれか。次のうちから選べ。

1 無線従事者の免許を取り消され、取消しの日から２年を経過しない者

2 刑法に規定する罪を犯し罰金以上の刑に処せられ、その執行を終わり、又はその執行を受けることがなくなった日から２年を経過しない者

3 無線従事者の免許を取り消され、取消しの日から５年を経過しない者

4 日本の国籍を有しない者

〔5〕 無線従事者は、免許証を失ったためにその再交付を受けた後、失った免許証を発見したときは、発見した日から何日以内にその免許証を総務大臣に返納しなければならないか。次のうちから選べ。

1 30日　　2 14日　　3 10日　　4 7日

〔6〕 レーダー級海上特殊無線技士の資格を有する者が行うことができる海岸局、船舶局及び船舶のための無線航行局の無線設備の操作の範囲はどれか。次のうちから選べ。

1 レーダーのすべての技術操作
2 レーダーの内部の調整装置の技術操作
3 レーダーの内部の調整装置で空中線電力に影響を及ぼさないものの技術操作
4 レーダーの外部の転換装置で電波の質に影響を及ぼさないものの技術操作

〔7〕 次の記述は、秘密の保護について述べたものである。電波法の規定に照らし、□内に入れるべき字句を下の番号から選べ。

何人も法律に別段の定めがある場合を除くほか、□を傍受してその存在若しくは内容を漏らし、又はこれを窃用してはならない。

1 特定の相手方に対して行われる暗語による無線通信
2 特定の相手方に対して行われる無線通信
3 総務省令で定める周波数を使用して行われる無線通信
4 総務省令で定める周波数を使用して行われる暗語による無線通信

〔8〕 総務大臣が無線局に対して臨時に電波の発射の停止を命ずることができるのはどの場合か。次のうちから選べ。

1 無線局が必要のない無線通信を行っていると認めるとき。
2 無線局の発射する電波の質が総務省令で定めるものに適合していないと認めるとき。
3 無線局の発射する電波が他の無線局の通信に混信を与えていると認めるとき。
4 無線局が免許状に記載された空中線電力の範囲を超えて運用していると認めるとき。

〔9〕 無線局の免許人が電波法又は電波法に基づく命令に違反したときに総務大臣が行うことができる処分はどれか。次のうちから選べ。

1 電波の型式の制限　　2 通信の相手方又は通信事項の制限
3 無線局の運用の停止　　4 再免許の拒否

〔10〕 無線局の臨時検査（電波法第73条第５項の検査）において検査されることがあるものはどれか。次のうちから選べ。

1 無線従事者の知識及び技能　　2 無線従事者の勤務状況
3 無線従事者の業務経歴　　4 無線従事者の資格及び員数

〔11〕 無線局の免許状を１箇月以内に総務大臣に返納しなければならないのはどの場合か。次のうちから選べ。

1　無線局を廃止したとき。
2　6箇月以上無線局の運用を休止するとき。
3　免許状を破損し、又は汚したとき。
4　電波の発射の停止を命じられたとき。

〔12〕　船舶局の免許状は、掲示を困難とするものを除き、どの箇所に掲げておかなければならないか。次のうちから選べ。
1　船内の適宜な箇所
2　受信装置のある場所の見やすい箇所
3　主たる送信装置のある場所の見やすい箇所
4　航海船橋の適宜な箇所

▶ 解答・根拠

問題	解答	根　　拠
〔1〕	1	無線局の定義（法2条）
〔2〕	2	免許の有効期間（法13条、施行7条）
〔3〕	4	レーダーの条件（設備48条）
〔4〕	1	無線従事者の免許を与えない場合（法42条）
〔5〕	3	免許証の返納（従事者51条）
〔6〕	4	操作及び監督の範囲（施行令3条）
〔7〕	2	秘密の保護（法59条）
〔8〕	2	電波の発射の停止等（法72条）
〔9〕	3	無線局の運用の停止（法76条）
〔10〕	4	検査（法73条）
〔11〕	1	免許状の返納（法24条）、無線局の廃止（法23条）
〔12〕	3	免許状を掲げる場所（施行38条）

令和4年6月期

〔1〕 無線局の無線設備の変更の工事の許可を受けた免許人は、総務省令で定める場合を除き、どのような手続をとった後でなければ、許可に係る無線設備を運用してはならないか。次のうちから選べ。

1 総務大臣の検査を受け、当該工事の結果が許可の内容に適合していると認められた後

2 当該工事の結果が許可の内容に適合している旨を総務大臣に届け出た後

3 総務大臣に運用開始の予定期日を届け出た後

4 工事が完了した後、その運用について総務大臣の許可を受けた後

〔2〕 無線局を開設しようとする者は、どうしなければならないか。次のうちから選べ。

1 主任無線従事者を選任する。

2 総務大臣の免許を受ける。

3 無線局の運用開始の予定期日を総務大臣に届け出る。

4 無線局を開設した旨、遅滞なく総務大臣に届け出る。

〔3〕 次の記述は、船舶に施設する無線設備について述べたものである。無線設備規則の規定に照らし、□内に入れるべき字句を下の番号から選べ。

船舶の航海船橋に通常設置する無線設備には、その筐(きょう)体の見やすい箇所に、当該設備の発する磁界が□に障害を与えない最小の距離を明示しなければならない。

1 自動操舵装置の機能　　2 自動レーダープロッティング機能

3 磁気羅針儀の機能　　4 他の電気的設備の機能

〔4〕 無線局（総務省令で定めるものを除く。）の免許人は、主任無線従事者を選任したときは、当該主任無線従事者に選任の日からどれほどの期間内に無線設備の操作の監督に関し総務大臣の行う講習を受けさせなければならないか。次のうちから選べ。

1 6箇月　　2 5年　　3 3箇月　　4 1年

〔5〕 無線従事者は、免許の取消しの処分を受けたときは、その処分を受けた日から何日以内にその免許証を総務大臣に返納しなければならないか。次のうちから選べ。

1 30日　　2 14日　　3 10日　　4 7日

〔6〕 レーダー級海上特殊無線技士の資格を有する者が行うことができる海岸局、船舶局

及び船舶のための無線航行局の無線設備の操作の範囲はどれか。次のうちから選べ。

1　レーダーのすべての操作

2　レーダーの内部の調整装置で空中線電力に影響を及ぼさないものの技術操作

3　レーダーの内部の調整部分の操作

4　レーダーの外部の転換装置で電波の質に影響を及ぼさないものの技術操作

〔7〕 無線局を運用する場合においては、遭難通信を行う場合を除き、無線設備の設置場所は、どの書類に記載されたところによらなければならないか。次のうちから選べ。

1　無線局事項書の写し　　2　免許状

3　無線局の免許の申請書の写し　　4　免許証

〔8〕 無線従事者が不正な手段により無線従事者の免許を受けたときに総務大臣から受けることがある処分はどれか。次のうちから選べ。

1　6箇月間の無線設備の操作範囲の制限

2　1年間の業務の従事停止

3　無線従事者の免許の取消し

4　3年間の無線従事者国家試験の受験停止

〔9〕 無線局の臨時検査（電波法第73条第5項の検査）において検査されることがあるものはどれか。次のうちから選べ。

1　無線従事者の資格及び員数　　2　無線従事者の知識及び技能

3　無線従事者の勤務状況　　4　無線従事者の住所及び氏名

〔10〕 無線局の免許人が電波法又は電波法に基づく命令に違反したときに総務大臣が行うことができる処分はどれか。次のうちから選べ。

1　無線局の運用の停止　　2　再免許の拒否

3　電波の型式の制限　　4　通信の相手方又は通信事項の制限

〔11〕 無線局の免許人は、無線従事者を選任し、又は解任したときは、どうしなければならないか。次のうちから選べ。

1　1箇月以内にその旨を総務大臣に届け出る。

2　遅滞なく、その旨を総務大臣に届け出る。

3　10日以内にその旨を総務大臣に報告する。

4　速やかに総務大臣の承認を受ける。

〔12〕 無線局の免許状を１箇月以内に総務大臣に返納しなければならないのはどの場合か。次のうちから選べ。

1　６箇月以上無線局の運用を休止するとき。

2　免許状を破損し、又は汚したとき。

3　無線局の運用の停止を命じられたとき。

4　無線局を廃止したとき。

▶ **解答・根拠**

問題	解答	根　　拠
〔1〕	1	変更検査（法18条）
〔2〕	2	無線局の開設（法４条）
〔3〕	3	磁気羅針儀に対する保護（設備37条の28）
〔4〕	1	講習の期間（施行34条の７）
〔5〕	3	免許証の返納（従事者51条）
〔6〕	4	操作及び監督の範囲（施行令３条）
〔7〕	2	免許状記載事項の遵守（法53条）
〔8〕	3	無線従事者の免許の取消し等（法79条）
〔9〕	1	検査（法73条）
〔10〕	1	無線局の運用の停止等（法76条）
〔11〕	2	無線従事者の選解任届（法51条）
〔12〕	4	免許状の返納（法24条）、無線局の廃止（法23条）

令和４年10月期

〔1〕 次の記述は、電波法に規定する「無線局」の定義である。＿＿内に入れるべき字句を下の番号から選べ。

「無線局」とは、無線設備及び＿＿の総体をいう。ただし、受信のみを目的とするものを含まない。

1 無線設備の操作を行う者　　2 無線設備の管理を行う者
3 無線設備を所有する者　　4 無線通信を行う者

〔2〕 無線局を開設しようとする者は、どうしなければならないか。次のうちから選べ。

1 無線局を開設した旨、遅滞なく総務大臣に届け出る。
2 総務大臣の免許を受ける。
3 主任無線従事者を選任する。
4 あらかじめ総務大臣に届け出る。

〔3〕 次の記述は、船舶に設置する無線航行のためのレーダー（総務大臣が別に告示するものを除く。）の条件について述べたものである。無線設備規則の規定に照らし、＿＿内に入れるべき字句を下の番号から選べ。

その船舶の航行の安全を図るために必要な音声その他の音響の聴取に妨げとならない程度に＿＿が少ないものであること。

1 振動　　2 内部雑音　　3 機械的雑音　　4 電気的雑音

〔4〕 総務大臣が無線従事者の免許を与えないことができる者はどれか。次のうちから選べ。

1 日本の国籍を有しない者
2 無線従事者の免許を取り消され、取消しの日から５年を経過しない者
3 刑法に規定する罪を犯し罰金以上の刑に処せられ、その執行を終わり、又はその執行を受けることがなくなった日から２年を経過しない者
4 無線従事者の免許を取り消され、取消しの日から２年を経過しない者

〔5〕 レーダー級海上特殊無線技士の資格を有する者が行うことができる海岸局、船舶局及び船舶のための無線航行局の無線設備の操作の範囲はどれか。次のうちから選べ。

1 レーダーの内部の調整装置の技術操作
2 レーダーの内部の調整装置で空中線電力に影響を及ぼさないものの技術操作

3　レーダーのすべての技術操作

4　レーダーの外部の転換装置で電波の質に影響を及ぼさないものの技術操作

〔6〕 無線従事者は、免許証を失ったためにその再交付を受けた後、失った免許証を発見したときはどうしなければならないか。次のうちから選べ。

1　発見した日から10日以内に発見した免許証を総務大臣に返納する。

2　速やかに発見した免許証を廃棄する。

3　発見した日から10日以内にその旨を総務大臣に届け出る。

4　発見した日から10日以内に再交付を受けた免許証を総務大臣に返納する。

〔7〕 無線局を運用する場合においては、遭難通信を行う場合を除き、無線設備の設置場所は、どの書類に記載されたところによらなければならないか。次のうちから選べ。

1　免許証　　2　免許状

3　無線局事項書の写し　　4　無線局の免許の申請書の写し

〔8〕 総務大臣が無線局に対して臨時に電波の発射の停止を命ずることができるのはどの場合か。次のうちから選べ。

1　無線局が必要のない無線通信を行っていると認めるとき。

2　無線局が免許状に記載された空中線電力の範囲を超えて運用していると認めるとき。

3　無線局の発射する電波が他の無線局の通信に混信を与えていると認めるとき。

4　無線局の発射する電波の質が総務省令で定めるものに適合していないと認めるとき。

〔9〕 無線局の免許人が電波法又は電波法に基づく命令に違反したときに総務大臣が行うことができる処分はどれか。次のうちから選べ。

1　通信の相手方又は通信事項の制限　　2　無線局の運用の停止

3　電波の型式の制限　　4　再免許の拒否

〔10〕 総務大臣から無線従事者がその免許を取り消されることがあるのはどの場合か。次のうちから選べ。

1　日本の国籍を有しない者となったとき。

2　免許証を失ったとき。

3　引き続き5年以上無線設備の操作を行わなかったとき。

4　電波法に違反したとき。

〔11〕 無線局の免許がその効力を失ったときは、免許人であった者は、その免許状をどうしなければならないか。次のうちから選べ。

1　1箇月以内に総務大臣に返納する。　　2　2年間保管する。
3　3箇月以内に総務大臣に返納する。　　4　直ちに廃棄する。

〔12〕 無線局の免許人は、無線従事者を選任し、又は解任したときは、どうしなければならないか。次のうちから選べ。

1　速やかに総務大臣の承認を受ける。
2　10日以内にその旨を総務大臣に報告する。
3　遅滞なく、その旨を総務大臣に届け出る。
4　1箇月以内にその旨を総務大臣に届け出る。

▶ **解答・根拠**

問題	解答	根　　拠
〔1〕	1	無線局の定義（法2条）
〔2〕	2	無線局の開設（法4条）
〔3〕	3	レーダーの条件（設備48条）
〔4〕	4	無線従事者の免許を与えない場合（法42条）
〔5〕	4	操作及び監督の範囲（施行令3条）
〔6〕	1	免許証の返納（従事者51条）
〔7〕	2	免許状記載事項の遵守（法53条）
〔8〕	4	電波の発射の停止（法72条）
〔9〕	2	無線局の運用の停止等（法76条）
〔10〕	4	無線従事者の免許の取消し等（法79条）
〔11〕	1	免許状の返納（法24条）
〔12〕	3	無線従事者の選解任届（法51条）

令和5年2月期

〔1〕 次の記述は、電波法の目的である。［　　］内に入れるべき字句を下の番号から選べ。

この法律は、電波の公平かつ［　　］な利用を確保することによって、公共の福祉を増進することを目的とする。

1 能率的　　2 能動的　　3 積極的　　4 経済的

〔2〕 無線局を開設しようとする者は、どうしなければならないか。次のうちから選べ。

1 無線局を開設した旨、遅滞なく総務大臣に届け出る。
2 総務大臣の免許を受ける。
3 主任無線従事者を選任する。
4 あらかじめ総務大臣に届け出る。

〔3〕 次の記述は、船舶に施設する無線設備について述べたものである。無線設備規則の規定に照らし、［　　］内に入れるべき字句を下の番号から選べ。

船舶の航海船橋に通常設置する無線設備には、その筐(きょう)体の見やすい箇所に、当該設備の発する磁界が［　　］に障害を与えない最小の距離を明示しなければならない。

1 自動操舵装置の機能　　2 他の電気的設備の機能
3 磁気羅針儀の機能　　4 自動レーダープロッティング機能

〔4〕 無線従事者は、その業務に従事しているときは、免許証をどのようにしていなければならないか。次のうちから選べ。

1 主たる送信装置のある場所の見やすい箇所に掲げる。
2 無線局に備え付ける。
3 通信室内に保管する。
4 携帯する。

〔5〕 レーダー級海上特殊無線技士の資格を有する者が行うことができる海岸局、船舶局及び船舶のための無線航行局の無線設備の操作の範囲はどれか。次のうちから選べ。

1 レーダーの内部の調整装置の技術操作
2 レーダーの内部の調整装置で空中線電力に影響を及ぼさないものの技術操作
3 レーダーのすべての技術操作
4 レーダーの外部の転換装置で電波の質に影響を及ぼさないものの技術操作

〔6〕 無線従事者がその免許証の再交付を受けることができる場合に該当しないものはどれか。次のうちから選べ。

1 住所に変更を生じたとき。 2 氏名に変更を生じたとき。
3 免許証を失ったとき。 4 免許証を汚したとき。

〔7〕 次の記述は、秘密の保護について述べたものである。電波法の規定に照らし、□内に入れるべき字句を下の番号から選べ。

何人も法律に別段の定めがある場合を除くほか、□を傍受してその存在若しくは内容を漏らし、又はこれを窃用してはならない。

1 総務省令で定める周波数を使用して行われる無線通信
2 特定の相手方に対して行われる無線通信
3 総務省令で定める周波数を使用して行われる暗語による無線通信
4 特定の相手方に対して行われる暗語による無線通信

〔8〕 総務大臣から臨時に電波の発射の停止の命令を受けた無線局は、その発射する電波の質を総務省令に適合するように措置したときは、どうしなければならないか。次のうちから選べ。

1 直ちにその電波を発射する。
2 その旨を総務大臣に申し出る。
3 電波の発射について総務大臣の許可を受ける。
4 他の無線局の通信に混信を与えないことを確かめた後、電波を発射する。

〔9〕 無線局の免許人は、電波法又は電波法に基づく命令の規定に違反して運用した無線局を認めたときは、どうしなければならないか。次のうちから選べ。

1 その無線局の免許人にその旨を通知する。
2 その無線局の免許人を告発する。
3 総務省令で定める手続により、総務大臣に報告する。
4 その無線局の電波の発射の停止を求める。

〔10〕 無線従事者が総務大臣から3箇月以内の期間を定めてその業務に従事することを停止されることがあるのはどの場合か。次のうちから選べ。

1 電波法に違反したとき。
2 刑法に規定する罪を犯し、罰金以上の刑に処せられたとき。
3 免許証を失ったとき。
4 選任されている無線局が運用停止の処分を受けたとき。

〔11〕 無線局の免許状を１箇月以内に総務大臣に返納しなければならないのはどの場合か。次のうちから選べ。

1 無線局の運用の停止を命じられたとき。
2 無線局の免許がその効力を失ったとき。
3 免許状を破損し、又は汚したとき。
4 無線局の運用を休止したとき。

〔12〕 船舶局の免許状は、掲示を困難とするものを除き、どの箇所に掲げておかなければならないか。次のうちから選べ。

1 船内の適宜な箇所
2 航海船橋の適宜な箇所
3 受信装置のある場所の見やすい箇所
4 主たる送信装置のある場所の見やすい箇所

▶ 解答・根拠

問題	解答	根　　拠
〔1〕	1	電波法の目的（法１条）
〔2〕	2	無線局の開設（法４条）
〔3〕	3	磁気羅針儀に対する保護（設備37条の28）
〔4〕	4	免許証の携帯（施行38条）
〔5〕	4	操作及び監督の範囲（施行令３条）
〔6〕	1	免許証の再交付（従事者50条）
〔7〕	2	秘密の保護（法59条）
〔8〕	2	電波の発射の停止（法72条）
〔9〕	3	報告等（法80条）
〔10〕	1	無線従事者の免許の取消し等（法79条）
〔11〕	2	免許状の返納（法24条）、無線局の廃止（法23条）
〔12〕	4	免許状を掲げる場所（施行38条）

レーダー級海上特殊無線技士 無線工学

試験概要

試験問題：問題数／12問
合格基準：満　点／60点　合格点／40点
配点内訳：１　問／５点

令和２年２月期

〔１〕 レーダーにマイクロ波が用いられる理由で、誤っているのはどれか。

1　小さな物標からでもよく反射する。

2　尖鋭なビームを得ることが容易である。

3　空電の妨害を受けることが少ない。

4　豪雨、豪雪でも小さな物標が見分けられる。

〔２〕 自由空間において、電波が 5〔μs〕の間に伝搬する距離は、次のうちどれか。

1　150〔m〕　　2　300〔m〕　　3　500〔m〕　　4　1,500〔m〕

〔３〕 マグネトロンの一般的な特徴で、誤っているのはどれか。

1　発振効率が良い。　　2　磁石を必要とする。

3　周波数変調がかけやすい。　　4　高周波の大出力パルスが得られる。

〔４〕 レーダーの最大探知距離を長くするための方法で、誤っているのはどれか。

1　送信電力を大きくする。

2　パルス幅を狭くし、パルス繰返し周波数を高くする。

3　アンテナの利得を大きくし、その設置位置を高くする。

4　受信機の感度を良くする。

〔５〕 次の記述の［　　］内に入れるべき字句の組合せで、正しいのはどれか。

PPI 方式のレーダーの映像は、画面の中心付近では［ A ］に現れるが、外周に向かっていくにしたがって［ B ］に映るようになる。これは電波の［ C ］の広がりによるためである。

	A	B	C
1	点状	線状	ビーム
2	線状	点状	ビーム
3	点状	線状	パルス幅
4	線状	点状	パルス幅

〔６〕 レーダーの性能において、方位角度が同じで、距離の異なる二つの物標を区別できる相互間の最短距離を表すのは、次のうちどれか。

1　方位分解能　　2　距離分解能　　3　最大探知距離　　4　最小探知距離

〔7〕 レーダー用のスロットアレーアンテナの特徴で、誤っているのはどれか。

1 軽量である。

2 耐風圧性が良い。

3 水平面内ビーム幅は、スロット数が多いほど鋭くなる。

4 反射器を必要とする。

〔8〕 船舶用レーダーにおいて、図に示すような偽像が現れた。主な原因はどれか。

1 自船と他船との多重反射による。

2 アンテナのサイドローブによる。

3 二次反射による。

4 鏡現象による。

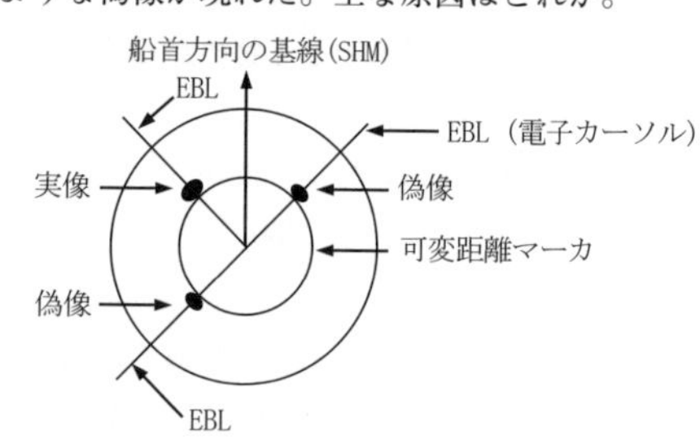

〔9〕 船舶用レーダーにおいて、FTC つまみを調整する必要があるのはどれか。

1 雨や雪による反射波のため、物標の識別が困難なとき。

2 映像が暗いため、物標の識別が困難なとき。

3 指示器の中心付近が明るすぎて、物標の識別が困難なとき。

4 掃引線が見えないため、物標の識別が困難なとき。

〔10〕 レーダー受信機において、最も影響の大きい雑音は、次のうちどれか。

1 空電による雑音　　2 電気器具による雑音

3 受信機の内部雑音　　4 電動機による雑音

〔11〕 レーダーで、長く連なった大きな物標と、その付近の小さな物標を同時にスコープ面で捕らえ、識別を容易にするためのものはどれか。

1 IAGC　　2 STC　　3 AFC　　4 FTC

〔12〕 レーダーの映像でスイープが行われず、図のようにスポットだけが出る故障の原因として、誤っているのはどれか。

1 偏向コイルの不良

2 掃引発振器の故障

3 掃引増幅器の不良

4 電源部のヒューズの断線

▶ **解答・解説**

問 題	解 答	問 題	解 答	問 題	解 答	問 題	解 答
〔1〕	4	〔2〕	4	〔3〕	3	〔4〕	2
〔5〕	1	〔6〕	2	〔7〕	4	〔8〕	2
〔9〕	1	〔10〕	3	〔11〕	1	〔12〕	4

〔1〕

4　**雨や雪による影響が大きい**。

〔2〕

電波が大気中を伝搬する速度cは$c \fallingdotseq 3\times10^{8}$〔m/s〕である。

したがって、5〔μs〕間では、$(3\times10^{8})\times5\times10^{-6}=15\times10^{2}=1{,}500$〔m〕になる。

〔3〕

3　**変調することが困難である**。

〔4〕

2　パルス幅を**広く**し、パルス繰返し周波数を**低く**する。

〔6〕

選択肢1、3、4の説明は以下のとおり。

1　方位分解能：同一距離にある方位の異なる二つの物標を識別できる最小方位差

3　最大探知距離：物標を探知することができる最大の距離

4　最小探知距離：物標を探知することができる最小の距離

〔7〕

スロットアレーアンテナは、図のように導波管の側面に開けられたスロットから直接電波が放射されるので、反射器を必要と**しない**。

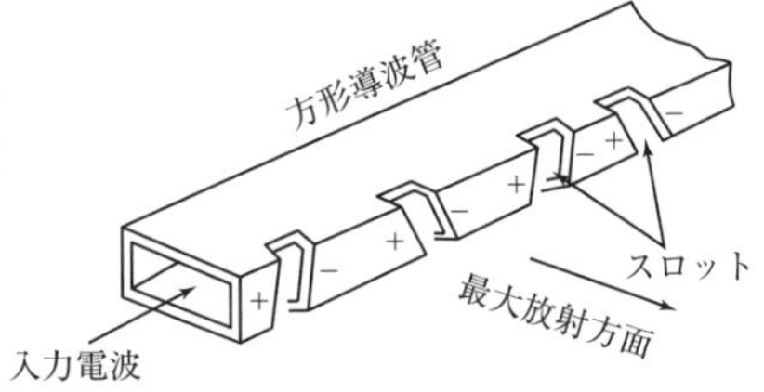

スロットアレーアンテナ

レ海特無線工学

〔8〕

図の偽像は、実像の方向に対し直角方向で実像と等距離に対称に現れている。レーダーアンテナに使われるスロットアレーアンテナのサイドローブの方向は主ローブに直角方向で左右対称である。したがって、アンテナが回転してサイドローブが物標に向いたときにも実像と同じ距離に像が得られる。サイドローブは左右二つあるので、実像の方向に対し直角方向へ対称に二つ表示される。これがサイドローブによる偽像である。

〔9〕

雨や雪などからエコーがあると物標の識別が困難になる。FTC回路は、雨雪反射抑制回路ともいわれ、雨、雪などにより識別が困難なときFTCスイッチを操作して雨雪からの反射波を抑制する。

〔11〕

IAGCは瞬間自動利得調整といい、長く連なった強い反射波がある場合に、その強い信号を検波して得た波形の電圧によって増幅器の利得を下げ、強い反射波に重なった微弱な信号が失われることを防ぐ。

〔12〕

選択肢4の誤っている理由は次のとおり。

電源部のヒューズが断線しているとレーダー画面にスポットも出ない。

令和２年１０月期

〔1〕 自由空間において、電波が10〔μs〕の間に伝搬する距離は、次のうちどれか。

1　0.3〔km〕　　2　3〔km〕　　3　30〔km〕　　4　100〔km〕

〔2〕 図は、レーダーのパルス波形の概略を示したものである。パルスの繰返し周期を示すものはどれか。

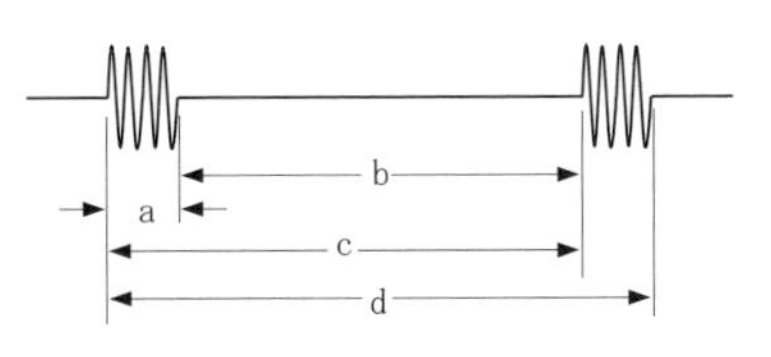

1　a　　2　b　　3　c　　4　d

〔3〕 船舶用レーダーの電波にマイクロ波（SHF 帯）が利用される理由で、誤っているのはどれか。

1　雨や雪による影響が全くない。
2　光の性質に似てまっすぐに進む。
3　波長が短いので、小さな物標からでも反射がある。
4　波長が短いので、アンテナが小形にできる。

〔4〕 図に示す電界効果トランジスタ（FET）の図記号において、電極 a の名称はどれか。

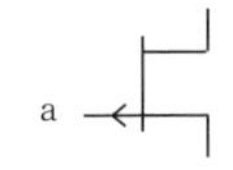

1　ドレイン　　2　ゲート
3　ベース　　4　ソース

〔5〕 最大探知距離が大きいレーダー装置の特徴で、誤っているのはどれか。

1　受信機の内部雑音が大きい。　　2　送信機の送信電力が大きい。
3　アンテナの高さが高い。　　4　アンテナの利得が大きい。

〔6〕 レーダーの距離分解能を表す式で、正しいのはどれか。

1　電波の周波数×パルス幅　　2　電波の強さ×パルス幅
3　電波の波長×パルス幅　　4　電波の速度×パルス幅×$\frac{1}{2}$

〔7〕 船舶用レーダーアンテナの特性として、特に必要としないのはどれか。

1　垂直面内のビーム幅は、できるだけ狭いこと。
2　水平面内のビーム幅は、できるだけ狭いこと。
3　必要な利得が得られること。
4　サイドローブは、できるだけ抑制すること。

〔8〕 レーダー画面上に、図に示すような12個の輝点列が現れた。これは何か。

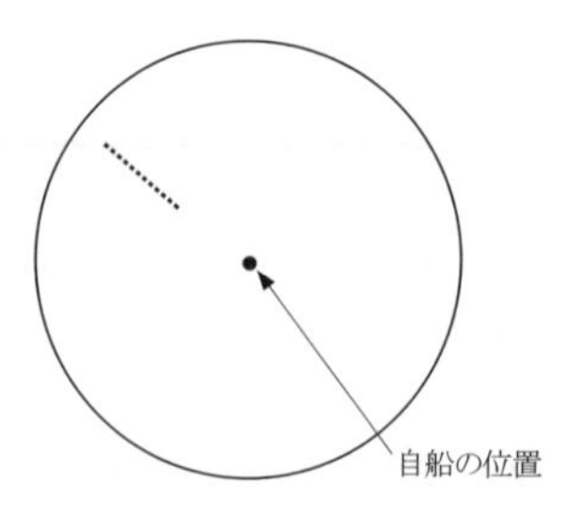

1 大型船の多重反射による偽像
2 小型船舶用レフレクタからの反射
3 捜索救助用レーダートランスポンダ（SART）からの信号
4 アンテナ回転機構の故障

〔9〕 次の記述の□内に入れるべき字句の組合せで、正しいのはどれか。

アンテナからレーダー受信機に導かれた反射波の信号は、局部発振器の信号と混合され、[A]信号に変換される。更に、この信号は検波されて[B]信号となる。

	A	B
1	低周波	映像
2	低周波	音声
3	中間周波	音声
4	中間周波	映像

〔10〕 レーダー受信機において、最も影響の大きい雑音は、次のうちどれか。

1 空電による雑音　　2 電気器具による雑音
3 電動機による雑音　　4 受信機の内部雑音

〔11〕 PPI方式のレーダー装置の画面に偽像が現れるとき、考えられる原因として誤っているものはどれか。

1 自船と平行して大型船が航行している。
2 アンテナ指向特性にサイドローブがある。
3 付近にスコールをもつ大気団がある。
4 レーダー装置のアンテナの位置が自船の煙突やマストより低い。

〔12〕 図に示すPPIレーダーの映像において、物標A及びBまでの距離（海里）の組合せで、正しいのはどれか。

	A	B
1	3.5	2.5
2	2.5	2.0
3	3.0	2.0
4	2.5	3.0

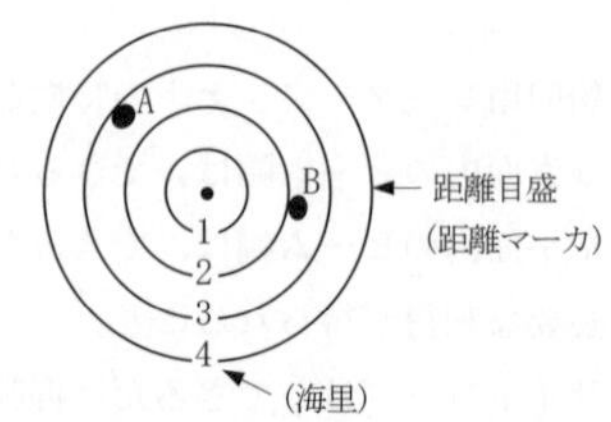

▶ 解答・解説

問 題	解 答	問 題	解 答	問 題	解 答	問 題	解 答
〔1〕	2	〔2〕	3	〔3〕	1	〔4〕	2
〔5〕	1	〔6〕	4	〔7〕	1	〔8〕	3
〔9〕	4	〔10〕	4	〔11〕	3	〔12〕	2

〔1〕

電波が大気中を伝搬する速度cは$c \fallingdotseq 3\times10^8$〔m/s〕である。

したがって、10〔μs〕間では、$(3\times10^8)\times10\times10^{-6}=3\times10^3=3$〔km〕になる。

〔3〕

1　**雨や雪による影響が大きい。**

〔4〕

FETのPチャネルの図記号

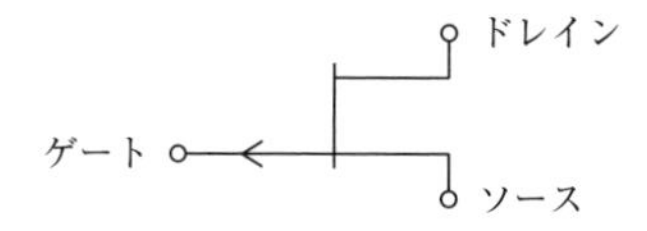

〔5〕

1　受信機の内部雑音が**小さい**。

最大探知距離を大きくする方法の一つとして、受信機の内部雑音を小さくし、S/N（信号対雑音比）を良くすることによって弱い信号が雑音に埋もれないようにする。

〔6〕

距離分解能Rを表す式は$R=150\tau$〔m〕であり、τはパルス幅〔μs〕である。

この式は次のように求めたものである。

$$\text{電波の速度}\times\frac{\tau}{2}\times10^{-6}=3\times10^8\times\frac{\tau}{2}\times10^{-6}=150\tau\ \text{〔m〕}$$

物標から電波が発射して戻ってくるまでの時間は、物標までの時間の倍になるので、物標までの時間は$\frac{1}{2}$となる。

〔7〕

1　垂直面内のビーム幅は、できるだけ**広いこと**。

垂直面内のビーム幅が狭いと、船体が動揺したとき物標からの反射波が消えてしまうので、垂直面内のビーム幅は、できるだけ広いほうが良い。

〔11〕

実際には、物標が存在しないのに、レーダーのスコープ上に物標があるように現れる映像を偽像という。偽像が発生するのは、アンテナの指向性にサイドローブがある場合、レーダー装置のアンテナの位置が低く自船の煙突やマストで反射されてしまう場合、自船と平行して大型船が航行して多重反射が生じる場合、船外構造物の鏡現象による場合等がある。

〔12〕

固定距離目盛（固定マーカ）で物標までの距離を読み取る場合、物標の中心に近い側までの距離を読み取る。

令和3年2月期

〔1〕 図に示す電気回路において、電源電圧 E の大きさを2分の1倍（1/2倍）にすると、電気抵抗 R の消費電力は、何倍になるか。

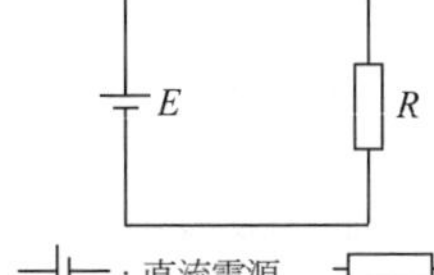

1　2倍　　2　$\frac{1}{2}$ 倍

3　$\frac{1}{4}$ 倍　　4　$\frac{1}{8}$ 倍

〔2〕 自由空間において、電波が2〔μs〕の間に伝搬する距離は、次のうちどれか。

1　600〔m〕　　2　300〔m〕　　3　200〔m〕　　4　60〔m〕

〔3〕 マグネトロンの一般的な特徴で、誤っているのはどれか。

1　発振効率が良い。　　2　周波数変調がかけやすい。

3　磁石を必要とする。　　4　高周波の大出力パルスが得られる。

〔4〕 船舶用レーダーで、船体のローリングにより物標を見失わないようにするため、どのような対策がとられているか。

1　アンテナの垂直面内のビーム幅を広くする。

2　パルス幅を広くする。

3　アンテナの水平面内のビーム幅を広くする。

4　アンテナの取付け位置を低くする。

〔5〕 レーダーの最大探知距離を長くするための条件で、誤っているのはどれか。

1　送信電力を大きくする。

2　受信機の感度を良くする。

3　パルス幅を狭くし、パルス繰返し周波数を高くする。

4　アンテナの高さを高くする。

〔6〕 レーダーの距離分解能を表す式で、正しいのはどれか。

1　電波の周波数×パルス幅　　2　電波の波長×パルス幅

3　電波の強さ×パルス幅　　4　電波の速度×パルス幅×$\frac{1}{2}$

〔7〕 次の記述は、アンテナの動作原理についての説明であるが、これに該当するアンテナはどれか。

導波管の壁に適当な間隔で何十個かの細長い穴を設けたアンテナで、それぞれの穴より放射された電波が合成され、全体として鋭いビームとなる。

1　電磁ホーン　　2　パラボラアンテナ
3　スロットアレーアンテナ　　4　コーナレフレクタアンテナ

〔8〕 レーダー画面上に、図に示すような12個の輝点列が現れた。これは何か。

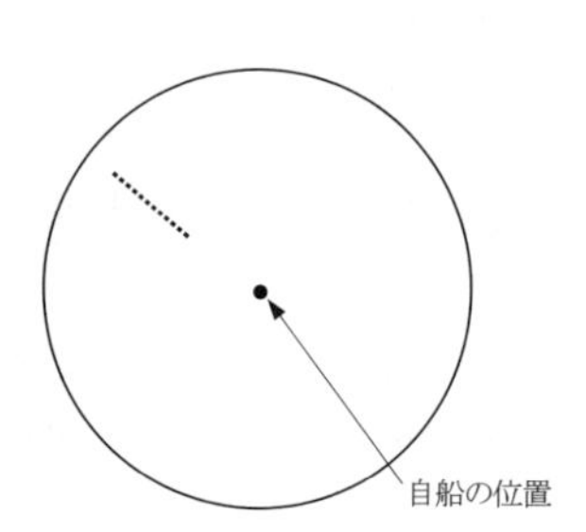

1　アンテナ回転機構の故障
2　捜索救助用レーダートランスポンダ（SART）からの信号
3　大型船の多重反射による偽像
4　小型船舶用レフレクタからの反射

〔9〕 次の記述の□内に入れるべき字句の組合せで、正しいのはどれか。

アンテナからレーダー受信機に導かれた反射波の信号は、局部発振器の信号と混合され、[A]信号に変換される。更に、この信号は[B]されて映像信号となる。

	A	B
1	低周波	変調
2	低周波	検波
3	中間周波	変調
4	中間周波	検波

〔10〕 図に示すPPIレーダーの映像において、物標A及びBまでの距離（海里）の組合せで、正しいのはどれか。

	A	B
1	2.5	2.5
2	2.5	2.0
3	3.0	2.0
4	3.5	2.5

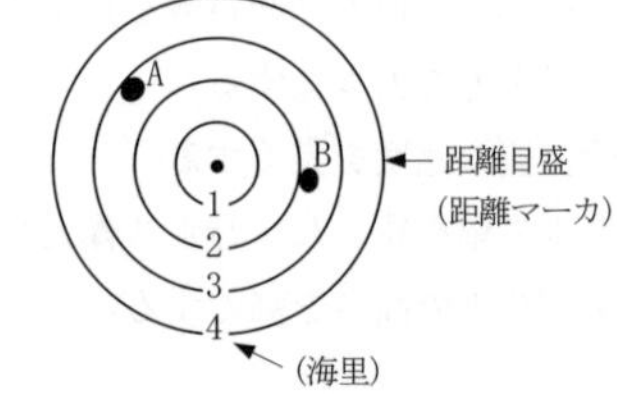

〔11〕 船舶用レーダーの映像で、アンテナのサイドローブによる偽像が現れたときの処置として、適切なのはどれか。

1　受信機の感度を下げる。　　2　測定レンジを切り替える。
3　パルス幅を切り替える。　　4　中心位置をオフセンターとする。

〔12〕 船舶用レーダーのパネル面において、雨による反射波のため物標の識別が困難な場合、操作する部分で最も適切なのはどれか。

1 FTCつまみ　　2 STCつまみ　　3 感度つまみ　　4 同調つまみ

▶ 解答・解説

問 題	解 答	問 題	解 答	問 題	解 答	問 題	解 答
〔1〕	3	〔2〕	1	〔3〕	2	〔4〕	1
〔5〕	3	〔6〕	4	〔7〕	3	〔8〕	2
〔9〕	4	〔10〕	2	〔11〕	1	〔12〕	1

〔1〕

電力の式 $P=E^2/R$ において E を2分の1倍にすると、

$$P=\frac{(E/2)^2}{R}=\frac{1}{4}\times\frac{E^2}{R}$$

となり、消費電力は $\frac{1}{4}$ 倍となる。

〔2〕

電波が大気中を伝搬する速度cは $c \fallingdotseq 3\times10^8$〔m/s〕である。
したがって、2〔μs〕間では、$(3\times10^8)\times2\times10^{-6}=6\times10^2=600$〔m〕になる。

〔3〕

2 変調することが困難である。

〔4〕

垂直面内のビーム幅が狭いと、船体が動揺したとき物標からの反射波が消えてしまうので、垂直面内のビーム幅は、できるだけ広いほうが良い。

〔5〕

3 パルス幅を**広く**し、パルス繰返し周波数を**低く**する。

レ海特無線工学

〔6〕

距離分解能 R を表す式は $R=150\tau$〔m〕であり、τ はパルス幅〔μs〕である。

この式は次のように求めたものである。

$$電波の速度\times\frac{\tau}{2}\times10^{-6}=3\times10^{8}\times\frac{\tau}{2}\times10^{-6}=150\tau〔m〕$$

物標から電波が発射して戻ってくるまでの時間は、物標までの時間の倍になるので、物標までの時間は $\frac{1}{2}$ となる。

〔10〕

固定距離目盛（固定マーカ）で物標までの距離を読み取る場合、物標の中心に近い側までの距離を読み取る。

〔11〕

偽像はアンテナのサイドローブによって現れることもある。一般にサイドローブは主ローブより小さいので、サイドローブによる反射信号は主反射波より弱い。受信機の感度を下げると、弱い信号波は受信されなくなるので偽像は消える。

令和3年6月期

〔1〕 図に示す電気回路において、電源電圧 E の大きさを2分の1倍（1/2倍）にすると、電気抵抗 R の消費電力は、何倍になるか。

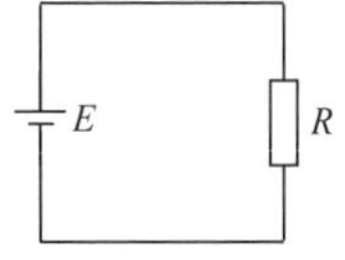

1 $\frac{1}{8}$ 倍　　2 $\frac{1}{4}$ 倍

3 $\frac{1}{2}$ 倍　　4 2倍

〔2〕 自由空間において、電波が20〔μs〕の間に伝搬する距離は、次のうちどれか。

1 1〔km〕　　2 2〔km〕　　3 6〔km〕　　4 12〔km〕

〔3〕 レーダーの送信用発振管として、一般に用いられているものは、次のうちどれか。

1 TR管　　2 マグネトロン

3 反射形クライストロン　　4 直進形クライストロン

〔4〕 船舶用レーダーで、船体のローリングにより物標を見失わないようにするため、どのような対策がとられているか。

1 パルス幅を広くする。

2 アンテナの水平面内のビーム幅を広くする。

3 アンテナの取付け位置を低くする。

4 アンテナの垂直面内のビーム幅を広くする。

〔5〕 最大探知距離が長いレーダー装置の一般的な特徴で、誤っているのは、次のうちどれか。

1 送信機の送信電力が大きい。　　2 アンテナの利得が大きい。

3 受信機の内部雑音が大きい。　　4 アンテナの高さが高い。

〔6〕 レーダーから等距離にあって、近接した二つの物標が区別できる限界の能力を表すものは、次のうちどれか。

1 方位分解能　　2 距離分解能　　3 最大探知距離　　4 最小探知距離

〔7〕 船舶用レーダーアンテナの指向性の条件として、必要としないのはどれか。

1 サイドローブが少ないこと。　　2 バックローブが少ないこと。

3 垂直面内の指向性が鋭いこと。　　4 水平面内の指向性が鋭いこと。

〔8〕 レーダーの画面に図のような捜索救助用レーダートランスポンダ（SART）の信号が表示された。SARTの位置はどこか。

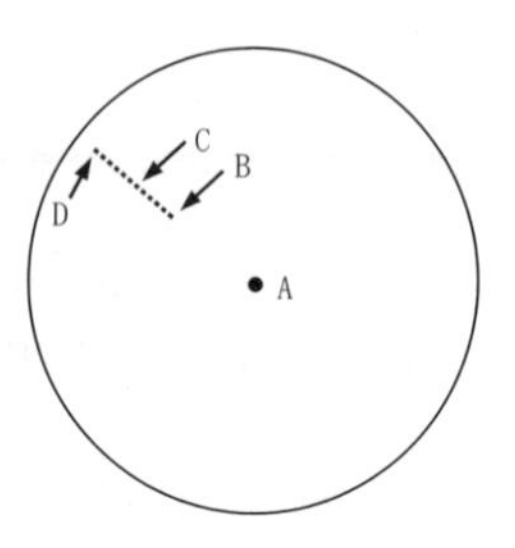

1　C
2　D
3　A
4　B

〔9〕 次の記述の□内に入れるべき字句の組合せで、正しいのはどれか。

アンテナからレーダー受信機に導かれた反射波の信号は、局部発振器の信号と混合され、[A]信号に変換される。更に、この信号は検波されて[B]信号となる。

	A	B
1	中間周波	音声
2	中間周波	映像
3	低周波	映像
4	低周波	音声

〔10〕 次の記述の□内に入れるべき字句の組合せで、正しいのはどれか。

レーダーによる物標までの距離測定において、誤差を少なくするには、可能な限り[A]距離レンジを使用し、可変距離目盛の外側を、物標の外側でスコープの中心に[B]側に接触させて測定する。

	A	B
1	小さい	近い
2	小さい	遠い
3	大きい	遠い
4	大きい	近い

〔11〕 船舶用レーダーにおいて、図に示すような偽像が現れた。主な原因はどれか。

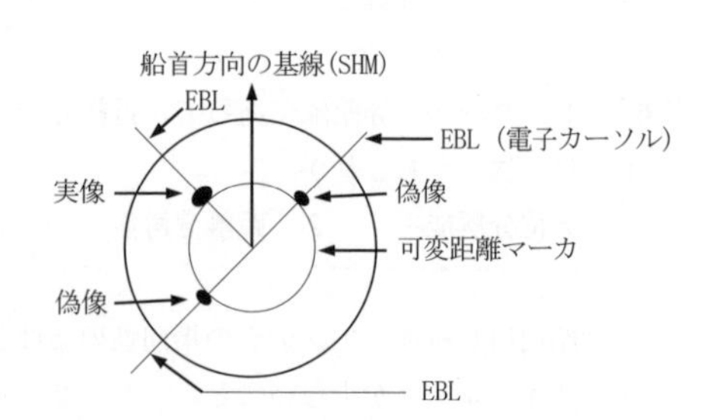

1　二次反射による。
2　自船と他船との多重反射による。
3　アンテナのサイドローブによる。
4　鏡現象による。

〔12〕 船舶用レーダーにおいて、STCつまみを調整する必要があるのはどのようなときか。

1　雨や雪による反射波が強く、物標の識別が困難なとき。

2　レーダー近傍の物標からの反射波が強いため画面の中心付近が過度に明るくなり、物標の識別が困難なとき。

3　映像が暗いため、物標の識別が困難なとき。

4　掃引線が見えないため、物標の識別が困難なとき。

▶ 解答・解説

問題	解答	問題	解答	問題	解答	問題	解答
〔1〕	2	〔2〕	3	〔3〕	2	〔4〕	4
〔5〕	3	〔6〕	1	〔7〕	3	〔8〕	4
〔9〕	2	〔10〕	1	〔11〕	3	〔12〕	2

〔1〕

電力の式 $P=E^2/R$ において E を2分の1倍にすると、

$$P=\frac{(E/2)^2}{R}=\frac{1}{4}\times\frac{E^2}{R}$$

となり、消費電力は $\frac{1}{4}$ 倍となる。

〔2〕

電波が大気中を伝搬する速度cは $c \fallingdotseq 3\times10^8$〔m/s〕である。

したがって、20〔μs〕間では、$(3\times10^8)\times20\times10^{-6}=6\times10^3=6$〔km〕になる。

〔4〕

垂直面内のビーム幅が狭いと、船体が動揺したとき物標からの反射波が消えてしまうので、垂直面内のビーム幅は、できるだけ広いほうが良い。

〔5〕

3　受信機の内部雑音が**小さい**。

最大探知距離を大きくする方法の一つとして、受信機の内部雑音を小さくし、S/N（信号対雑音比）を良くすることによって弱い信号が雑音に埋もれないようにする。

〔6〕

選択肢2、3、4の説明は以下のとおり。

2　距離分解能：方位角度が同じで、距離の異なる二つの物標を識別できる相互間の最短距離

3　最大探知距離：物標を探知することができる最大の距離

4　最小探知距離：物標を探知することができる最小の距離

〔7〕

垂直面内の指向性が鋭いと、船体が動揺したとき物標からの反射波が消えてしまうので、垂直面内の指向性は、できるだけ**広い**ほうが良い。

〔11〕

図の偽像は、実像の方向に対し直角方向で実像と等距離に対称に現れている。レーダーアンテナに使われるスロットアレーアンテナのサイドローブの方向は主ローブに直角方向で左右対称である。したがって、アンテナが回転してサイドローブが物標に向いたときにも実像と同じ距離に像が得られる。サイドローブは左右二つあるので、実像の方向に対し直角方向へ対称に二つ表示される。これがサイドローブによる偽像である。

令和3年10月期

〔1〕 図に示す電気回路において、電源電圧 E の大きさを2分の1倍（1/2倍）にすると、抵抗 R の消費電力は、何倍になるか。

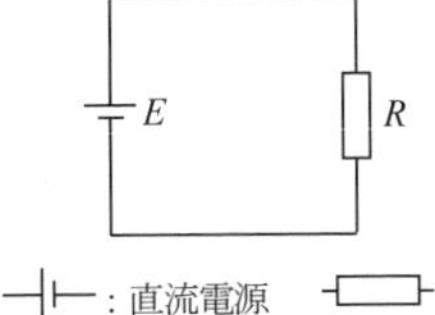

1 $\frac{1}{8}$ 倍　　2 $\frac{1}{4}$ 倍

3 $\frac{1}{2}$ 倍　　4 2倍

〔2〕 レーダーにマイクロ波が用いられる理由で、誤っているのはどれか。

1 小さな物標からでも反射がある。
2 尖鋭なビームを得ることが容易である。
3 豪雨、豪雪でも小さな物標が見分けられる。
4 空電の妨害を受けることが少ない。

〔3〕 マグネトロンの一般的な特徴などで、誤っているのはどれか。

1 周波数変調がかけやすい。
2 高周波の大出力パルスが得られる。
3 磁石などの磁界を用いて発振させている。
4 発振効率が良い。

〔4〕 次の記述の□内に入れるべき字句の組合せで、正しいのはどれか。

PPI方式のレーダーの映像は、画面の中心付近では［A］に現れるが、外周に向かっていくにしたがって［B］に映るようになる。これは電波の［C］の広がりによるためである。

	A	B	C
1	線状	点状	ビーム
2	線状	点状	パルス幅
3	点状	線状	ビーム
4	点状	線状	パルス幅

〔5〕 レーダーの最大探知距離を長くするための方法で、誤っているのはどれか。

1 送信電力を大きくする。
2 受信機の感度を良くする。
3 アンテナの利得を大きくし、その設置位置を高くする。
4 パルス幅を狭くし、パルス繰返し周波数を高くする。

〔6〕 レーダーの性能において、方位角度が同じで、距離の異なる二つの物標を区別できる相互間の最短距離を表すのは、次のうちどれか。

1 方位分解能　2 距離分解能　3 最大探知距離　4 最小探知距離

〔7〕 スロットアレーアンテナの特徴で、誤っているのは、次のうちどれか。

1 反射器を必要とする。
2 軽量である。
3 水平面内ビーム幅は、スロット数が多いほど鋭くなる。
4 耐風圧性が良い。

〔8〕 パルス幅が0.2〔μs〕のパルスを用いるレーダーの距離分解能は、次のうちどれか。

1 90〔m〕　2 60〔m〕　3 30〔m〕　4 20〔m〕

〔9〕 レーダー受信機において、最も影響の大きい雑音は、次のうちどれか。

1 受信機の内部雑音　2 電気器具による雑音
3 電動機による雑音　4 空電による雑音

〔10〕 船舶用レーダーの映像において、図のように多数の斑点が現れ変化する現象は、どのようなときに生ずると考えられるか。

1 送電線が近くにあるとき。
2 海岸線が近くにあるとき。
3 位置変化の速いものが近くにあるとき。
4 他のレーダーによる干渉があるとき。

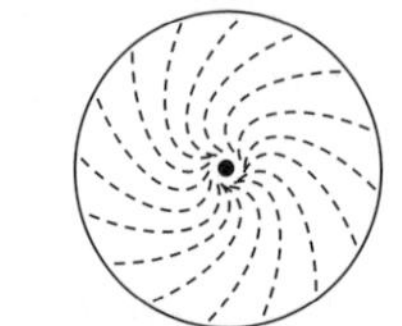

〔11〕 船舶用レーダーにおいて、図に示すような偽像が現れた。主な原因はどれか。

1 二次反射による。
2 自船と他船との多重反射による。
3 鏡現象による。
4 アンテナのサイドローブによる。

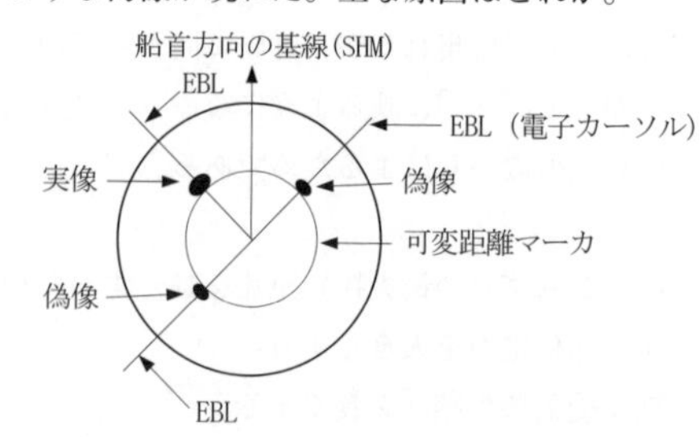

〔12〕 船舶用レーダーにおいて、STCつまみを調整する必要があるのは、次のうちどれか。

1 雨や雪による反射波が強く、物標の識別が困難なとき。

2　レーダー近傍の物標からの反射波が強いため画面の中心付近が過度に明るくなり、物標の識別が困難なとき。

3　映像が暗いため、物標の識別が困難なとき。

4　掃引線が見えないため、物標の識別が困難なとき。

▶ **解答・解説**

問 題	解 答	問 題	解 答	問 題	解 答	問 題	解 答
〔1〕	2	〔2〕	3	〔3〕	1	〔4〕	3
〔5〕	4	〔6〕	2	〔7〕	1	〔8〕	3
〔9〕	1	〔10〕	4	〔11〕	4	〔12〕	2

〔1〕

電力の式 $P=E^2/R$ において E を2分の1倍にすると、

$$P=\frac{(E/2)^2}{R}=\frac{1}{4}\times\frac{E^2}{R}$$

となり、消費電力は $\frac{1}{4}$ 倍となる。

〔2〕

3　**雨や雪による影響が大きい。**

〔3〕

1　**変調することが困難である。**

〔5〕

4　パルス幅を**広く**し、パルス繰返し周波数を**低く**する。

〔6〕

選択肢1、3、4の説明は以下のとおり。

1　方位分解能：同一距離にある方位の異なる二つの物標を識別できる最小方位差

3　最大探知距離：物標を探知することができる最大の距離

4　最小探知距離：物標を探知することができる最小の距離

〔7〕

スロットアレーアンテナは、図のように導波管の側面に開けられたスロットから直接電波が放射されるので、反射器を必要と**しない**。

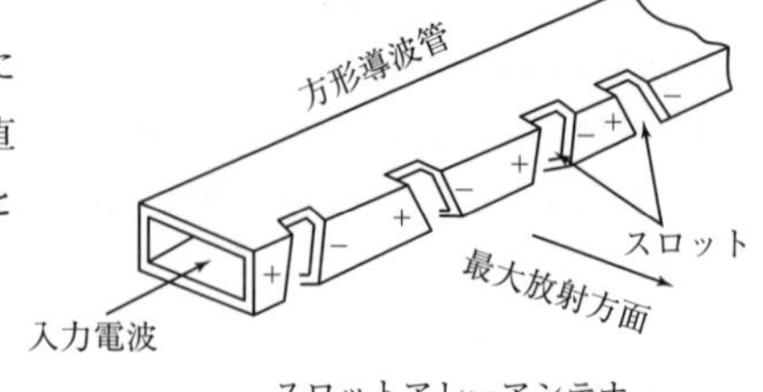

スロットアレーアンテナ

〔8〕

距離分解能は、同一方向にある二つの物標からの反射波が重ならない物標間の距離であるから、パルス幅によって決まる。その最小距離、すなわち距離分解能dは、τをパルス幅〔μs〕とすれば、$d = 150\tau$〔m〕である。題意から$\tau = 0.2$〔μs〕であるから、次のようになる。

$d = 150 \times 0.2 = 30$〔m〕

〔11〕

図の偽像は、実像の方向に対し直角方向で実像と等距離に対称に現れている。レーダーアンテナに使われるスロットアレーアンテナのサイドローブの方向は主ローブに直角方向で左右対称である。したがって、アンテナが回転してサイドローブが物標に向いたときにも実像と同じ距離に像が得られる。サイドローブは左右二つあるので、実像の方向に対し直角方向へ対称に二つ表示される。これがサイドローブによる偽像である。

令和４年２月期

〔1〕 図に示すNPN形トランジスタの図記号において、次に挙げた電極名の組合せのうち、正しいのはどれか。

	①	②	③
1	ベース	コレクタ	エミッタ
2	コレクタ	ベース	エミッタ
3	ベース	エミッタ	コレクタ
4	エミッタ	コレクタ	ベース

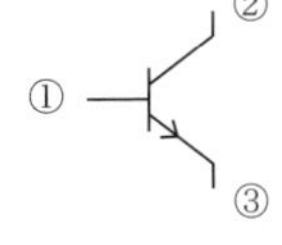

〔2〕 船舶用レーダーの電波にマイクロ波が利用される理由で、誤っているのはどれか。

1 光の性質に似てまっすぐに進む。
2 波長が短いので、アンテナが小形にできる。
3 雨や雪による影響が全くない。
4 波長が短いので、小さな物標からでも反射がある。

〔3〕 図は、レーダーのパルス波形の概略を示したものである。パルスの繰返し周期を示すものはどれか。

1 a　　2 b　　3 c　　4 d

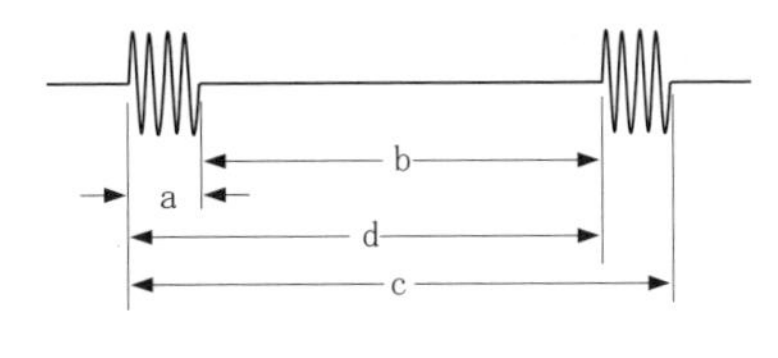

〔4〕 レーダー装置の機能で、誤っているのはどれか。

1 島や山の背後に隠れた物標は、探知できない。
2 物標までの方位及び距離が測定できる。
3 物標が小さくても、装置の機能上の最小探知距離以内にあれば、探知ができる。
4 小型の木船は、金属製の船舶に比べ探知しにくい。

〔5〕 最大探知距離が大きいレーダー装置の特徴で、誤っているのはどれか。

1 アンテナの利得が大きい。　　2 アンテナの高さが高い。
3 送信機の送信電力が大きい。　　4 受信機の内部雑音が大きい。

〔6〕 レーダーの性能において、方位角度が同じで、距離の異なる二つの物標を区別できる相互間の最短距離を表すのは、次のうちどれか。

1 方位分解能　　2 距離分解能　　3 最大探知距離　　4 最小探知距離

〔7〕 次の記述は、アンテナの動作原理についての説明であるが、これに該当するアンテナはどれか。

導波管の壁に適当な間隔で何十個かの細長い穴を設けたアンテナで、それぞれの穴より放射された電波が合成され、全体として鋭いビームとなる。

1 電磁ホーン　　2 パラボラアンテナ
3 コーナレフレクタアンテナ　　4 スロットアレーアンテナ

〔8〕 レーダーの画面に図のような捜索救助用レーダートランスポンダ（SART）の信号が表示された。SARTの位置はどこか。

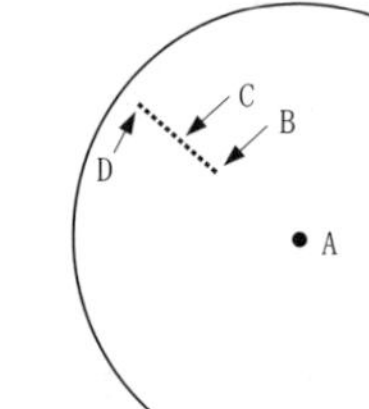

1 D
2 C
3 B
4 A

〔9〕 レーダー受信機において、最も影響の大きい雑音は、次のうちどれか。

1 電動機による雑音　　2 受信機の内部雑音
3 空電による雑音　　4 電気器具による雑音

〔10〕 次の記述の□内に入れるべき字句の組合せで、正しいのはどれか。

レーダーによる物標までの距離測定において、誤差を少なくするには、可能な限り［A］距離レンジを使用し、可変距離目盛の外側を、物標の外側でスコープの中心に［B］側に接触させて測定する。

	A	B
1	大きい	遠い
2	大きい	近い
3	小さい	近い
4	小さい	遠い

〔11〕 船舶用レーダーの映像で、アンテナのサイドローブによる偽像が現れたときの処置として、適切なのはどれか。

1 受信機の感度を下げる。
2 中心位置をオフセンターとする。
3 測定レンジを切り替える。
4 パルス幅を切り替える。

〔12〕 船舶用レーダーのパネル面において、雨による反射波のため物標の識別が困難な場合、操作する部分で最も適切なのはどれか。

1 STCつまみ　　2 FTCつまみ　　3 感度つまみ　　4 同調つまみ

▶ **解答・解説**

問 題	解 答	問 題	解 答	問 題	解 答	問 題	解 答
〔1〕	1	〔2〕	3	〔3〕	4	〔4〕	3
〔5〕	4	〔6〕	2	〔7〕	4	〔8〕	3
〔9〕	2	〔10〕	3	〔11〕	1	〔12〕	2

〔2〕

3 雨や雪による影響が**大きい**。

〔4〕

3 物標**の大きさにかかわらず**、最小探知距離内**の識別はできない**。

〔5〕

4 受信機の内部雑音が**小さい**。

最大探知距離を大きくする方法の一つとして、受信機の内部雑音を小さくし、S/N（信号対雑音比）を良くすることによって弱い信号が雑音に埋もれないようにする。

〔6〕

選択肢1、3、4の説明は以下のとおり。

1 方位分解能：同一距離にある方位の異なる二つの物標を識別できる最小方位差

3 最大探知距離：物標を探知することができる最大の距離

4 最小探知距離：物標を探知することができる最小の距離

〔11〕

偽像はアンテナのサイドローブによって現れることもある。一般にサイドローブは主ローブより小さいので、サイドローブによる反射信号は主反射波より弱い。受信機の感度を下げると、弱い信号波は受信されなくなるので偽像は消える。

令和4年6月期

〔1〕 図に示す電気回路において、電源電圧 E の大きさを2分の1倍（1/2倍）にすると、抵抗 R の消費電力は、何倍になるか。

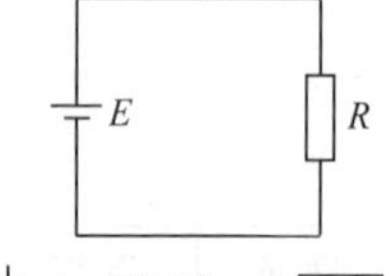

1　2倍　　2　$\frac{1}{2}$ 倍

3　$\frac{1}{4}$ 倍　　4　$\frac{1}{8}$ 倍

〔2〕 レーダーにSHF帯の電波が用いられる理由で、誤っているのはどれか。

1　小さな物標からでも反射がある。
2　尖鋭なビームを得ることが容易である。
3　豪雨、豪雪でも小さな物標が見分けられる。
4　空電の妨害を受けることが少ない。

〔3〕 次の記述の［　　］内に入れるべき字句の組合せで、正しいのはどれか。

レーダーのパルス変調器は、0.1～1〔μs〕のような極めて短い時間だけ持続する高圧を発生し、この期間だけ［ A ］を動作させ［ B ］波を発振させる。

	A	B
1	進行波管	UHF
2	マグネトロン	VHF
3	マグネトロン	マイクロ
4	進行波管	マイクロ

〔4〕 船舶用レーダーで、船体のローリングにより物標を見失わないようにするため、どのような対策がとられているか。

1　パルス幅を広くする。
2　アンテナの水平面内のビーム幅を広くする。
3　アンテナの取付け位置を低くする。
4　アンテナの垂直面内のビーム幅を広くする。

〔5〕 レーダーの最大探知距離を長くするための条件で、誤っているのはどれか。

1　パルス幅を狭くし、パルス繰返し周波数を高くする。
2　送信電力を大きくする。

3　受信機の感度を良くする。

4　アンテナの高さを高くする。

〔6〕 レーダーの距離分解能を表す式で、正しいのはどれか。

1　電波の速度×パルス幅×$\frac{1}{2}$　　2　電波の強さ×パルス幅

3　電波の周波数×パルス幅　　4　電波の波長×パルス幅

〔7〕 船舶用レーダーアンテナの指向性の条件として、必要としないのはどれか。

1　水平面内の指向性が鋭いこと。　　2　バックローブが少ないこと。

3　サイドローブが少ないこと。　　4　垂直面内の指向性が鋭いこと。

〔8〕 パルス幅が0.3〔μs〕のパルスを用いるレーダーの距離分解能は、次のうちどれか。

1　35〔m〕　　2　40〔m〕　　3　45〔m〕　　4　90〔m〕

〔9〕 レーダー受信機において、最も影響の大きい雑音は、次のうちどれか。

1　空電による雑音　　2　電気器具による雑音

3　電動機による雑音　　4　受信機の内部雑音

〔10〕 図は、PPI表示レーダーの映像である。物標までの距離を正しく測定するには、可変距離マーカをどのように合わせればよいか。

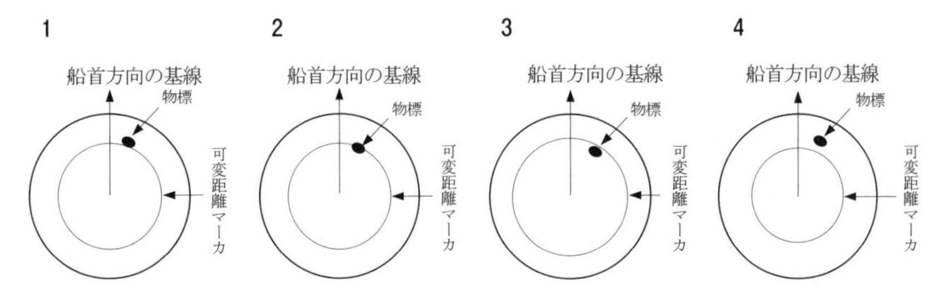

〔11〕 船舶用レーダーの映像で、アンテナのサイドローブによる偽像が現れたとき、どのようにすればよいか。

1　測定レンジを切り替える。　　2　パルス幅を切り替える。

3　受信機の感度を下げる。　　4　中心位置をオフセンターとする。

〔12〕 船舶用レーダーにおいて、STCつまみを調整する必要があるのは、次のうちどれか。

1　雨や雪による反射波が強く、物標の識別が困難なとき。

2　レーダー近傍の物標からの反射波が強いため画面の中心付近が過度に明るくなり、物標の識別が困難なとき。

3　映像が暗いため、物標の識別が困難なとき。

4　掃引線が見えないため、物標の識別が困難なとき。

▶ **解答・解説**

問　題	解　答	問　題	解　答	問　題	解　答	問　題	解　答
〔1〕	3	〔2〕	3	〔3〕	3	〔4〕	4
〔5〕	1	〔6〕	1	〔7〕	4	〔8〕	3
〔9〕	4	〔10〕	1	〔11〕	3	〔12〕	2

〔1〕

電力の式 $P=E^2/R$ において E を2分の1倍にすると、

$$P=\frac{(E/2)^2}{R}=\frac{1}{4}\times\frac{E^2}{R}$$

となり、消費電力は $\frac{1}{4}$ 倍となる。

〔2〕

3　**雨や雪による影響が大きい**。

〔4〕

垂直面内のビーム幅が狭いと、船体が動揺したとき物標からの反射波が消えてしまうので、垂直面内のビーム幅は、できるだけ広いほうが良い。

〔5〕

1　パルス幅を**広く**し、パルス繰返し周波数を**低く**する。

〔6〕

距離分解能 R を表す式は $R=150\tau$〔m〕であり、τ はパルス幅〔μs〕である。

この式は次のように求めたものである。

$$電波の速度\times\frac{\tau}{2}\times10^{-6}=3\times10^{8}\times\frac{\tau}{2}\times10^{-6}=150\tau\ 〔m〕$$

物標から電波が発射して戻ってくるまでの時間は、物標までの時間の倍になるので、物標までの時間は $\frac{1}{2}$ となる。

〔7〕

垂直面内のビーム幅が狭いと、船体が動揺したとき物標からの反射波が消えてしまうので、垂直面内のビーム幅は、できるだけ**広い**ほうが良い。

〔8〕

距離分解能は、同一方向にある二つの物標からの反射波が重ならない物標間の距離であるから、パルス幅によって決まる。その最小距離、すなわち距離分解能 d は、τ をパルス幅〔μs〕とすれば、$d=150\tau$〔m〕である。題意から $\tau=0.3$〔μs〕であるから、次のようになる。

$$d=150\times0.3=45\ 〔m〕$$

〔10〕

固定距離マーカだけでは、おおよその距離の測定しかできないので、まず、可変距離目盛（可変マーカ）のつまみを操作して、可変マーカを物標の映像の外周部で表示器の中心に近い側に正確に接触させて読み取る。

〔11〕

偽像はアンテナのサイドローブによって現れることもある。一般にサイドローブは主ローブより小さいので、サイドローブによる反射信号は主反射波より弱い。受信機の感度を下げると、弱い信号波は受信されなくなるので偽像は消える。

令和4年10月期

〔1〕 図に示すNPN形トランジスタの図記号において、次に挙げた電極名の組合せのうち、正しいのはどれか。

	①	②	③
1	ベース	エミッタ	コレクタ
2	ベース	コレクタ	エミッタ
3	ゲート	エミッタ	コレクタ
4	ゲート	コレクタ	エミッタ

〔2〕 自由空間において、電波が5〔μs〕の間に伝搬する距離は、次のうちどれか。

1 500〔m〕　2 1,200〔m〕　3 1,500〔m〕　4 2,500〔m〕

〔3〕 図は、レーダーのパルス波形の概略を示したものである。パルス幅を示すものは、次のうちどれか。

1 a
2 b
3 c
4 d

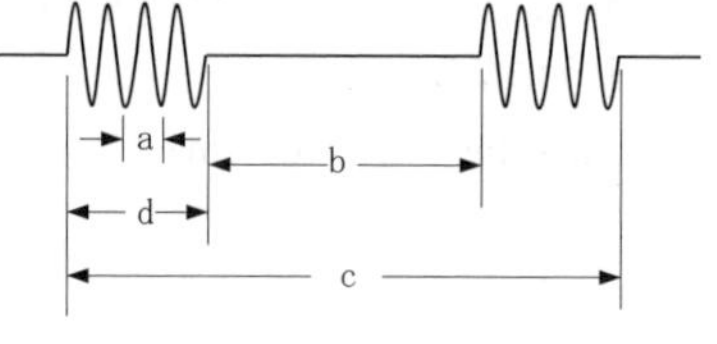

〔4〕 レーダー装置の機能で、誤っているのはどれか。

1 物標までの方位及び距離が測定できる。
2 小型の木船は、金属製の船舶に比べ探知しにくい。
3 物標が小さくても、装置の機能上の最小探知距離以内にあれば、探知ができる。
4 島や山の背後に隠れた物標は、探知できない。

〔5〕 レーダーの最小探知距離に最も影響を与える要素は、次のうちどれか。

1 送信周波数　2 パルス幅
3 アンテナの水平面内指向性　4 パルス繰返し周波数

〔6〕 レーダーの方位分解能を決定するものは、次のうちどれか。

1 アンテナの水平面内指向性　2 アンテナの垂直面内指向性
3 アンテナの高さ　4 アンテナの回転速度

〔7〕 船舶用レーダーアンテナの特性として、特に必要としないのはどれか。

1 水平面内のビーム幅は、できるだけ狭いこと。

2 必要な利得が得られること。

3 垂直面内のビーム幅は、できるだけ狭いこと。

4 サイドローブは、できるだけ抑制すること。

〔8〕 レーダーの画面に図のような捜索救助用レーダートランスポンダ（SART）の信号が表示された。SARTの位置はどこか。

1 B

2 C

3 D

4 A

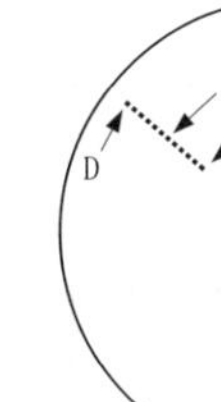

〔9〕 レーダー受信機において、最も影響の大きい雑音は、次のうちどれか。

1 電気器具による雑音　　2 電動機による雑音

3 空電による雑音　　4 受信機の内部雑音

〔10〕 図はPPI表示レーダーの映像である。物標までの距離を正しく測定するには、可変距離マーカをどのように合わせればよいか。

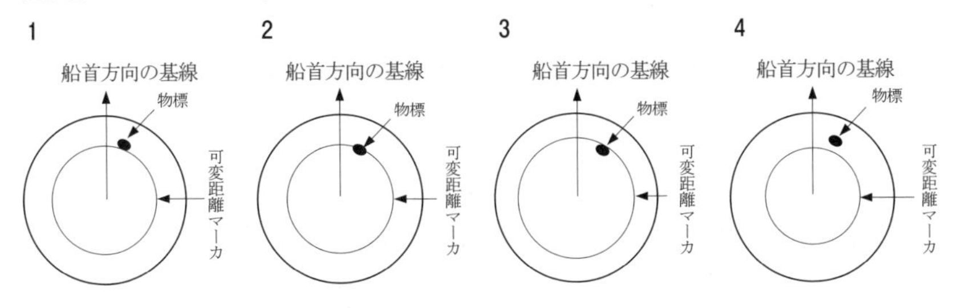

〔11〕 PPI方式のレーダー装置の画面に偽像が現れるとき、考えられる原因として誤っているものはどれか。

1 自船と平行して大型船が航行している。

2 付近にスコールをもつ大気団がある。

3 レーダー装置のアンテナの位置が自船の煙突やマストより低い。

4 アンテナ指向特性にサイドローブがある。

〔12〕 船舶用レーダーにおいて、FTCつまみを調整する必要があるのはどれか。

1 映像が暗いため、物標の識別が困難なとき。

2 指示器の中心付近が明るすぎて、物標の識別が困難なとき。

3 雨や雪による反射波のため、物標の識別が困難なとき。

4 掃引線が見えないため、物標の識別が困難なとき。

▶ **解答・解説**

問 題	解 答	問 題	解 答	問 題	解 答	問 題	解 答
〔1〕	2	〔2〕	3	〔3〕	4	〔4〕	3
〔5〕	2	〔6〕	1	〔7〕	3	〔8〕	1
〔9〕	4	〔10〕	1	〔11〕	2	〔12〕	3

〔2〕

電波が大気中を伝搬する速度 c は $c \fallingdotseq 3\times10^8$〔m/s〕である。

したがって、5〔μs〕間では、$(3\times10^8)\times5\times10^{-6}=15\times10^2=1{,}500$〔m〕となる。

〔4〕

3 物標**の大きさにかかわらず**、最小探知距離内**の識別はできない**。

〔5〕

最小探知距離はパルス幅を τ〔μs〕とすれば 150τ〔m〕でありパルス幅 τ を狭くするほど最小探知距離は短くなり、近距離の目標を探知できる。

(また、アンテナを低くしたり、垂直面内のビーム幅を広げることにより、最小探知距離は短くなる。)

〔7〕

垂直面内のビーム幅が狭いと、船体が動揺したとき物標からの反射波が消えてしまうので、垂直面内のビーム幅は、できるだけ**広い**ほうが良い。

〔10〕

固定距離マーカだけでは、おおよその距離の測定しかできないので、まず、可変距離目盛（可変マーカ）のつまみを操作して、可変マーカを物標の映像の外周部で表示器の中心に近い側に正確に接触させて読み取る。

〔11〕

実際には、物標が存在しないのに、レーダーのスコープ上に物標があるように現れる映像を偽像という。偽像が発生するのは、アンテナの指向性にサイドローブがある場合、レーダー装置のアンテナの位置が低く自船の煙突やマストで反射されてしまう場合、自船と平行して大型船が航行して多重反射が生じる場合、船外構造物の鏡現象による場合等がある。

令和5年2月期

〔1〕 図に示す電界効果トランジスタ（FET）の図記号において、電極a の名称はどれか。

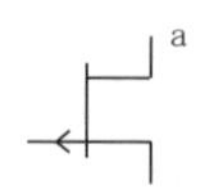

1　ドレイン　　2　ゲート　　3　コレクタ　　4　ソース

〔2〕 自由空間において、電波が2〔μs〕の間に伝搬する距離は、次のうちどれか。

1　300〔m〕　　2　600〔m〕　　3　900〔m〕　　4　1,200〔m〕

〔3〕 図は、レーダーのパルス波形の概略を示したものである。パルス幅を示すものは、次のうちどれか。

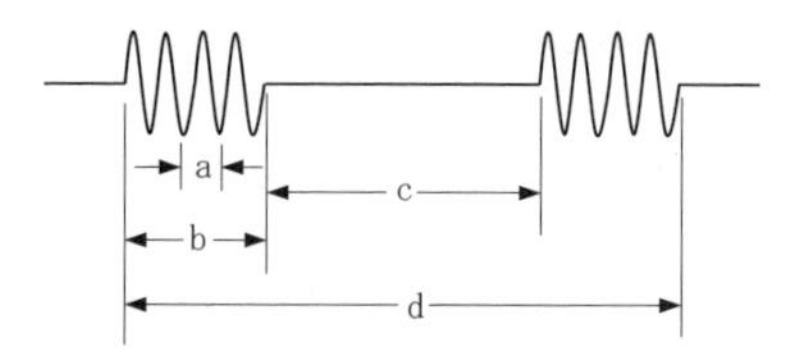

1　d　　2　c

3　b　　4　a

〔4〕 レーダー装置で、アンテナの死角を小さくする方法として、効果のあるのは次のうちどれか。

1　アンテナの高さを高くする。

2　アンテナの垂直面ビーム幅を広くする。

3　アンテナの利得を大きくする。

4　アンテナの水平面ビーム幅を広くする。

〔5〕 パルスレーダーの最小探知距離に最も影響を与える要素は、次のうちどれか。

1　パルス幅　　2　パルス繰返し周波数　　3　送信周波数　　4　送信電力

〔6〕 レーダーの方位分解能を決定するものは、次のうちどれか。

1　アンテナの高さ　　2　アンテナの回転速度

3　アンテナの垂直面指向特性　　4　アンテナの水平面指向特性

〔7〕 レーダー用のスロットアレーアンテナの特徴で、誤っているのはどれか。

1　軽量である。

2　反射器を必要とする。

3　耐風圧性が良い。

4　水平面内ビーム幅は、スロット数が多いほど鋭くなる。

〔8〕 レーダー画面上に、図に示すような12個の輝点列が現れた。これは何か。

1 捜索救助用レーダートランスポンダ（SART）からの信号
2 大型船の多重反射による偽像
3 小型船舶用レフレクタからの反射
4 アンテナ回転機構の故障

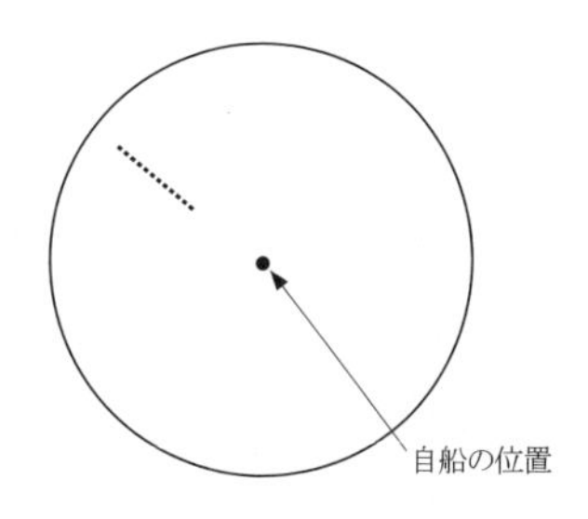

〔9〕 レーダー受信機において、最も影響の大きい雑音は、次のうちどれか。

1 空電による雑音
2 電気器具による雑音
3 受信機の内部雑音
4 電動機による雑音

〔10〕 図に示す、レーダーの表示画面（PPI）に表示されたスイープが回転しない場合、考えられる故障原因は次のうちどれか。

1 アンテナの駆動電動機の故障
2 掃引発振器の不良
3 掃引増幅器の不良
4 偏向コイルの断線

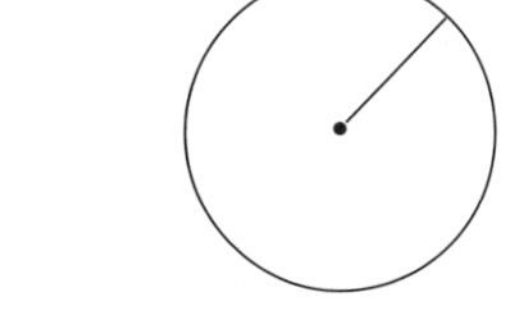

〔11〕 船舶用レーダーの映像で、アンテナのサイドローブによる偽像が現れたとき、どのようにすればよいか。

1 パルス幅を切り替える。
2 測定レンジを切り替える。
3 中心位置をオフセンターとする。
4 受信機の感度を下げる。

〔12〕 船舶用レーダーで、近距離の波などからの強い反射波により、画面の中心付近が明るすぎて目標の識別が困難なとき、これを防ぐためのものはどれか。

1 AFC　　2 FTC　　3 IAGC　　4 STC

▶ 解答・解説

問 題	解 答	問 題	解 答	問 題	解 答	問 題	解 答
〔1〕	1	〔2〕	2	〔3〕	3	〔4〕	2
〔5〕	1	〔6〕	4	〔7〕	2	〔8〕	1
〔9〕	3	〔10〕	1	〔11〕	4	〔12〕	4

〔1〕

FETのPチャネルの図記号

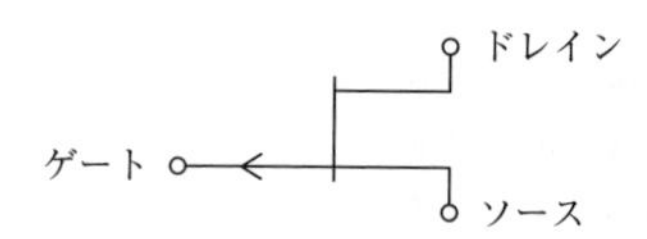

〔2〕

電波が大気中を伝搬する速度cは$c \fallingdotseq 3\times10^{8}$〔m/s〕である。

したがって、2〔μs〕間では、$(3\times10^{8})\times2\times10^{-6}=6\times10^{2}=600$〔m〕になる。

〔4〕

アンテナの死角（またはレーダーの死角）は最小探知距離によって決まり、最小探知距離が小さいほど死角も小さい。したがって、最小探知距離を小さくする方法と同じで、アンテナの垂直面のビーム幅を広くする。

〔5〕

最小探知距離はパルス幅をτ〔μs〕とすれば150τ〔m〕でありパルス幅τを狭くするほど最小探知距離は短くなり、近距離の目標を探知できる。

（また、アンテナを低くしたり、垂直面内のビーム幅を広げることにより、最小探知距離は短くなる。）

〔7〕

スロットアレーアンテナは、図のように導波管の側面に開けられたスロットから直接電波が放射されるので、反射器を必要と**しない**。

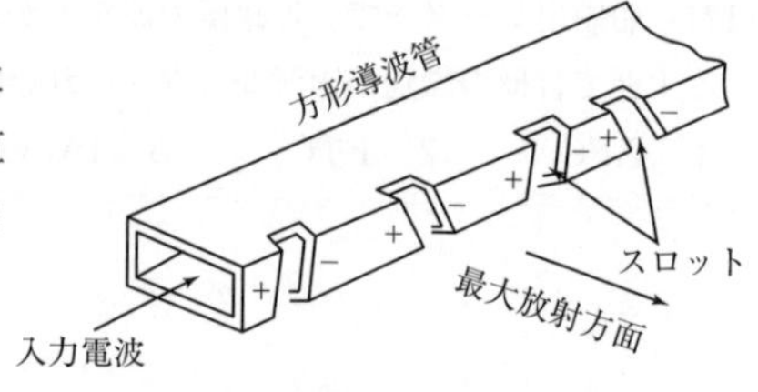

スロットアレーアンテナ

〔11〕

偽像はアンテナのサイドローブによって現れることもある。一般にサイドローブは主ローブより小さいので、サイドローブによる反射信号は主反射波より弱い。受信機の感度を下げると、弱い信号波は受信されなくなるので偽像は消える。

航空
特殊無線技士

法　規

ご注意

各設問に対する答は、出題時点での
法令等に準拠して解答しております。

試験概要

試験問題：問題数／12問
合格基準：満　点／60点　合格点／40点
配点内訳：1　問／5点

令和２年２月期

〔1〕 無線局の免許状に記載される事項に該当しないものはどれか。次のうちから選べ。

1　通信の相手方及び通信事項　　2　無線設備の設置場所

3　空中線の型式及び構成　　4　無線局の目的

〔2〕 次の記述は、「航空用 DME」の定義である。電波法施行規則の規定に照らし、□内に入れるべき字句を下の番号から選べ。

「航空用 DME」とは、960MHz から 1,215MHz までの周波数の電波を使用し、航空機において、当該航空機から地表の定点までの□を測定するための無線航行業務を行う設備をいう。

1　方位　　2　見通し距離　　3　飛行距離　　4　飛行時間

〔3〕 無線従事者は、免許証を失ったためにその再交付を受けた後、失った免許証を発見したときは、発見した日から何日以内にその免許証を総務大臣に返納しなければならないか。次のうちから選べ。

1　7日　　2　10日　　3　14日　　4　30日

〔4〕 無線局の免許人が電波法又は電波法に基づく命令に違反したときに総務大臣が行うことができる処分はどれか。次のうちから選べ。

1　期間を定めて行う電波の型式の制限
2　送信空中線の撤去の命令
3　期間を定めて行う通信の相手方又は通信事項の制限
4　期間を定めて行う周波数の制限

〔5〕 無線局の免許人は、電波法又は電波法に基づく命令の規定に違反して運用した無線局を認めたときは、どうしなければならないか。次のうちから選べ。

1　総務省令で定める手続により、総務大臣に報告する。
2　その無線局の電波の発射を停止させる。
3　その無線局の免許人にその旨を通知する。
4　その無線局の免許人を告発する。

〔6〕 無線局の免許がその効力を失ったときは、免許人であった者は、その免許状をどうしなければならないか。次のうちから選べ。

1　3箇月以内に総務大臣に返納する。　　2　直ちに廃棄する。
3　1箇月以内に総務大臣に返納する。　　4　2年間保管する。

〔7〕 無線局を運用する場合においては、遭難通信を行う場合を除き、電波の型式及び周波数は、どの書類に記載されたところによらなければならないか。次のうちから選べ。

1　無線局事項書の写し　　2　無線局の免許の申請書の写し
3　免許状　　4　免許証

〔8〕 無線局が電波を発射して行う無線電話の機器の試験中、しばしば確かめなければならないことはどれか。次のうちから選べ。

1　他の無線局から停止の要求がないかどうか。
2　「本日は晴天なり」の連続及び自局の呼出符号又は呼出名称の送信が5秒間を超えていないかどうか。
3　空中線電力が許容値を超えていないかどうか。
4　その電波の周波数の偏差が許容値を超えていないかどうか。

〔9〕 無線電話通信において、応答に際して直ちに通報を受信することができない事由があるときに応答事項の次に送信することになっている事項はどれか。次のうちから選べ。

1　「お待ちください」及び通報を受信することができない理由
2　「お待ちください」及び分で表す概略の待つべき時間
3　「どうぞ」及び通報を受信することができない理由
4　「どうぞ」及び分で表す概略の待つべき時間

〔10〕 次の記述は、航空局の運用義務時間中の聴守電波について述べたものである。無線局運用規則の規定に照らし、□内に入れるべき字句を下の番号から選べ。

航空局の聴守電波の型式は、□とし、その周波数は、別に告示する。

1　A3E又はJ3E　　2　F3E　　3　H3E　　4　R3E

〔11〕 ノータムに関する通信の優先順位はどのように定められているか。次のうちから選べ。

1　航空機の安全運航に関する通信に次いでその順位を適宜に選ぶことができる。
2　航空機の正常運航に関する通信に次いでその順位を適宜に選ぶことができる。
3　緊急の度に応じ、遭難通信に次いでその順位を適宜に選ぶことができる。
4　緊急の度に応じ、緊急通信に次いでその順位を適宜に選ぶことができる。

〔12〕 航空機の遭難に係る遭難通報に対し応答した航空機局はどうしなければならないか。次のうちから選べ。

1 救助上適当と認められる無線局に対し、当該遭難通報の送信を要求する。
2 付近を航行中の航空機に遭難の状況を通知する。
3 直ちに遭難に係る航空機を運行する者に遭難の状況を通知する。
4 直ちに当該遭難通報を航空交通管制の機関に通報する。

▶ **解答・根拠**

問題	解答	根　　拠
〔1〕	3	免許状（記載事項）（法14条）
〔2〕	2	航空用DMEの定義（施行2条）
〔3〕	2	免許証の返納（従事者51条）
〔4〕	4	無線局の運用の停止等（法76条）
〔5〕	1	報告等（法80条）
〔6〕	3	免許状の返納（法24条）
〔7〕	3	免許状記載事項の遵守（法53条）
〔8〕	1	試験電波の発射（運用39条）
〔9〕	2	応答（運用23条）、無線電話通信に対する準用（運用18条）、業務用語（運用14条）
〔10〕	1	航空局等の聴守電波（運用146条）
〔11〕	4	通信の優先順位（運用150条）
〔12〕	4	遭難通報等を受信した航空機局のとるべき措置（運用171条の3、171条の5）

令和２年１０月期

〔1〕「無線局」の定義として、正しいものはどれか。次のうちから選べ。

1　無線設備及び無線設備の操作を行う者の総体をいう。ただし、受信のみを目的とするものを含まない。

2　無線設備及び無線設備の操作又はその監督を行う者の総体をいう。

3　無線設備及び無線設備を管理する者の総体をいう。

4　無線設備及び無線従事者の総体をいう。ただし、発射する電波が著しく微弱で総務省令で定めるものを含まない。

〔2〕 次の記述は、「航空用 DME」の定義である。電波法施行規則の規定に照らし、□内に入れるべき字句を下の番号から選べ。

「航空用 DME」とは、960MHz から 1,215MHz までの周波数の電波を使用し、航空機において、当該航空機から地表の定点までの□を測定するための無線航行業務を行う設備をいう。

1　飛行距離　　2　見通し距離　　3　地表距離　　4　飛行時間

〔3〕 航空特殊無線技士の資格を有する者が、航空局（航空交通管制の用に供するものを除く。）の 25,010kHz 以上の周波数の電波を使用する無線電話の国内通信のための通信操作を行うことができるのは、空中線電力何ワット以下のものか。次のうちから選べ。

1　50ワット　　2　30ワット　　3　20ワット　　4　10ワット

〔4〕 無線局の臨時検査（電波法第73条第５項の検査）が行われることがあるのはどの場合か。次のうちから選べ。

1　総務大臣に無線従事者選解任届を提出したとき。

2　総務大臣の許可を受けて、無線設備の変更の工事を行ったとき。

3　総務大臣から無線局の免許が与えられたとき。

4　総務大臣から臨時に電波の発射の停止を命じられたとき。

〔5〕 免許人は、無線局の検査の結果について総務大臣から指示を受け相当な措置をしたときは、どうしなければならないか。次のうちから選べ。

1　速やかにその措置の内容を総務大臣に報告する。

2　その措置の内容を無線局事項書の写しの余白に記載する。

3　その措置の内容を免許状の余白に記載する。

4　その措置の内容を検査職員に連絡し、再度検査を受ける。

〔6〕　無線局の免許人は、無線従事者を選任し、又は解任したときは、どうしなければならないか。次のうちから選べ。

1　1箇月以内にその旨を総務大臣に報告する。

2　速やかに総務大臣の承認を受ける。

3　遅滞なく、その旨を総務大臣に届け出る。

4　2週間以内にその旨を総務大臣に届け出る。

〔7〕　次の記述は、呼出符号の使用の特例について述べたものである。無線局運用規則の規定に照らし、□内に入れるべき字句を下の番号から選べ。

航空局又は航空機局は、連絡設定後であって□のおそれがないときは、当該航空機局の呼出符号又は呼出名称に代えて、総務大臣が別に告示する簡易な識別表示を使用することができる。ただし、航空機局は、航空局から当該識別表示により呼出しを受けた後でなければこれを使用することができない。

1　妨害　　2　途絶　　3　混同　　4　混信

〔8〕　ノータムに関する通信の優先順位はどのように定められているか。次のうちから選べ。

1　緊急の度に応じ、緊急通信に次いでその順位を適宜に選ぶことができる。

2　緊急の度に応じ、遭難通信に次いでその順位を適宜に選ぶことができる。

3　緊急の度に応じ、無線方向探知に関する通信に次いでその順位を適宜に選ぶことができる。

4　航空機の安全運航に関する通信に次いでその順位を適宜に選ぶことができる。

〔9〕　義務航空機局の運用義務時間として無線局運用規則に定められているものはどれか。次のうちから選べ。

1　責任航空局が指示する時間　　2　航空機の航行中常時

3　航空機の航行中の通信可能な時間　　4　航空機の航行中及び航行の準備の時間

〔10〕　次の記述は、航空移動業務の無線電話通信における応答事項を掲げたものである。無線局運用規則の規定に照らし、□内に入れるべき字句を下の番号から選べ。

①　相手局の呼出符号又は呼出名称　　1回

②　自局の呼出符号又は呼出名称　　□

1　1回　　2　2回　　3　3回　　4　3回以下

〔11〕 航空機の緊急の事態に係る緊急通報に対し応答した航空機局はどうしなければならないか。次のうちから選べ。

1 直ちに緊急の事態にある航空機を運行する者に緊急の事態の状況を通知する。

2 直ちに航空交通管制の機関に緊急の事態の状況を通知する。

3 直ちに付近を航行する航空機の航空機局に緊急の事態の状況を通知する。

4 必要に応じ、当該緊急通信の宰領を行う。

〔12〕 121.5MHz の周波数の電波を使用することができるのはどの場合か。次のうちから選べ。

1 気象の照会のため航空局と航空機局との間において通信を行うとき。

2 時刻の照合のために航空機局相互間において通信を行うとき。

3 急迫の危険状態にある航空機の航空機局と航空局との間に通信を行う場合で、通常使用する電波が不明であるとき又は他の航空機局のために使用されているとき。

4 電波の規正に関する通信を行うとき。

▶ 解答・根拠

問題	解答	根　　拠
〔1〕	1	無線局の定義（法2条）
〔2〕	2	航空用 DME の定義（施行2条）
〔3〕	1	操作及び監督の範囲（施行令3条）
〔4〕	4	検査（法73条）
〔5〕	1	無線局検査結果通知書等（施行39条）
〔6〕	3	無線従事者の選解任届（法51条）
〔7〕	3	呼出符号の使用の特例（運用157条）
〔8〕	1	通信の優先順位（運用150条）
〔9〕	2	義務航空機局及び航空機地球局の運用義務時間（運用143条）
〔10〕	1	応答（運用23条）、無線電話通信に対する準用（運用18条）
〔11〕	2	緊急通報を受信した無線局のとるべき措置（運用176条の2）
〔12〕	3	121.5MHz 等の電波の使用制限（運用153条）

令和３年２月期

〔1〕 無線局の予備免許が与えられるときに総務大臣から指定される事項はどれか。次のうちから選べ。

1 空中線電力　　2 無線局の種別
3 免許の有効期間　　4 無線設備の設置場所

〔2〕 航空機用救命無線機の一般的条件として無線設備規則に規定されていないものはどれか。次のうちから選べ。

1 航空機に固定され、容易に取り外せないものを除き、小型かつ軽量であって、一人で容易に持ち運びができること。
2 海面に浮き、横転した場合に復元すること、救命浮機等に係留することができること（救助のため海面で使用するものに限る。）。
3 筐(きょう)体に黄色又は橙色の彩色が施されていること。
4 電源は、人体に危害を及ぼさないように適切にしゃへいしてあること。

〔3〕 無線従事者は、免許証を失ったためにその再交付を受けた後、失った免許証を発見したときは、発見した日から何日以内にその免許証を総務大臣に返納しなければならないか。次のうちから選べ。

1 7日　　2 14日　　3 10日　　4 30日

〔4〕 無線従事者が電波法又は電波法に基づく命令に違反したときに総務大臣から受けることがある処分はどれか。次のうちから選べ。

1 期間を定めて行う無線設備の操作範囲の制限
2 6箇月間の業務に従事することの停止
3 その業務に従事する無線局の運用の停止
4 無線従事者の免許の取消し

〔5〕 総務大臣が無線局に対して臨時に電波の発射の停止を命ずることができるのはどの場合か。次のうちから選べ。

1 無線局の発射する電波の質が総務省令で定めるものに適合していないと認めるとき。
2 免許状に記載された空中線電力の範囲を超えて無線局を運用していると認めるとき。
3 無線局の発射する電波が他の無線局の通信に混信を与えていると認めるとき。
4 運用の停止を命じた無線局を運用していると認めるとき。

〔6〕 無線局の免許人は、免許状に記載した事項に変更を生じたときは、どうしなければならないか。次のうちから選べ。

1 総務大臣に再免許を申請する。
2 免許状を総務大臣に提出し、訂正を受ける。
3 直ちに、その旨を総務大臣に届け出る。
4 遅滞なく、その旨を総務大臣に報告する。

〔7〕 無線局は、自局の呼出しが他の既に行われている通信に混信を与える旨の通知を受けたときは、どうしなければならないか。次のうちから選べ。

1 直ちにその呼出しを中止する。
2 空中線電力を低下してその呼出しを続ける。
3 できる限り短い時間にその呼出しを終える。
4 数秒間その呼出しを中止してから再開する。

〔8〕 無線電話通信において、無線局は、自局に対する呼出しを受信した場合に、呼出局の呼出符号又は呼出名称が不確実であるときは、どうしなければならないか。次のうちから選べ。

1 応答事項のうち相手局の呼出符号又は呼出名称を省略して、直ちに応答する。
2 応答事項のうち相手局の呼出符号又は呼出名称の代わりに「貴局名は何ですか」を使用して、直ちに応答する。
3 呼出局の呼出符号又は呼出名称が確実に判明するまで応答しない。
4 応答事項のうち相手局の呼出符号又は呼出名称の代わりに「誰かこちらを呼びましたか」を使用して、直ちに応答する。

〔9〕 航空移動業務の無線局が無線電話通信において、無線機器の試験又は調整のため電波を発射するときの「本日は晴天なり」の連続及び自局の呼出符号又は呼出名称の送信は、何秒間を超えてはならないか。次のうちから選べ。

1 5秒間　　2 10秒間　　3 15秒間　　4 30秒間

〔10〕 ノータムに関する通信の優先順位はどのように定められているか。次のうちから選べ。

1 緊急の度に応じ、遭難通信に次いでその順位を適宜に選ぶことができる。
2 緊急の度に応じ、無線方向探知に関する通信に次いでその順位を適宜に選ぶことができる。
3 航空機の安全運航に関する通信に次いでその順位を適宜に選ぶことができる。
4 緊急の度に応じ、緊急通信に次いでその順位を適宜に選ぶことができる。

〔11〕 次の記述は、遭難通信の使用電波について述べたものである。無線局運用規則の規定に照らし、□内に入れるべき字句を下の番号から選べ。

遭難航空機局が遭難通信に使用する電波は、□がある場合にあっては当該電波、その他の場合にあっては航空機局と航空局との間の通信に使用するためにあらかじめ定められている電波とする。

1 責任航空局又は交通情報航空局から指示されている電波
2 責任航空局に保留されている電波
3 この目的のために別に告示されている電波
4 特に総務大臣から指定を受けた電波

〔12〕 航空機の緊急の事態に係る緊急通報に対し応答した航空機局はどうしなければならないか。次のうちから選べ。

1 直ちに緊急の事態にある航空機を運行する者に緊急の事態の状況を通知する。
2 直ちに付近を航行する航空機の航空機局に緊急の事態の状況を通知する。
3 直ちに航空交通管制の機関に緊急の事態の状況を通知する。
4 必要に応じ、当該緊急通信の宰領を行う。

▶ 解答・根拠

問題	解答	根　　拠
〔1〕	1	予備免許（法 8 条）
〔2〕	4	航空機用救命無線機の一般的条件（設備45条の12の 2 ）
〔3〕	3	免許証の返納（従事者51条）
〔4〕	4	無線従事者の免許の取消し等（法79条）
〔5〕	1	電波の発射の停止（法72条）
〔6〕	2	免許状の訂正（法21条）
〔7〕	1	呼出しの中止（運用22条）
〔8〕	4	不確実な呼出しに対する応答（運用26条）、無線電話通信に対する準用（運用18条）、業務用語（運用14条）
〔9〕	2	試験電波の発射（運用39条）、無線電話通信に対する準用（運用18条）、業務用語（運用14条）
〔10〕	4	通信の優先順位（運用150条）
〔11〕	1	使用電波等（運用168条）
〔12〕	3	緊急通報を受信した無線局のとるべき措置（運用176条の 2 ）

令和３年６月期

〔1〕 無線局の予備免許が与えられるときに総務大臣から指定される事項はどれか。次のうちから選べ。

1　空中線電力　　2　無線局の種別

3　免許の有効期間　　4　無線設備の設置場所

〔2〕 電波の主搬送波の変調の型式が振幅変調で両側波帯のもの、主搬送波を変調する信号の性質がアナログ信号である単一チャネルのものであって、伝送情報の型式が電話（音響の放送を含む。）の電波の型式を表示する記号はどれか。次のうちから選べ。

1　F3E　　2　F1B　　3　J3E　　4　A3E

〔3〕 航空特殊無線技士の資格を有する者が、航空局（航空交通管制の用に供するものを除く。）の空中線電力50ワット以下の無線電話の国内通信のための通信操作を行うことができる周波数の電波はどれか。次のうちから選べ。

1　1,606.5kHz 以上　　2　25,010kHz 以上

3　25,010kHz 未満　　4　28,000kHz 以下

〔4〕 総務大臣から無線従事者がその免許を取り消されることがあるのはどの場合か。次のうちから選べ。

1　引き続き５年以上無線設備の操作を行わなかったとき。

2　日本の国籍を有しない者となったとき。

3　電波法又は電波法に基づく命令に違反したとき。

4　免許証を失ったとき。

〔5〕 無線局の免許人は、電波法又は電波法に基づく命令の規定に違反して運用した無線局を認めたときは、どうしなければならないか。次のうちから選べ。

1　その無線局の免許人を告発する。

2　総務省令で定める手続により、総務大臣に報告する。

3　その無線局の電波の発射を停止させる。

4　その無線局の免許人にその旨を通知する。

〔6〕 無線局の免許人が総務大臣に遅滞なく免許状を返さなければならないのはどの場合か。次のうちから選べ。

1　無線局の運用の停止を命じられたとき。

2　電波の発射の停止を命じられたとき。

3　免許状を汚したために再交付の申請を行い、新たな免許状の交付を受けたとき。

4　免許人が電波法に違反したとき。

〔7〕　次の記述は、呼出符号の使用の特例について述べたものである。無線局運用規則の規定に照らし、[　　]内に入れるべき字句を下の番号から選べ。

航空局又は航空機局は、連絡設定後であって[　　]のおそれがないときは、当該航空機局の呼出符号又は呼出名称に代えて、総務大臣が別に告示する簡易な識別表示を使用することができる。ただし、航空機局は、航空局から当該識別表示により呼出しを受けた後でなければこれを使用することができない。

1　妨害　　2　途絶　　3　混同　　4　混信

〔8〕　無線電話通信において、無線局は、自局に対する呼出しを受信した場合に、呼出局の呼出符号又は呼出名称が不確実であるときは、応答事項のうち相手局の呼出符号又は呼出名称の代わりにどの略語を使用して直ちに応答しなければならないか。次のうちから選べ。

1　各局　　2　誰かこちらを呼びましたか　　3　貴局名は何ですか　　4　反復

〔9〕　無線電話通信において、応答に際して直ちに通報を受信しようとするときに応答事項の次に送信する略語はどれか。次のうちから選べ。

1　受信します　　2　OK　　3　どうぞ　　4　了解

〔10〕　遭難航空機局が遭難通信に使用する電波に関する次の記述のうち、誤っているものはどれか。次のうちから選べ。

1　遭難航空機局は、F3E電波156.8MHzを使用することができる。

2　遭難航空機局は、責任航空局から指示されている電波がない場合には、航空機局と航空局との間の通信に使用するためにあらかじめ定められている電波を使用する。

3　遭難航空機局は、遭難通信を開始した後は、いかなる場合であっても、使用している電波を変更してはならない。

4　遭難航空機局は、責任航空局から指示されている電波がある場合にあっては、当該電波を使用する。

〔11〕　121.5MHzの周波数の電波を使用することができるのはどの場合か。次のうちから選べ。

1　121.5MHz 以外の周波数の電波を使用することができない航空機局と航空局との間に通信を行うとき。
2　電波の規正に関する通信を行うとき。
3　気象の照会のために航空局と航空機局との間において通信を行うとき。
4　時刻の照合のために航空機局相互間において通信を行うとき。

〔12〕 無線局が電波を発射して行う無線電話の機器の試験中、しばしば確かめなければならないことはどれか。次のうちから選べ。
1　その電波の周波数の偏差が許容値を超えていないかどうか。
2　「本日は晴天なり」の連続及び自局の呼出符号又は呼出名称の送信が5秒間を超えていないかどうか。
3　受信機が最良の感度に調整されているかどうか。
4　他の無線局から停止の要求がないかどうか。

▶ 解答・根拠

問題	解答	根　　拠
〔1〕	1	予備免許（法8条）
〔2〕	4	電波の型式の表示（施行4条の2）
〔3〕	2	操作及び監督の範囲（施行令3条）
〔4〕	3	無線従事者の免許の取消し等（法79条）
〔5〕	2	報告等（法80条）
〔6〕	3	免許状の再交付（免許23条）
〔7〕	3	呼出符号の使用の特例（運用157条）
〔8〕	2	不確実な呼出しに対する応答（運用26条）、業務用語（運用14条）
〔9〕	3	応答（運用23条）、業務用語（運用14条）
〔10〕	3	使用電波等（運用168条）
〔11〕	1	121.5MHz 等の電波の使用制限（運用153条）
〔12〕	4	試験電波の発射（運用39条）

令和3年10月期

〔1〕 無線局の免許人は、無線設備の設置場所を変更しようとするときは、どうしなければならないか。次のうちから選べ。

1 あらかじめ総務大臣の指示を受ける。

2 あらかじめ総務大臣の許可を受ける。

3 遅滞なく、その旨を総務大臣に届け出る。

4 変更の期日を総務大臣に届け出る。

〔2〕 航空機用救命無線機の一般的条件として無線設備規則に規定されていないものはどれか。次のうちから選べ。

1 電源は、人体に危害を及ぼさないように適切にしゃへいしてあること。

2 航空機に固定され、容易に取り外せないものを除き、小型かつ軽量であって、一人で容易に持ち運びができること。

3 海面に浮き、横転した場合に復元すること、救命浮機等に係留することができること（救助のため海面で使用するものに限る。）。

4 筐(きょう)体に黄色又は橙色の彩色が施されていること。

〔3〕 無線従事者は、その業務に従事しているときは、免許証をどのようにしていなければならないか。次のうちから選べ。

1 携帯する。　　2 無線局に備え付ける。

3 通信室内に保管する。　　4 通信室内の見やすい箇所に掲げる。

〔4〕 無線局の免許人は、無線局の検査の結果について総務大臣から指示を受け相当な措置をしたときは、どうしなければならないか。次のうちから選べ。

1 その措置の内容を無線局事項書の写しの余白に記載する。

2 速やかにその措置の内容を総務大臣に報告する。

3 その措置の内容を免許状の余白に記載する。

4 その措置の内容を検査職員に連絡し、再度検査を受ける。

〔5〕 総務大臣から無線局の免許が取り消されることがあるのはどの場合か。次のうちから選べ。

1 免許状を失ったとき。

2 運用許容時間外の運用をしたとき。

3　免許状に記載されていない周波数の電波を使用したとき。
4　不正な手段により無線局の免許を受けたとき。

〔6〕 無線局の免許人は、無線従事者を選任し、又は解任したときは、どうしなければならないか。次のうちから選べ。

1　1箇月以内にその旨を総務大臣に報告する。
2　速やかに総務大臣の承認を受ける。
3　遅滞なく、その旨を総務大臣に届け出る。
4　2週間以内にその旨を総務大臣に届け出る。

〔7〕 一般通信方法における無線通信の原則として無線局運用規則に定める事項に該当するものはどれか。次のうちから選べ。

1　無線通信は、長時間継続して行ってはならない。
2　必要のない無線通信は、これを行ってはならない。
3　無線通信は、正確に行うものとし、通信上の誤りを知ったときは、通報の送信終了後、訂正箇所を通知しなければならない。
4　無線通信は、試験電波を発射した後でなければ行ってはならない。

〔8〕 次の記述は、航空機局の運用について述べたものである。電波法の規定に照らし、□内に入れるべき字句を下の番号から選べ。

航空機局の運用は、その航空機の□に限る。ただし、受信装置のみを運用するとき、電波法第52条各号に掲げる通信を行うとき、その他総務省令で定める場合は、この限りでない。

1　航行中及び航行の準備中　　2　離陸時及び着陸時　　3　航行中　　4　整備中

〔9〕 無線電話通信において、応答に際して直ちに通報を受信しようとするときに応答事項の次に送信する略語はどれか。次のうちから選べ。

1　受信します　　2　ＯＫ　　3　どうぞ　　4　了解

〔10〕 無線電話通信において、無線局は、自局に対する呼出しであることが確実でない呼出しを受信したときは、どうしなければならないか。次のうちから選べ。

1　その呼出しが反復され、他のいずれの無線局も応答しないときは直ちに応答する。
2　その呼出しが反復され、かつ、自局に対する呼出しであることが確実に判明するまで応答しない。
3　その呼出しが数回反復されるまで応答しない。

航空特法規

4　直ちに応答し、自局に対する呼出しであることを確かめる。

〔11〕 ノータムに関する通信の優先順位はどのように定められているか。次のうちから選べ。

1　航空機の安全運航に関する通信に次いでその順位を適宜に選ぶことができる。
2　航空機の正常運航に関する通信に次いでその順位を適宜に選ぶことができる。
3　緊急の度に応じ、遭難通信に次いでその順位を適宜に選ぶことができる。
4　緊急の度に応じ、緊急通信に次いでその順位を適宜に選ぶことができる。

〔12〕 航空機の遭難に係る遭難通報に対し応答した航空機局はどうしなければならないか。次のうちから選べ。

1　直ちに当該遭難通報を航空交通管制の機関に通報する。
2　救助上適当と認められる無線局に対し、当該遭難通報の送信を要求する。
3　付近を航行中の航空機に遭難の状況を通知する。
4　直ちに遭難に係る航空機を運行する者に遭難の状況を通知する。

▶ 解答・根拠

問題	解答	根　　拠
〔1〕	2	変更等の許可（法17条）
〔2〕	1	航空機用救命無線機の一般的条件（設備45条の12の２）
〔3〕	1	免許証の携帯（施行38条）
〔4〕	2	無線局検査結果通知等（施行39条）
〔5〕	4	無線局の免許の取消し（法76条）
〔6〕	3	無線従事者の選解任届（法51条）
〔7〕	2	無線通信の原則（運用10条）
〔8〕	1	航空機局の運用（法70条の２）
〔9〕	3	応答（運用23条）、業務用語（運用14条）
〔10〕	2	不確実な呼出しに対する応答（運用26条）
〔11〕	4	通信の優先順位（運用150条）
〔12〕	1	遭難通報等を受信した航空機局のとるべき措置（運用171条の３、171条の５）

令和4年2月期

〔1〕 無線局の無線設備の変更の工事の許可を受けた免許人は、総務省令で定める場合を除き、どのような手続をとった後でなければ、許可に係る無線設備を運用してはならないか。次のうちから選べ。

1 当該工事の結果が許可の内容に適合している旨を総務大臣に届け出た後
2 総務大臣に運用開始の予定期日を届け出た後
3 総務大臣の検査を受け、当該工事の結果が許可の内容に適合していると認められた後
4 工事が完了した後、その運用について総務大臣の許可を受けた後

〔2〕 次の記述は、「航空用 DME」の定義である。電波法施行規則の規定に照らし、□内に入れるべき字句を下の番号から選べ。

「航空用 DME」とは、960MHz から 1,215MHz までの周波数の電波を使用し、航空機において、当該航空機から地表の定点までの□を測定するための無線航行業務を行う設備をいう。

1 飛行距離　　2 飛行時間　　3 方位　　4 見通し距離

〔3〕 総務大臣が無線従事者の免許を与えないことができる者はどれか。次のうちから選べ。

1 刑法に規定する罪を犯し罰金以上の刑に処せられ、その執行を終わり、又はその執行を受けることがなくなった日から2年を経過しない者
2 無線従事者の免許を取り消され、取消しの日から5年を経過しない者
3 無線従事者の免許を取り消され、取消しの日から2年を経過しない者
4 日本の国籍を有しない者

〔4〕 総務大臣から臨時に電波の発射の停止の命令を受けた無線局は、その発射する電波の質を総務省令に適合するように措置したときは、どうしなければならないか。次のうちから選べ。

1 電波の発射について総務大臣の許可を受ける。
2 直ちにその電波を発射する。
3 他の無線局の通信に混信を与えないことを確かめた後、電波を発射する。
4 その旨を総務大臣に申し出る。

〔5〕 総務大臣から無線局の免許が取り消されることがあるのはどの場合か。次のうちから選べ。

1 免許状を失ったとき。

2 運用許容時間外の運用をしたとき。

3 不正な手段により無線局の免許を受けたとき。

4 免許状に記載されていない周波数の電波を使用したとき。

〔6〕 無線局の免許がその効力を失ったときは、免許人であった者は、その免許状をどうしなければならないか。次のうちから選べ。

1 1箇月以内に総務大臣に返納する。　　2 3箇月以内に総務大臣に返納する。

3 直ちに廃棄する。　　4 2年間保管する。

〔7〕 一般通信方法における無線通信の原則として無線局運用規則に定める事項に該当するものはどれか。次のうちから選べ。

1 必要のない無線通信は、これを行ってはならない。

2 無線通信は、長時間継続して行ってはならない。

3 無線通信は、正確に行うものとし、通信上の誤りを知ったときは、通報の送信終了後、訂正箇所を通知しなければならない。

4 無線通信は、試験電波を発射した後でなければ行ってはならない。

〔8〕 次の記述は、航空移動業務の無線電話通信における応答事項を掲げたものである。無線局運用規則の規定に照らし、[　　]内に入れるべき字句を下の番号から選べ。

① 相手局の呼出符号又は呼出名称　　1回

② 自局の呼出符号又は呼出名称　　[　　]

1 3回以下　　2 3回　　3 2回　　4 1回

〔9〕 121.5MHzの周波数の電波を使用することができるのはどの場合か。次のうちから選べ。

1 電波の規正に関する通信を行うとき。

2 121.5MHz以外の周波数の電波を使用することができない航空機局と航空局との間に通信を行うとき。

3 気象の照会のために航空局と航空機局との間において通信を行うとき。

4 時刻の照合のために航空機局相互間において通信を行うとき。

〔10〕 遭難航空機局（遭難通信を宰領したものを除く。）は、その航空機について救助の必要がなくなったときは、どうしなければならないか。次のうちから選べ。

1　遭難通信を宰領した無線局にその旨を通知する。
2　その航空機を運行する者にその旨を通知する。
3　航空交通管制の機関にその旨を通知する。
4　直ちに責任航空局にその旨を通知する。

〔11〕 無線局は、自局の呼出しが他の既に行われている通信に混信を与える旨の通知を受けたときは、どうしなければならないか。次のうちから選べ。

1　空中線電力を低下してその呼出しを続ける。
2　できる限り短い時間にその呼出しを終える。
3　数秒間その呼出しを中止してから再開する。
4　直ちにその呼出しを中止する。

〔12〕 遭難航空機局が遭難通報を送信する場合の送信事項に該当しないものはどれか。次のうちから選べ。

1　遭難した航空機の識別又は遭難航空機局の呼出符号若しくは呼出名称
2　遭難した航空機の位置、高度及び針路
3　遭難の種類及び遭難した航空機の機長のとろうとする措置
4　遭難した航空機の乗員の氏名

▶ **解答・根拠**

問題	解答	根　　　拠
〔1〕	3	変更検査（法18条）
〔2〕	4	航空用 DME の定義（施行 2 条）
〔3〕	3	無線従事者の免許を与えない場合（法42条）
〔4〕	4	電波の発射の停止（法72条）
〔5〕	3	無線局の免許の取消し（法76条）
〔6〕	1	免許状の返納（法24条）
〔7〕	1	無線通信の原則（運用10条）
〔8〕	4	応答（運用23条）、無線電話通信に対する準用（運用18条）
〔9〕	2	121.5MHz 等の電波の使用制限（運用153条）
〔10〕	1	遭難通報の終了（運用173条）
〔11〕	4	呼出しの中止（運用22条）
〔12〕	4	遭難通報の通信事項等（運用170条）

令和４年６月期

〔1〕「無線局」の定義として、正しいものはどれか。次のうちから選べ。

1　無線設備及び無線設備を管理する者の総体をいう。

2　無線設備及び無線設備の操作の監督を行う者の総体をいう。

3　無線設備及び無線設備の操作を行う者の総体をいう。ただし、受信のみを目的とするものを含まない。

4　無線設備及び無線従事者の総体をいう。ただし、発射する電波が著しく微弱で総務省令で定めるものを含まない。

〔2〕次の記述は、航空機局等の条件について述べたものである。電波法施行規則の規定に照らし、□内に入れるべき字句を下の番号から選べ。

航空機局及び航空機地球局（航空機の安全運航又は正常運航に関する通信を行わないものを除く。）の受信設備は、なるべく、航空機の□によって妨害を受けないような箇所に設置されていなければならない。

1　機械的雑音　　2　振動　　3　衝撃　　4　電気的雑音

〔3〕航空特殊無線技士の資格を有する者が、航空機局（航空運送事業の用に供する航空機のものを除く。）の25,010kHz以上の周波数の電波を使用する無線電話の国内通信のための通信操作を行うことができるのは、空中線電力何ワット以下のものか。次のうちから選べ。

1　5ワット　　2　10ワット　　3　50ワット　　4　100ワット

〔4〕無線局の免許人は、電波法に基づく命令の規定に違反して運用した無線局を認めたときは、どうしなければならないか。次のうちから選べ。

1　その無線局の免許人にその旨を通知する。

2　その無線局の電波の発射を停止させる。

3　その無線局の免許人を告発する。

4　総務省令で定める手続により、総務大臣に報告する。

〔5〕総務大臣が無線局に対して臨時に電波の発射の停止を命ずることができるのはどの場合か。次のうちから選べ。

1　無線局の発射する電波の質が総務省令で定めるものに適合していないと認めるとき。

2　無線局が免許状に記載された空中線電力の範囲を超えて運用していると認めるとき。

3　無線局の発射する電波が他の無線局の通信に混信を与えていると認めるとき。

4　運用の停止を命じた無線局を運用していると認めるとき。

〔6〕　無線局の免許人は、無線従事者を選任し、又は解任したときは、どうしなければならないか。次のうちから選べ。

1　1箇月以内にその旨を総務大臣に報告する。

2　遅滞なく、その旨を総務大臣に届け出る。

3　速やかに総務大臣の承認を受ける。

4　2週間以内にその旨を総務大臣に届け出る。

〔7〕　次の記述は、呼出符号の使用の特例について述べたものである。無線局運用規則の規定に照らし、□内に入れるべき字句を下の番号から選べ。

航空局又は航空機局は、連絡設定後であって□のおそれがないときは、当該航空機局の呼出符号又は呼出名称に代えて、総務大臣が別に告示する簡易な識別表示を使用することができる。ただし、航空機局は、航空局から当該識別表示により呼出しを受けた後でなければこれを使用することができない。

1　妨害　　2　途絶　　3　混同　　4　混信

〔8〕　ノータムに関する通信の優先順位はどのように定められているか。次のうちから選べ。

1　緊急の度に応じ、遭難通信に次いでその順位を適宜に選ぶことができる。

2　緊急の度に応じ、緊急通信に次いでその順位を適宜に選ぶことができる。

3　緊急の度に応じ、無線方向探知に関する通信に次いでその順位を適宜に選ぶことができる。

4　航空機の安全運航に関する通信に次いでその順位を適宜に選ぶことができる。

〔9〕　無線局が電波を発射して行う無線電話の機器の試験中、しばしば確かめなければならないことはどれか。次のうちから選べ。

1　他の無線局から停止の要求がないかどうか。

2　「本日は晴天なり」の連続及び自局の呼出符号又は呼出名称の送信が5秒間を超えていないかどうか。

3　空中線電力が許容値を超えていないかどうか。

4　その電波の周波数の偏差が許容値を超えていないかどうか。

〔10〕 遭難航空機局（遭難通信を宰領したものを除く。）は、その航空機について救助の必要がなくなったときは、どうしなければならないか。次のうちから選べ。

1　その航空機を運行する者にその旨を通知する。
2　遭難通信を宰領した無線局にその旨を通知する。
3　航空交通管制の機関にその旨を通知する。
4　直ちに責任航空局にその旨を通知する。

〔11〕 一般通信方法における無線通信の原則として無線局運用規則に定める事項に該当しないものはどれか。次のうちから選べ。

1　必要のない無線通信は、これを行ってはならない。
2　無線通信に使用する用語は、できる限り簡潔でなければならない。
3　無線通信を行うときは、自局の識別信号を付して、その出所を明らかにしなければならない。
4　無線通信は、長時間継続して行ってはならない。

〔12〕 無線局が相手局を呼び出そうとする場合（遭難通信等を行う場合を除く。）において、他の通信に混信を与えるおそれがあるときは、どうしなければならないか。次のうちから選べ。

1　その通信が終了した後に呼出しを行う。
2　5分間以上待って呼出しを行う。
3　現に通信を行っている他の無線局にその通信の終了時刻を確かめ、終了を待って呼出しを行う。
4　自局の行おうとする通信が長文の内容のものであれば、直ちに呼出しを行う。

▶ 解答・根拠

問題	解答	根　　拠
〔1〕	3	無線局の定義（法２条）
〔2〕	4	航空機局等の条件（施行31条の２）
〔3〕	3	操作及び監督の範囲（施行令３条）
〔4〕	4	報告等（法80条）
〔5〕	1	電波の発射の停止（法72条）
〔6〕	2	無線従事者の選解任届（法51条）
〔7〕	3	呼出符号の使用の特例（運用157条）
〔8〕	2	通信の優先順位（運用150条）
〔9〕	1	試験電波の発射（運用39条）
〔10〕	2	遭難通信の終了（運用173条）
〔11〕	4	無線通信の原則（運用10条）
〔12〕	1	発射前の措置（運用19条の２）

令和４年10月期

〔1〕 無線局の予備免許が与えられるときに総務大臣から指定される事項はどれか。次のうちから選べ。

1　空中線電力　　2　無線局の種別
3　免許の有効期間　　4　無線設備の設置場所

〔2〕 次の記述は、電波の質について述べたものである。電波法の規定に照らし、□内に入れるべき字句を下の番号から選べ。

送信設備に使用する電波の□電波の質は、総務省令で定めるところに適合するものでなければならない。

1　周波数の偏差、空中線電力の偏差等
2　高調波の強度、空中線電力の偏差等
3　周波数の偏差及び幅、高調波の強度等
4　周波数の偏差及び幅、空中線電力の偏差等

〔3〕 無線従事者は、その業務に従事しているときは、免許証をどのようにしていなければならないか。次のうちから選べ。

1　無線局に備え付ける。　　2　携帯する。
3　通信室内の見やすい箇所に掲げる。　　4　通信室内に保管する。

〔4〕 無線局の臨時検査（電波法第73条第５項の検査）が行われることがあるのはどの場合か。次のうちから選べ。

1　無線局の再免許の申請をし、総務大臣から免許が与えられたとき。
2　総務大臣から臨時に電波の発射の停止を命じられたとき。
3　無線設備の変更の工事を行ったとき。
4　無線従事者を選任したとき。

〔5〕 無線従事者が電波法又は電波法に基づく命令に違反したときに総務大臣から受けることがある処分はどれか。次のうちから選べ。

1　期間を定めて行う無線設備の操作範囲の制限
2　その業務に従事する無線局の運用の停止
3　６箇月間の業務の従事の停止
4　無線従事者の免許の取消し

〔6〕 無線局の免許人は、無線従事者を選任し、又は解任したときは、どうしなければならないか。次のうちから選べ。

1 速やかに総務大臣の承認を受ける。
2 2週間以内にその旨を総務大臣に届け出る。
3 遅滞なく、その旨を総務大臣に届け出る。
4 1箇月以内にその旨を総務大臣に報告する。

〔7〕 無線局を運用する場合においては、遭難通信を行う場合を除き、識別信号（呼出符号、呼出名称等をいう。）は、どの書類に記載されたところによらなければならないか。次のうちから選べ。

1 免許証
2 免許状
3 無線局事項書の写し
4 無線局の免許の申請書の写し

〔8〕 無線局が相手局を呼び出そうとする場合（遭難通信等を行う場合を除く。）において、他の通信に混信を与えるおそれがあるときは、どうしなければならないか。次のうちから選べ。

1 その通信が終了した後に呼出しを行う。
2 現に通信を行っている他の無線局にその通信の終了時刻を確かめ、終了を待って呼出しを行う。
3 5分間以上待って呼出しを行う。
4 自局の行おうとする通信が長文の内容のものであれば、直ちに呼出しを行う。

〔9〕 無線電話通信において、無線局は、自局に対する呼出しを受信した場合に、呼出局の呼出符号又は呼出名称が不確実であるときは、どうしなければならないか。次のうちから選べ。

1 応答事項のうち相手局の呼出符号又は呼出名称の代わりに「貴局名は何ですか」を使用して、直ちに応答する。
2 呼出局の呼出符号又は呼出名称が確実に判明するまで応答しない。
3 応答事項のうち相手局の呼出符号又は呼出名称の代わりに「誰かこちらを呼びましたか」を使用して、直ちに応答する。
4 応答事項のうち相手局の呼出符号又は呼出名称を省略して、直ちに応答する。

〔10〕 次の記述は、航空局の運用義務時間中の聴守電波について述べたものである。無線局運用規則の規定に照らし、□内に入れるべき字句を下の番号から選べ。

航空局の聴守電波の型式は、□とし、その周波数は、別に告示する。

1 F3E　2 R3E　3 H3E　4 A3E 又は J3E

〔11〕 ノータムに関する通信の優先順位はどのように定められているか。次のうちから選べ。

1 緊急の度に応じ、緊急通信に次いでその順位を適宜に選ぶことができる。
2 緊急の度に応じ、遭難通信に次いでその順位を適宜に選ぶことができる。
3 航空機の安全運航に関する通信に次いでその順位を適宜に選ぶことができる。
4 緊急の度に応じ、無線方向探知に関する通信に次いでその順位を適宜に選ぶことができる。

〔12〕 次の記述は、遭難通信の使用電波について述べたものである。無線局運用規則の規定に照らし、□内に入れるべき字句を下の番号から選べ。

遭難航空機局が遭難通信に使用する電波は、□がある場合にあっては当該電波、その他の場合にあっては航空機局と航空局との間の通信に使用するためにあらかじめ定められている電波とする。

1 この目的のために別に告示されている電波
2 責任航空局に保留されている電波
3 責任航空局又は交通情報航空局から指示されている電波
4 特に総務大臣から指定を受けた電波

▶ 解答・根拠

問題	解答	根　　拠
〔1〕	1	予備免許（法８条）
〔2〕	3	電波の質（法28条）
〔3〕	2	免許証の携帯（施行38条）
〔4〕	2	検査（法73条）
〔5〕	4	無線従事者の免許の取消し等（法79条）
〔6〕	3	無線従事者の選解任届（法51条）
〔7〕	2	免許状記載事項の遵守（法53条）
〔8〕	1	発射前の措置（運用19条の２）
〔9〕	3	不確実な呼出しに対する応答（運用26条）
〔10〕	4	航空局等の聴守電波（運用146条）
〔11〕	1	通信の優先順位（運用150条）
〔12〕	3	使用電波等（運用168条）

令和５年２月期

〔1〕 次の記述は、電波法の目的である。［　　］内に入れるべき字句を下の番号から選べ。

この法律は、電波の公平かつ［　　］な利用を確保することによって、公共の福祉を増進することを目的とする。

1　積極的　　2　能率的　　3　経済的　　4　能動的

〔2〕 次の記述は、電波の質について述べたものである。電波法の規定に照らし、［　　］内に入れるべき字句を下の番号から選べ。

送信設備に使用する電波の［　　］電波の質は、総務省令で定めるところに適合するものでなければならない。

1　周波数の偏差及び幅、高調波の強度等
2　周波数の偏差、空中線電力の偏差等
3　周波数の偏差及び幅、空中線電力の偏差等
4　高調波の強度、空中線電力の偏差等

〔3〕 総務大臣が無線従事者の免許を与えないことができる者はどれか。次のうちから選べ。

1　無線従事者の免許を取り消され、取消しの日から２年を経過しない者
2　刑法に規定する罪を犯し罰金以上の刑に処せられ、その執行を終わり、又はその執行を受けることがなくなった日から２年を経過しない者
3　無線従事者の免許を取り消され、取消しの日から５年を経過しない者
4　日本の国籍を有しない者

〔4〕 総務大臣が無線局に対して臨時に電波の発射の停止を命ずることができるのはどの場合か。次のうちから選べ。

1　無線局が略語を使用して通信を行っていると認めるとき。
2　無線局の発射する電波が他の無線局の通信に混信を与えていると認めるとき。
3　無線局が免許状に記載された空中線電力の範囲を超えて運用していると認めるとき。
4　無線局の発射する電波の質が総務省令で定めるものに適合していないと認めるとき。

〔5〕 無線局の免許人が電波法又は電波法に基づく命令に違反したときに総務大臣が行うことができる処分はどれか。次のうちから選べ。

1　送信空中線の撤去の命令

2　期間を定めて行う周波数の制限

3　期間を定めて行う電波の型式の制限

4　期間を定めて行う通信の相手方又は通信事項の制限

〔6〕 無線局の免許人は、免許状に記載した事項に変更を生じたときは、どうしなければならないか。次のうちから選べ。

1　遅滞なく、その旨を総務大臣に報告する。

2　総務大臣に再免許を申請する。

3　免許状を総務大臣に提出し、訂正を受ける。

4　直ちに、その旨を総務大臣に届け出る。

〔7〕 無線局が、無線設備の機器の試験又は調整を行うために運用するときに、なるべく使用しなければならないものはどれか。次のうちから選べ。

1　空中線電力の低下装置　　2　高調波除去装置

3　擬似空中線回路　　4　水晶発振回路

〔8〕 次の記述は、航空移動業務の無線電話通信における呼出事項を掲げたものである。無線局運用規則の規定に照らし、□内に入れるべき字句を下の番号から選べ。

①　相手局の呼出符号又は呼出名称　　3回以下

②　自局の呼出符号又は呼出名称　　□

1　2回　　2　3回以下　　3　1回　　4　2回以下

〔9〕 無線電話通信において、無線局は、自局に対する呼出しを受信した場合に、呼出局の呼出符号又は呼出名称が不確実であるときは、どうしなければならないか。次のうちから選べ。

1　応答事項のうち相手局の呼出符号又は呼出名称の代わりに「貴局名は何ですか」を使用して、直ちに応答する。

2　呼出局の呼出符号又は呼出名称が確実に判明するまで応答しない。

3　応答事項のうち相手局の呼出符号又は呼出名称の代わりに「誰かこちらを呼びましたか」を使用して、直ちに応答する。

4　応答事項のうち相手局の呼出符号又は呼出名称を省略して、直ちに応答する。

〔10〕 義務航空機局の運用義務時間として無線局運用規則に定められているものはどれか。次のうちから選べ。

1　航空機の出発準備から離陸までの時間中及び着陸準備から着陸までの時間中常時

2　航空機の航行中及び航行の準備中常時
3　航空機の航行の準備中常時
4　航空機の航行中常時

〔11〕 121.5MHz の周波数の電波を使用することができるのはどの場合か。次のうちから選べ。
1　121.5MHz 以外の周波数の電波を使用することができない航空機局と航空局との間に通信を行うとき。
2　気象の照会のために航空局と航空機局との間において通信を行うとき。
3　時刻の照合のために航空機局相互間において通信を行うとき。
4　電波の規正に関する通信を行うとき。

〔12〕 遭難航空機局が遭難通信に使用する電波に関する次の記述のうち、誤っているものはどれか。次のうちから選べ。
1　遭難航空機局は、責任航空局から指示されている電波がある場合にあっては、当該電波を使用する。
2　遭難航空機局は、責任航空局から指示されている電波がない場合には、航空機局と航空局との間の通信に使用するためにあらかじめ定められている電波を使用する。
3　遭難航空機局は、F3E 電波 156.8MHz を使用することができる。
4　遭難航空機局は、遭難通信を開始した後は、いかなる場合であっても、使用している電波を変更してはならない。

▶ 解答・根拠

問題	解答	根　　拠
〔1〕	2	電波法の目的（法１条）
〔2〕	1	電波の質（法28条）
〔3〕	1	無線従事者の免許を与えない場合（法42条）
〔4〕	4	電波の発射の停止（法72条）
〔5〕	2	無線局の運用の停止等（法76条）
〔6〕	3	免許状の訂正（法21条）
〔7〕	3	擬似空中線回路の使用（法57条）
〔8〕	2	呼出し（運用20条）、呼出し等の簡略化（運用154条の２）
〔9〕	3	不確実な呼出しに対する応答（運用26条）、無線電話通信に対する準用（運用18条）、業務用語（運用14条）
〔10〕	4	義務航空機局及び航空機地球局の運用義務時間（運用143条）
〔11〕	1	121.5MHz 等の電波の使用制限（運用153条）
〔12〕	4	使用電波等（運用168条）

航空
特殊無線技士

無線工学

試験概要

試験問題：問題数／12問
合格基準：満　点／60点　合格点／40点
配点内訳：1　問／5点

令和２年２月期

〔1〕 次の記述の＿＿内に入れるべき字句の組合せで、正しいのはどれか。

コンデンサの静電容量の大きさは、絶縁物の種類によって異なるが、両金属板の向かいあっている面積が［A］ほど、また、間隔が［B］ほど大きくなる。

	A	B
1	大きい	狭い
2	小さい	広い
3	大きい	広い
4	小さい	狭い

〔2〕 図に示す電界効果トランジスタ（FET）の図記号において、電極名の組合せとして、正しいのは次のうちどれか。

	①	②	③
1	ゲート	ソース	ドレイン
2	ソース	ドレイン	ゲート
3	ドレイン	ゲート	ソース
4	ゲート	ドレイン	ソース

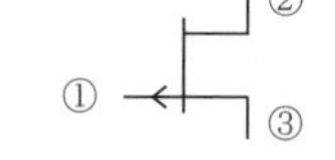

〔3〕 レーダーから等距離にあって、近接した２物標が区別できる限界の能力を表すものは、次のうちどれか。

1　最小探知距離　　2　最大探知距離　　3　方位分解能　　4　距離分解能

〔4〕 自由空間において、電波が20〔μs〕の間に伝搬する距離は、次のうちどれか。

1　2〔km〕　　2　6〔km〕　　3　20〔km〕　　4　600〔km〕

〔5〕 次の記述は、電池について述べたものである。このうち誤っているものを下の番号から選べ。

1　二次電池は、繰り返し充放電して使える。
2　鉛蓄電池及びリチウムイオン蓄電池は、二次電池である。
3　電圧が等しく、容量が10〔Ah〕の電池を２個直列に接続すると、合成容量は20〔Ah〕になる。
4　電圧の等しい電池を２個並列に接続すると、その端子電圧は１個の端子電圧と同じになる。

〔6〕 アナログ方式の回路計（テスタ）を用いて電池単体の端子電圧を測定するには、どの測定レンジを選べばよいか。

1 OHMS　　2 DC VOLTS　　3 AC VOLTS　　4 DC MILLI AMPERES

〔7〕 図は、振幅が一定の搬送波を単一正弦波で振幅変調したときの変調波の波形である。変調度が60〔%〕のときのAの値は、ほぼ幾らか。

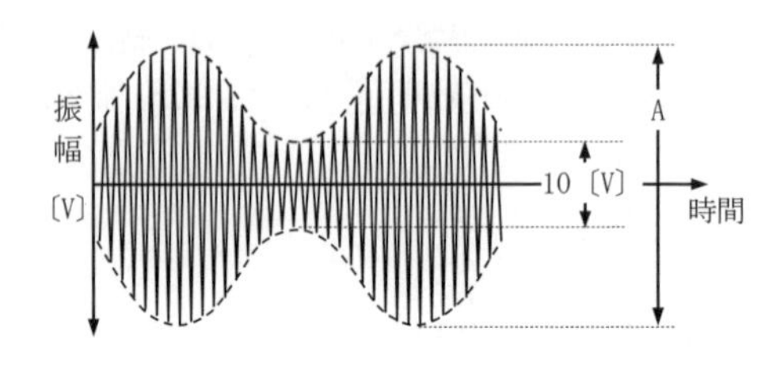

1 17〔V〕　　2 20〔V〕
3 26〔V〕　　4 40〔V〕

〔8〕 次の記述は、受信機の性能のうち何について述べたものか。

送信された元の信号が、受信機の出力側でどれだけ忠実に再現されるかの能力を表す。

1 忠実度　　2 選択度　　3 安定度　　4 感度

〔9〕 次の記述は、GPS（全世界測位システム）について述べたものである。誤っているのは次のうちどれか。

1 GPSでは、地上からの高度が約20,000〔km〕の異なる6つの軌道上に衛星が配置されている。
2 各衛星は、一周約24時間で周回している。
3 測位に使用している周波数は、極超短波（UHF）帯である。
4 一般に、任意の4個の衛星からの電波が受信できれば、測位は可能である。

〔10〕 次の記述の［　　］内に入れるべき字句の組合せで、正しいのはどれか。

［ A ］からATCトランスポンダへの質問信号は、航空機の識別用として［ B ］が、航空機の高度情報用として［ C ］が用いられている。

	A	B	C
1	SSR	モードA	モードC
2	MTI	モードC	モードA
3	SSR	モードC	モードA
4	MTI	モードA	モードC

〔11〕 図に示すATCトランスポンダにおいて、管制官からの識別のための要請により、SPI（特別位置識別）パルスを送信するときの操作として、正しいのは次のうちどれか。

1　ファンクション・セレクタを「TST」の位置にする。
2　アイデント・ボタンを押す。
3　ファンクション・セレクタを「ALT」の位置にする。
4　指定されたコードナンバーをコード・セレクタにより設定する。

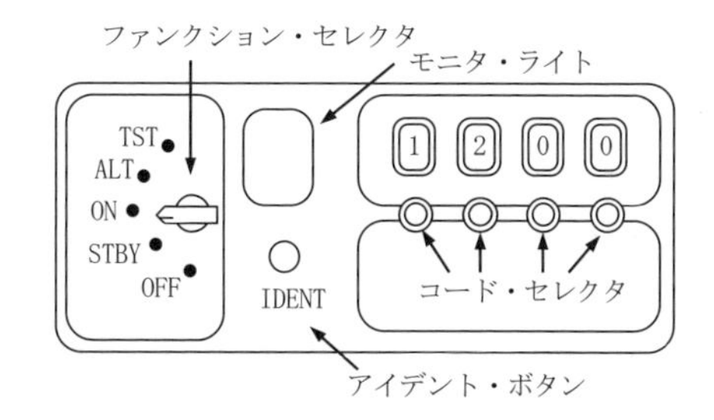

〔12〕 航空機搭載のVHF無線電話用制御器の機能のうち、制御できないのはどれか。

1　電源のON　　2　電源のOFF
3　アンテナの切換え　　4　周波数の切換え

▶ 解答・解説

問 題	解 答	問 題	解 答	問 題	解 答	問 題	解 答
〔1〕	1	〔2〕	4	〔3〕	3	〔4〕	2
〔5〕	3	〔6〕	2	〔7〕	4	〔8〕	1
〔9〕	2	〔10〕	1	〔11〕	2	〔12〕	3

〔1〕

コンデンサがどのくらいの電気を蓄えられるか、その能力を静電容量という。静電容量の大きさは、両金属板の間に挟まれている絶縁物の種類によっても異なるが、金属板の面積が大きいほど、また、間隔が狭いほど大きくなる。

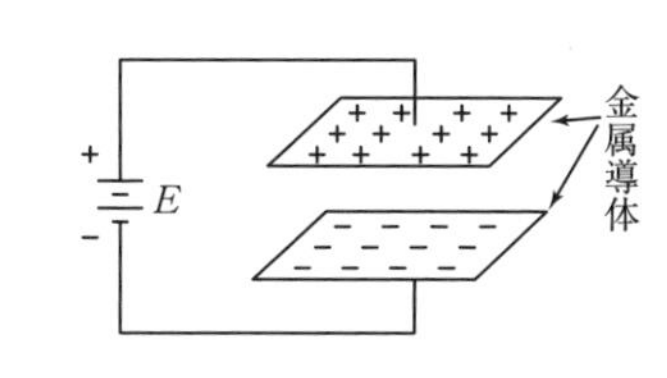

〔2〕

FETのPチャネルの図記号

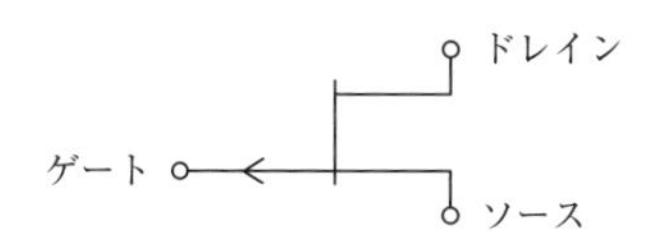

〔3〕

選択肢1、2、4の説明は以下のとおり。

1　最小探知距離：物標を探知することができる最小の距離
2　最大探知距離：物標を探知することができる最大の距離
4　距離分解能：方位角度が同じで、距離の異なる二つの物標を区別できる相互間の最短距離。

〔4〕

電波が大気中を伝搬する速度 c は $c \fallingdotseq 3 \times 10^8$〔m/s〕である。

したがって、20〔μs〕間では、$(3 \times 10^8) \times 20 \times 10^{-6} = 6 \times 10^3 = 6$〔km〕となる。

〔5〕

3　電圧が等しく、容量が10〔Ah〕の電池を2個直列に接続すると、合成容量は**10〔Ah〕**になる。

(直列に接続した場合の合成容量は1個の容量と同じである。電圧は2倍になる。)

〔6〕

DC VOLTS は直流電圧、AC VOLTS は交流電圧、OHMS は導通試験と抵抗測定、DC MILLI AMPERES は直流電流のときの測定レンジである。したがって、電池単体の端子電圧を測定するのは、DC VOLTS である。

〔7〕

振幅変調の変調度 M は、A を波形の最大値、B を波形の最小値とすれば次のようになる。

$$M = \frac{A - B}{A + B} \times 100 〔\%〕$$

したがって、題意の数値を代入し、これを解くと、A＝40〔V〕となる。

$$\frac{60}{100} = \frac{A - 10}{A + 10}$$

〔8〕

選択肢**2**～**4**の説明は以下のとおり。

2　選択度：多数の異なる周波数の電波の中から、混信を受けないで、目的とする電波を選び出すことができる能力を表すもの

3　安定度：受信機に一定振幅、一定周波数の信号入力を加えた場合、再調整を行わず、どの程度長時間にわたって一定の出力が得られるかの能力を表すもの

4　感度：どの程度まで弱い電波を受信できるかの能力を表すもの

〔9〕

2　各衛星は、一周**約12時間**で周回している。

〔11〕

アイデント・ボタンは管制官から識別のための要請があったときに押すボタンで、応答コードパルスに、SPI（特別位置識別）パルスが付加される。

「ALT」（ALTITUDE）の位置では、識別情報と高度情報が自動的に送信される。

「TST」は TEST の略である。

令和２年１０月期

〔1〕 図に示す電気回路において、抵抗 R の値の大きさを 2 倍にすると、この抵抗の消費電力は、何倍になるか。

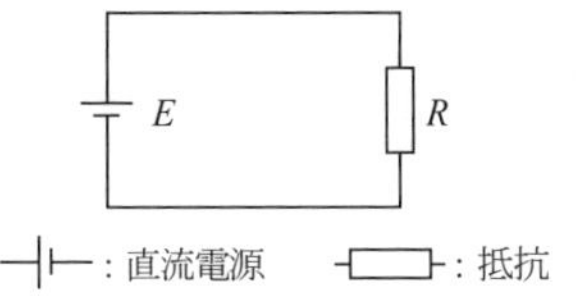

1 $\frac{1}{4}$ 倍　　2 $\frac{1}{2}$ 倍　　3 2 倍　　4 4 倍

〔2〕 電界効果トランジスタ（FET）の電極と一般の接合形トランジスタの電極の組合せで、その働きが対応しているのはどれか。

	FET	接合形
1	ドレイン	ベース
2	ドレイン	エミッタ
3	ゲート	コレクタ
4	ソース	エミッタ

〔3〕 外観が図に示すような航空機用通信アンテナの名称は、次のうちどれか。

1 ブレードアンテナ
2 スリーブアンテナ
3 スロットアンテナ
4 ブラウンアンテナ

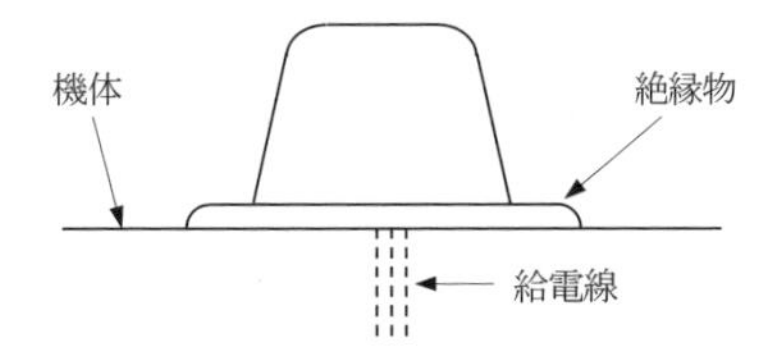

〔4〕 レーダーの最大探知距離を長くする方法として、誤っているのはどれか。

1 送信電力を大きくする。
2 パルス幅を狭くし、パルス繰返し周波数を高くする。
3 受信機の感度を良くする。
4 アンテナの設置位置を高くし、アンテナ利得を大きくする。

〔5〕 1 個 6〔V〕、30〔Ah〕の蓄電池を 3 個直列に接続した場合の合成電圧及び合成容量の組合せで、正しいのはどれか。

	合成電圧	合成容量
1	6〔V〕	90〔Ah〕
2	6〔V〕	30〔Ah〕
3	18〔V〕	90〔Ah〕
4	18〔V〕	30〔Ah〕

〔6〕 アナログ方式の回路計（テスタ）を用いて密閉型ヒューズ単体の断線を確かめるには、どの測定レンジを選べばよいか。

1 DC MILLI AMPERES　　2 DC VOLTS　　3 OHMS　　4 AC VOLTS

〔7〕 次の記述の[　　]内に入れるべき字句の組合せで、正しいのはどれか。

AM 変調は、信号波に応じて搬送波の[A]を変化させる。

FM 変調は、信号波に応じて搬送波の[B]を変化させる。

	A	B
1	周波数	振幅
2	周波数	周波数
3	振幅	周波数
4	振幅	振幅

〔8〕 図に示す ATC トランスポンダにおいて、高度情報を送信できる状態に設定するときのファンクション・セレクタの切替つまみの位置は、次のうちどれか。

1 「ALT」の位置
2 「STBY」の位置
3 「ON」の位置
4 「TST」の位置

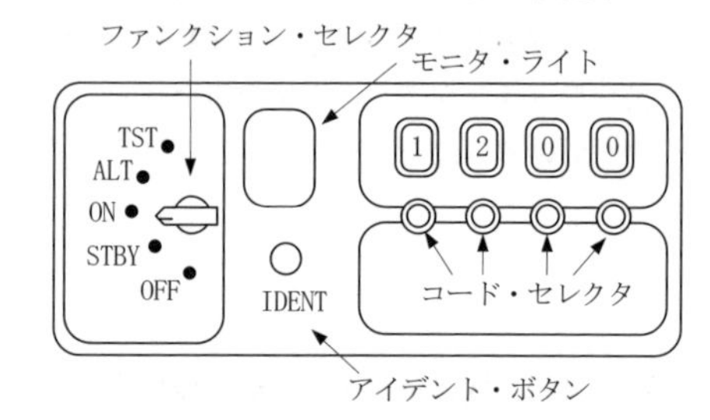

〔9〕 無線受信機において、通常、受信に障害を与える雑音の原因にならないのは、次のうちどれか。

1 発電機のブラシの火花
2 高周波加熱装置
3 給電線のコネクタのゆるみによるアンテナとの接触不良
4 電源用電池の容量低下

〔10〕 次の記述は、図に示す航空用 DME について述べたものである。[　　]内に入れるべき字句の組合せで、正しいのはどれか。

航空機の機上 DME（インタロゲータ）から、地上 DME に質問信号を送信し、質問信号に対する地上 DME からの応答信号を受信して、質問信号の送信から応答信号の受信までの[A]を計測し、航空機と地上 DME との[B]を求めることができる。

	A	B
1	時間	高度
2	時間	距離
3	周波数差	高度
4	周波数差	距離

質問信号
機上 DME
応答信号
地上 DME（トランスポンダ）

〔11〕 航空交通管制用として地上に設置されているSSR設備は、次のうち、どれに含まれるか。

1　1次レーダー　　2　2次レーダー　　3　ドプラレーダー　　4　CWレーダー

〔12〕 無線送受信機の制御器（コントロールパネル）は、一般に次のうちどのようなときに使用されるか。

1　送信と受信の切替えのみを容易に行うため。

2　電源電圧の変動を避けるため。

3　送受信機を離れたところから操作するため。

4　スピーカから出る雑音のみを消すため。

▶ 解答・解説

問題	解答	問題	解答	問題	解答	問題	解答
〔1〕	2	〔2〕	4	〔3〕	1	〔4〕	2
〔5〕	4	〔6〕	3	〔7〕	3	〔8〕	1
〔9〕	4	〔10〕	2	〔11〕	2	〔12〕	3

〔1〕

電力の式 $P = E^2/R$ において R を2倍にすると、

$$P = \frac{E^2}{2R} = \frac{1}{2} \times \frac{E^2}{R}$$

となり、消費電力は $\frac{1}{2}$ 倍となる。

〔2〕

次に示すようにFETのソースと接合型のエミッタが対応している。
ゲートはベース、ドレインはコレクタ、ソースはエミッタに対応する。

FETのPチャネルの図記号

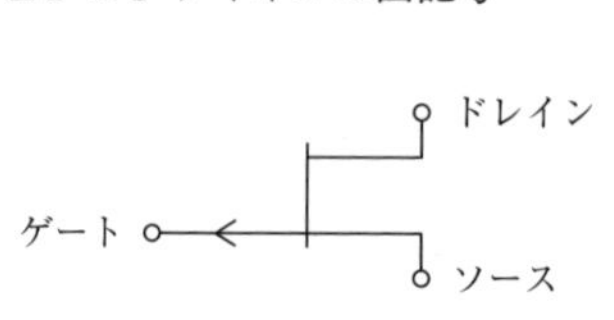

NPN形トランジスタ

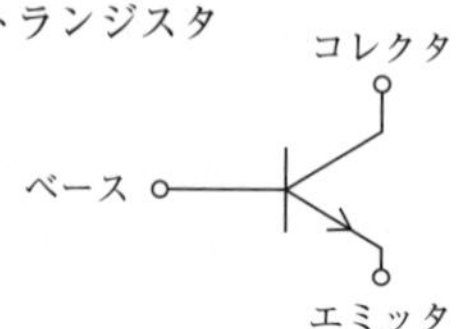

〔4〕

2 パルス幅を**広く**し、パルス繰返し周波を**低く**する。

〔5〕

3個直列に接続した場合の合成電圧は電池1個の電圧の3倍の18〔V〕となり、合成容量は電池1個の容量と同じ30〔Ah〕となる。

〔6〕

ヒューズが断線していれば抵抗値は∞であり、断線していなければ0〔Ω〕であるので、抵抗測定レンジOHMSを選ぶ。

〔8〕

「ALT」(ALTITUDE)の位置に設定すれば、識別情報と高度情報が自動的に送信される。なお、「ON」の位置では、識別情報が自動的に送信される。「STBY」はSTANDBY、「TST」はTESTの略である。

令和３年２月期

〔1〕 2〔A〕の電流を流すと40〔W〕の電力を消費する抵抗器がある。これに50〔V〕の電圧を加えたときの消費電力はいくらか。

1　25〔W〕　　2　50〔W〕　　3　250〔W〕　　4　500〔W〕

〔2〕 図に示す電界効果トランジスタ（FET）の図記号において、次に挙げた電極名の組合せのうち、正しいのは次のうちどれか。

	①	②	③
1	ドレイン	ソース	ゲート
2	ドレイン	ゲート	ソース
3	ソース	ゲート	ドレイン
4	ゲート	ドレイン	ソース

〔3〕 図に示すアンテナの名称と l の長さの組合せで、正しいのは次のうちどれか。

	名称	l の長さ
1	ホイップアンテナ	$\frac{1}{4}$ 波長
2	ホイップアンテナ	$\frac{1}{2}$ 波長
3	スリーブアンテナ	$\frac{1}{4}$ 波長
4	スリーブアンテナ	$\frac{1}{2}$ 波長

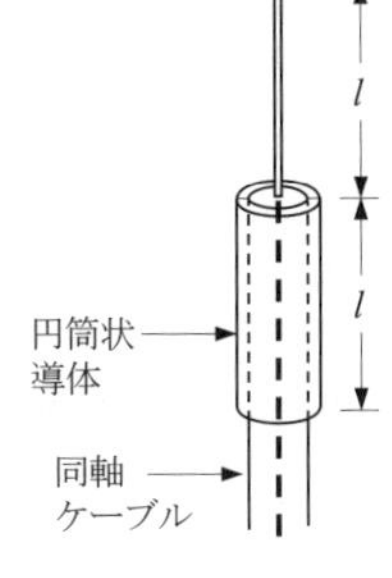

〔4〕 レーダーの方位分解能を決定するものは、次のうちどれか。

1　アンテナの回転速度　　2　アンテナの水平面内指向性
3　アンテナの垂直面内指向性　　4　送信電力

〔5〕 次の記述は、電池について述べたものである。このうち誤っているものを下の番号から選べ。

1　二次電池は、繰り返し充放電して使える。
2　電圧が等しく、容量が10〔Ah〕の電池を２個直列に接続すると、合成容量は20〔Ah〕になる。
3　鉛蓄電池及びリチウムイオン蓄電池は、二次電池である。

4　電圧の等しい電池を2個並列に接続すると、その端子電圧は1個の端子電圧と同じになる。

〔6〕 アナログ方式の回路計（テスタ）で直流抵抗を測定するときの準備の手順で、正しいのは次のうちどれか。

1　0〔Ω〕調整をする→測定レンジを選ぶ→テストリード（テスト棒）を短絡する。
2　測定レンジを選ぶ→0〔Ω〕調整をする→テストリード（テスト棒）を短絡する。
3　テストリード（テスト棒）を短絡する→0〔Ω〕調整をする→測定レンジを選ぶ。
4　測定レンジを選ぶ→テストリード（テスト棒）を短絡する→0〔Ω〕調整をする。

〔7〕 DSB（A3E）送信機では、音声信号によって搬送波をどのように変化させるか。

1　搬送波の発射を断続させる。　　2　周波数を変化させる。
3　振幅を変化させる。　　4　振幅と周波数をともに変化させる。

〔8〕 次の記述は、図に示す航空用DMEについて述べたものである。□内に入れるべき字句の組合せで、正しいのはどれか。

航空機の機上DME（インタロゲータ）から、地上DMEに質問信号を送信し、質問信号に対する地上DMEからの応答信号を受信して、質問信号の送信から応答信号の受信までの［A］を計測し、航空機と地上DMEとの［B］を求めることができる。

	A	B
1	周波数差	高度
2	周波数差	距離
3	時間	高度
4	時間	距離

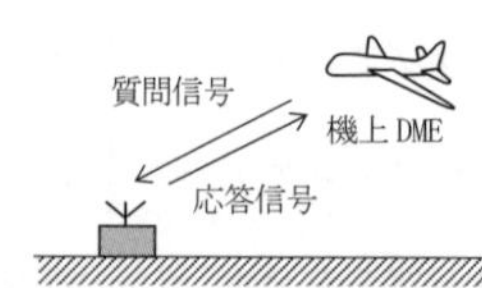

〔9〕 次の記述の□内に入れるべき字句の組合せで、正しいのはどれか。

SSRモードSシステムは、目的とする航空機に対し［A］を指定して質問ができるため、従来型のSSRモードA/Cで発生した干渉障害を抑制し、信頼性の高い情報により、航空交通管制の信頼性が向上している。

この方式は、従来型との［B］システムである。

	A	B
1	アドレス	両立性がある
2	アドレス	両立性がない
3	時間	両立性がある
4	時間	両立性がない

〔10〕 次の記述は、ATCトランスポンダの動作について述べたものである。□内に入れるべき字句の組合せで、正しいのはどれか。

SSR からの［ A ］の質問信号に対し自動的に［ B ］の情報パルスを応答信号として送信することができる。

	A	B
1	MTI	高度
2	MTI	速度
3	モードC	高度
4	モードC	速度

〔11〕 次の記述は、受信機の性能のうち何について述べたものか。

送信された元の信号が、受信機の出力側でどれだけ忠実に再現されるかの能力を表す。

1 選択度　　2 安定度　　3 感度　　4 忠実度

〔12〕 図は、DSB（A3E）送信機の構成例を示したものである。［　］内に入れるべき名称の組合せで、正しいのは次のうちどれか。

	A	B
1	変調器	ミクサ
2	変調器	電力増幅器
3	IDC	ミクサ
4	IDC	電力増幅器

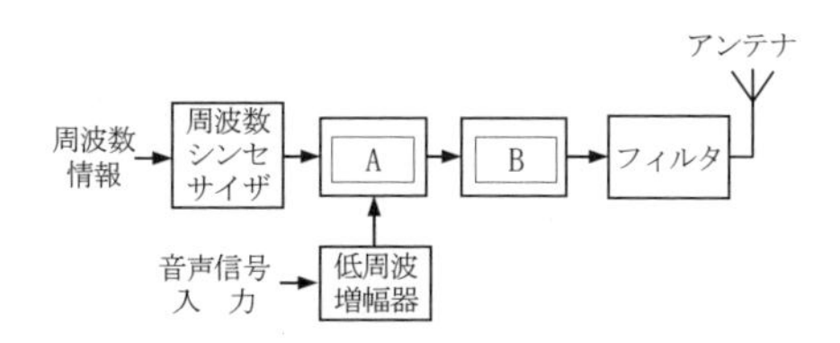

▶ 解答・解説

問題	解答	問題	解答	問題	解答	問題	解答
〔1〕	3	〔2〕	1	〔3〕	3	〔4〕	2
〔5〕	2	〔6〕	4	〔7〕	3	〔8〕	4
〔9〕	1	〔10〕	3	〔11〕	4	〔12〕	2

〔1〕

電力の式 $P=I^2\times R$ に題意の数値を代入すると次のようになる。

$40=2^2\times R$

したがって、$R=10$〔Ω〕となる。

電力の式 $P=I^2\times R=(V/R)^2\times R=V^2/R$ に $R=10$ と $V=50$ を代入すると次のようになる。

$P=V^2/R=50^2/10=250$〔W〕

〔2〕

FETのPチャネルの図記号

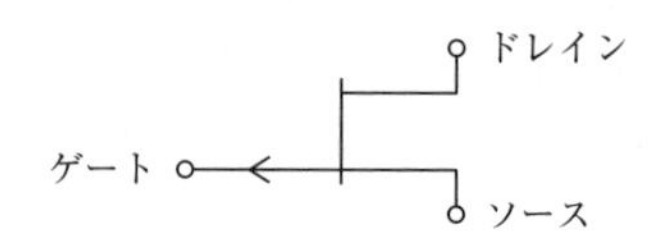

〔5〕

2　電圧が等しく、容量が10〔Ah〕の電池を2個直列に接続すると、合成容量は10〔Ah〕になる。

(直列に接続した場合の合成容量は1個の容量と同じである。電圧は2倍になる。)

〔11〕

選択肢1～3の説明は以下のとおり。

1　選択度：多数の異なる周波数の電波の中から、混信を受けないで、目的とする電波を選び出すことができる能力を表すもの

2　安定度：受信機に一定振幅、一定周波数の信号入力を加えた場合、再調整を行わず、どの程度長時間にわたって一定の出力が得られるかの能力を表すもの

3　感度：どの程度まで弱い電波を受信できるかの能力を表すもの

令和3年6月期

〔1〕 3〔A〕の電流を流すと30〔W〕の電力を消費する抵抗器がある。これに50〔V〕の電圧を加えたときの消費電力はいくらか。

1　150〔W〕　　**2**　250〔W〕　　**3**　500〔W〕　　**4**　750〔W〕

〔2〕 図に示す電界効果トランジスタ（FET）の図記号において、電極名の組合せとして、正しいのは次のうちどれか。

	①	②	③
1	ゲート	ドレイン	ソース
2	ドレイン	ソース	ドレイン
3	ソース	ドレイン	ソース
4	ゲート	ソース	ドレイン

〔3〕 120〔MHz〕用ブラウンアンテナの放射素子の長さは、ほぼいくらか。

1　0.3〔m〕　　**2**　0.6〔m〕　　**3**　1.2〔m〕　　**4**　2.5〔m〕

〔4〕 レーダー受信機において、最も影響の大きい雑音は、次のうちどれか。

1　自動車の電気的雑音　　**2**　電動機による雑音

3　受信機の内部雑音　　**4**　空電による雑音

〔5〕 次の記述は、図に示す一般的な直流電源（DC 電源）装置の回路について述べたものである。このうち、誤っているものを下の番号から選べ。

1　整流回路は、大きさと方向が変化する電圧（電流）を一方向の電圧（電流）に変える。

2　平滑回路は、整流された電圧（電流）を完全な直流に近づける。

3　平滑回路の働きが不十分だと、出力は完全な直流にならずに、交流分を含む。

4　変圧器は、任意の大きさの直流電圧を作る。

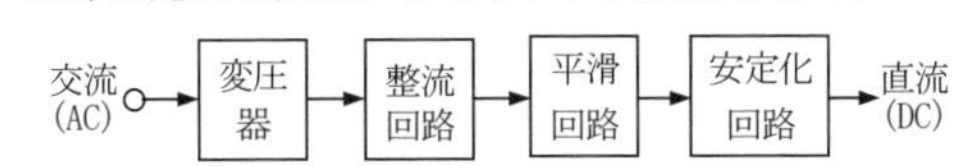

〔6〕 次の記述の［　　］内に入れるべき字句の組合せで、正しいのはどれか。

回路の［ A ］を測定するときは、測定回路に直列に計器を接続し、［ B ］を測定するときは、測定回路に並列に計器を接続する。また、特に［ C ］を測定するときは、極性を間違わないよう注意しなければならない。

	A	B	C		A	B	C
1	電流	電圧	直流	2	電流	電圧	交流
3	電圧	電流	直流	4	電圧	電流	交流

〔7〕 図は、振幅が一定の搬送波を単一正弦波で振幅変調したときの変調波の波形である。変調度の値で、正しいのは次のうちどれか。

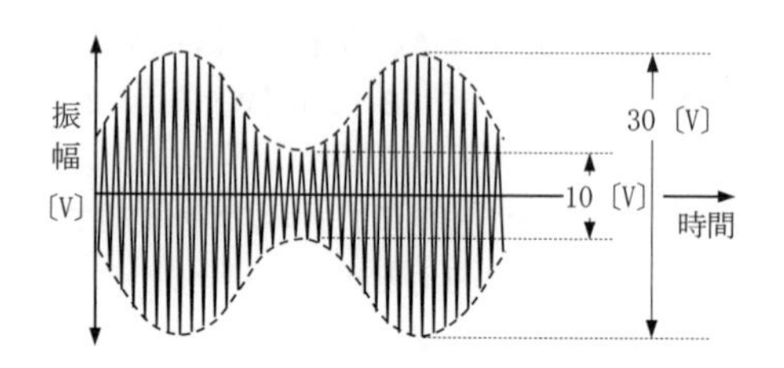

1　25〔%〕　　2　33〔%〕
3　50〔%〕　　4　67〔%〕

〔8〕 次の記述は、GPS（Global Positioning System）について述べたものである。誤っているのは次のうちどれか。

1　各衛星は、一周約24時間で周回している。
2　GPSでは、地上からの高度が約20,000〔km〕の異なる6つの軌道上に衛星が配置されている。
3　測位に使用している周波数は、極超短波（UHF）帯である。
4　一般に、任意の4個の衛星からの電波が受信できれば、測位は可能である。

〔9〕 次の記述の□内に入れるべき字句の組合せで、正しいのはどれか。

［A］からATCトランスポンダへの質問信号は、航空機の識別用として［B］が、航空機の高度情報用として［C］が用いられている。

	A	B	C
1	SSR	モードC	モードA
2	SSR	モードA	モードC
3	MTI	モードC	モードA
4	MTI	モードA	モードC

〔10〕 図に示すATCトランスポンダにおいて、管制官からの識別のための要請により、SPI（特別位置識別）パルスを送信するときの操作として、正しいのは次のうちどれか。

1　ファンクション・セレクタを「TST」の位置にする。
2　ファンクション・セレクタを「ALT」の位置にする。
3　指定されたコードナンバーをコード・セレクタにより設定する。
4　アイデント・ボタンを押す。

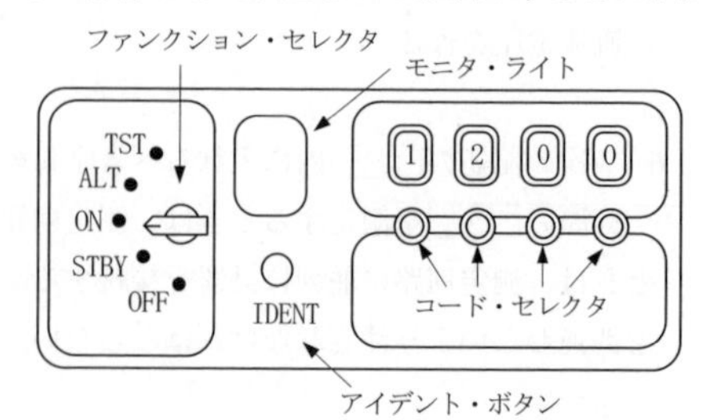

〔11〕 スーパヘテロダイン受信機のAGCの働きについての記述で、正しいのは次のうちどれか。

1 受信周波数を中間周波数に変換する。

2 受信電波の強さが変動しても、受信出力をほぼ一定にする。

3 選択度を良くし、近接周波数の混信を除去する。

4 受信電波が無くなったときに生ずる大きな雑音を消す。

〔12〕 航空用VHF送受信装置の機能で、受信待受時に雑音が聞こえないように調整し、良好な受信を行うものは、次のうちどれか。

1 音量調整　　2 電源スイッチ　　3 チャネル切換　　4 スケルチ

▶ 解答・解説

問 題	解 答	問 題	解 答	問 題	解 答	問 題	解 答
〔1〕	4	〔2〕	1	〔3〕	2	〔4〕	3
〔5〕	4	〔6〕	1	〔7〕	3	〔8〕	1
〔9〕	2	〔10〕	4	〔11〕	2	〔12〕	4

〔1〕

電力の式 $P=I^2\times R$ に題意の数値を代入すると次のようになる。

$$30=3^2\times R$$

したがって、$R=\dfrac{10}{3}$〔Ω〕となる。

電力の式 $P=I^2\times R=(V/R)^2\times R=V^2/R$ に $R=\dfrac{10}{3}$ と $V=50$ を代入すると次のようになる。

$$P=V^2/R=\frac{50^2}{\frac{10}{3}}=750〔\mathrm{W}〕$$

〔2〕

FETのPチャネルの図記号

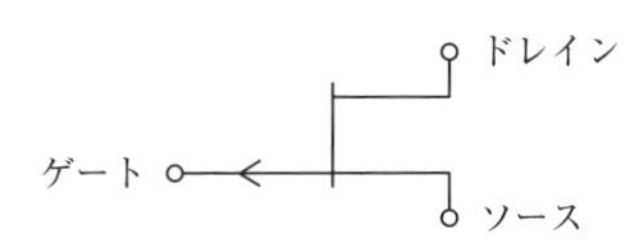

〔3〕

120〔MHz〕の波長λは次のようになる。

$$\lambda=\frac{3\times10^8}{120\times10^6}=2.5\text{〔m〕}$$

ブラウンアンテナの放射素子の長さは$\frac{\lambda}{4}$であり、ほぼ0.6〔m〕となる。

$$\frac{\lambda}{4}=\frac{2.5}{4}=0.625\fallingdotseq0.6\text{〔m〕}$$

〔5〕

4　変圧器は、任意の大きさの**交流電圧**を作る。

〔7〕

振幅変調の変調度Mは、Aを波形の最大値、Bを波形の最小値とすれば次のようになる。

$$M=\frac{\mathrm{A}-\mathrm{B}}{\mathrm{A}+\mathrm{B}}\times100\text{〔\%〕}$$

したがって、題意の数値を代入し、次のようになる。

$$\frac{30-10}{30+10}\times100=\frac{20}{40}\times100=50\text{〔\%〕}$$

〔8〕

1　各衛星は、一周**約12時間**で周回している。

〔10〕

アイデント・ボタンは管制官から識別のための要請があったときに押すボタンで、応答コードパルスに、SPI（特別位置識別）パルスが付加される。

「ALT」（ALTITUDE）の位置では、識別情報と高度情報が自動的に送信される。「TST」はTESTの略である。

令和3年10月期

〔1〕 抵抗負荷の消費電力が15〔W〕のとき、この負荷に流れる電流は5〔A〕であった。このときの負荷の両端の電圧の値で、正しいのはどれか。

1　20.0〔V〕　　2　15.0〔V〕　　3　10.0〔V〕　　4　3.0〔V〕

〔2〕 次の記述の□内に入れるべき字句の組合せで、正しいのはどれか。

半導体は、周囲の温度の上昇によって、内部の抵抗が［A］し、流れる電流は［B］する。

	A	B
1	減少	減少
2	減少	増加
3	増加	減少
4	増加	増加

〔3〕 次の記述の□内に入れるべき字句の組合せで、正しいのはどれか。

スポラジックE層（Es層）は、［A］の昼間に多く発生し、［B］の電波を反射することがある。

	A	B
1	夏季	マイクロ波（SHF）帯
2	冬季	マイクロ波（SHF）帯
3	夏季	超短波（VHF）帯
4	冬季	超短波（VHF）帯

〔4〕 レーダーの最大探知距離を長くする方法として、誤っているのはどれか。

1　受信機の感度を良くする。
2　パルス幅を狭くし、パルス繰返し周波数を高くする。
3　アンテナの設置位置を高くし、アンテナ利得を大きくする。
4　送信電力を大きくする。

〔5〕 図に示す整流回路の名称とa点に現れる整流電圧の極性との組合せで、正しいのは次のうちどれか。

	名称	a点の極性
1	全波整流回路	正
2	全波整流回路	負
3	半波整流回路	正
4	半波整流回路	負

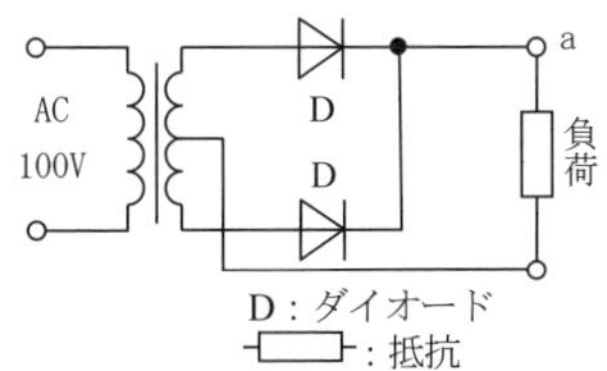

航空特無線工学

〔6〕 次の記述の[　　]内に入れるべき字句の組合せで、正しいのはどれか。

1個2〔V〕の蓄電池3個を図のように接続したとき、ab間の電圧を測定するには、最大目盛が[A]の直流電圧計の[B]につなぐ。

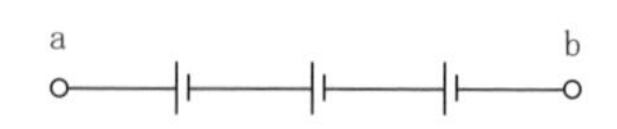

	A	B
1	5〔V〕	⊕端子をa、⊖端子をb
2	5〔V〕	⊕端子をb、⊖端子をa
3	10〔V〕	⊕端子をb、⊖端子をa
4	10〔V〕	⊕端子をa、⊖端子をb

〔7〕 図は、振幅が一定の搬送波を単一正弦波で振幅変調したときの変調波の波形である。変調度の値で、正しいのは次のうちどれか。

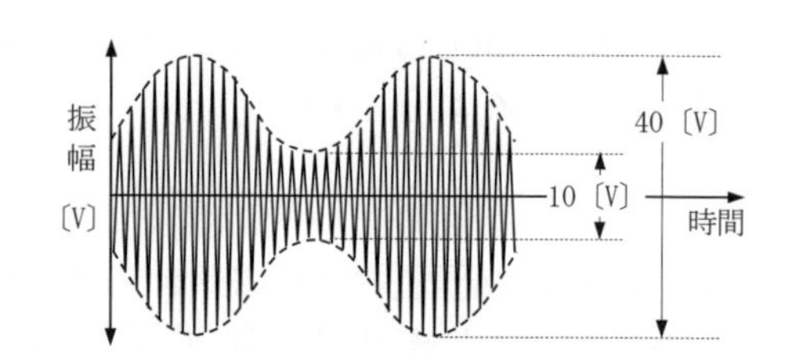

1　25〔%〕　　2　40〔%〕
3　60〔%〕　　4　75〔%〕

〔8〕 次の記述は、GPS（Global Positioning System）について述べたものである。誤っているのは次のうちどれか。

1　GPSでは、地上からの高度が約20,000〔km〕の異なる6つの軌道上に衛星が配置されている。
2　各衛星は、一周約12時間で周回している。
3　一般に、任意の4個の衛星からの電波が受信できれば、測位は可能である。
4　測位に使用している周波数は、長波（LF）帯である。

〔9〕 次の記述の[　　]内に入れるべき字句の組合せで、正しいのはどれか。

[A]からATCトランスポンダへの質問信号は、航空機の識別用として[B]が、航空機の高度情報用として[C]が用いられている。

	A	B	C
1	MTI	モードA	モードC
2	MTI	モードC	モードA
3	SSR	モードA	モードC
4	SSR	モードC	モードA

〔10〕 図に示すATCトランスポンダにおいて、高度情報を送信できる状態に設定するときのファンクション・セレクタの切替つまみの位置は、次のうちどれか。

1 「ALT」の位置

2 「STBY」の位置

3 「ON」の位置

4 「TST」の位置

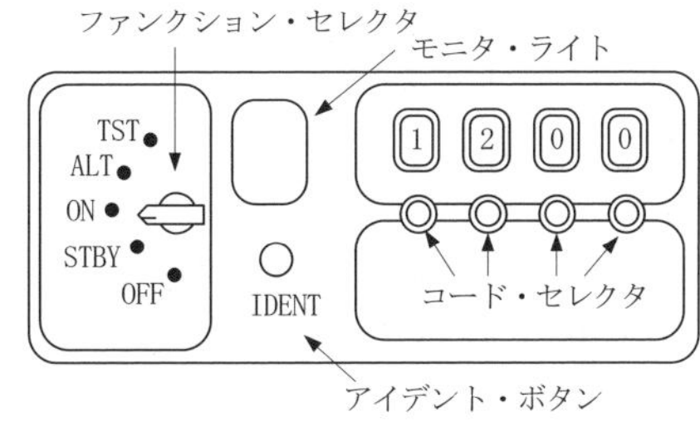

〔11〕 図に示すAM（A3E）用スーパヘテロダイン受信機の構成には誤った部分がある。これを正すにはどうすればよいか。

1 （A）と（C）を入れ替える。

2 （B）と（D）を入れ替える。

3 （C）と（D）を入れ替える。

4 （D）と（E）を入れ替える。

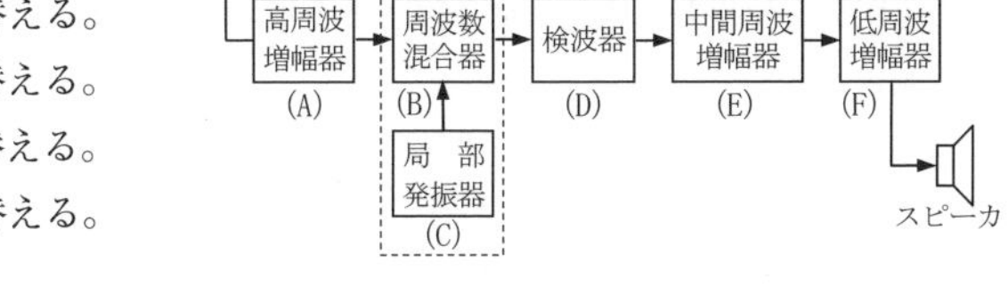

〔12〕 航空機搭載のVHF無線電話用制御器の機能のうち、制御できないのはどれか。

1 周波数の切替え　　2 アンテナの切替え

3 電源のON　　4 電源のOFF

▶ 解答・解説

問題	解答	問題	解答	問題	解答	問題	解答
〔1〕	4	〔2〕	2	〔3〕	3	〔4〕	2
〔5〕	1	〔6〕	4	〔7〕	3	〔8〕	4
〔9〕	3	〔10〕	1	〔11〕	4	〔12〕	2

〔1〕

抵抗負荷の消費電力 P〔W〕は、負荷の両端の電圧 V〔V〕と負荷に流れる電流 I〔A〕の積となり、次式で表される。

$P = V \times I$〔W〕

$15 = V \times 5$

したがって負荷の両端の電圧 V〔V〕は3.0〔V〕となる。

〔4〕

2　パルス幅を**広く**し、パルス繰返し周波を**低く**する。

〔5〕

設問図は、全波整流回路であって、正の半波では上側のDが、負の半波では下側のDが働くため、いずれの場合も電流は図の負荷を上から下に向かって流れるので、aは正である。

〔6〕

設問図は、直列接続であり、合成電圧6〔V〕を測定するには、やや大きい値の10〔V〕の電圧計を使用し、電圧計の＋端子と電池の＋側、また、－端子と電池の－側をつないで測定する。

〔7〕

振幅変調の変調度Mは、Aを波形の最大値、Bを波形の最小値とすれば次のようになる。

$$M=\frac{\mathrm{A}-\mathrm{B}}{\mathrm{A}+\mathrm{B}}\times 100\text{〔\%〕}$$

したがって、題意の数値を代入し、次のようになる。

$$\frac{40-10}{40+10}\times 100=\frac{30}{50}\times 100=60\text{〔\%〕}$$

〔8〕

4　測位に使用している周波数は、**極超短波（UHF）帯**である。

〔10〕

「ALT」（ALTITUDE）の位置に設定すれば、識別情報と高度情報が自動的に送信される。なお、「ON」の位置では、識別情報が自動的に送信される。「STBY」はSTANDBY、「TST」はTESTの略である。

令和４年２月期

〔1〕 2〔A〕の電流を流すと20〔W〕の電力を消費する抵抗器がある。これに50〔V〕の電圧を加えたときの消費電力はいくらか。

1　25〔W〕　　2　50〔W〕　　3　250〔W〕　　4　500〔W〕

〔2〕 次の記述の［　　］内に入れるべき字句の組合せで、正しいのはどれか。

半導体は、周囲の温度の上昇によって、内部の抵抗が［ A ］し、流れる電流は［ B ］する。

	A	B
1	減少	増加
2	減少	減少
3	増加	減少
4	増加	増加

〔3〕 120〔MHz〕用ブラウンアンテナの放射素子の長さは、ほぼいくらか。

1　0.3〔m〕　　2　0.6〔m〕　　3　1.2〔m〕　　4　2.5〔m〕

〔4〕 レーダー受信機において、最も影響の大きい雑音は、次のうちどれか。

1　空電による雑音　　2　自動車の電気的雑音

3　電動機による雑音　　4　受信機の内部雑音

〔5〕 次の記述は、図に示す一般的な直流電源（DC電源）装置の回路について述べたものである。このうち、誤っているものを下の番号から選べ。

交流(AC) → 変圧器 → 整流回路 → 平滑回路 → 安定化回路 → 直流(DC)

1　整流回路は、大きさと方向が変化する電圧（電流）を一方向の電圧（電流）に変える。

2　平滑回路は、整流された電圧（電流）を完全な直流に近づける。

3　変圧器は、任意の大きさの直流電圧を作る。

4　平滑回路の働きが不十分だと、出力は完全な直流にならずに、交流分を含む。

〔6〕 次の記述の［　　］内に入れるべき字句の組合せで、正しいのはどれか。

回路の［ A ］を測定するときは、測定回路に直列に計器を接続し、［ B ］を測定するときは、測定回路に並列に計器を接続する。また、特に［ C ］を測定するときは、極性を間違わないよう注意しなければならない。

	A	B	C
1	電流	電圧	交流
2	電流	電圧	直流
3	電圧	電流	交流
4	電圧	電流	直流

〔7〕 図は、振幅が一定の搬送波を単一正弦波で振幅変調したときの変調波の波形である。変調度が60〔%〕のときのAの値はほぼ幾らか。

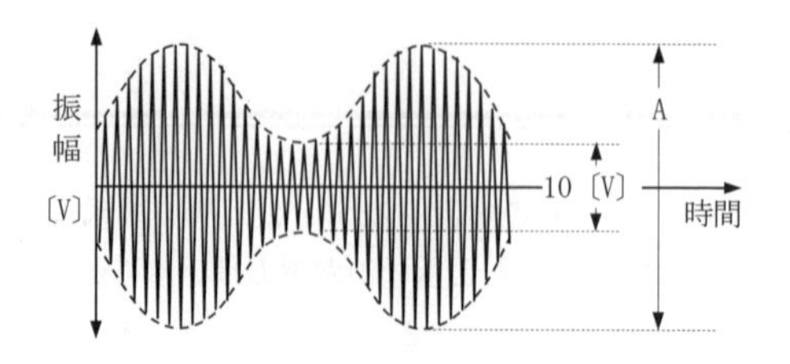

1 17〔V〕　　2 20〔V〕
3 26〔V〕　　4 40〔V〕

〔8〕 次の記述は、図に示す電波高度計について述べたものである。［　］内に入れるべき字句の組合せで、正しいのはどれか。

航空機より真下に向けて［ A ］〔GHz〕帯の電波を発射し、地表で反射され再び機体に戻ってくるまでの［ B ］によって高度を測る計器である。

	A	B
1	2.45	時間
2	2.45	振幅の変化
3	4.3	時間
4	4.3	振幅の変化

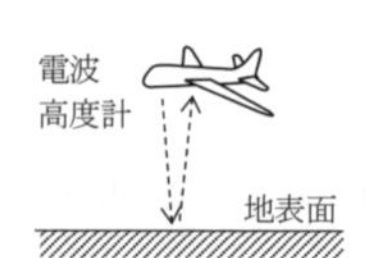

〔9〕 次の記述の［　］内に入れるべき字句の組合せで、正しいのはどれか。

［ A ］からATCトランスポンダへの質問信号は、航空機の識別用として［ B ］が、航空機の高度情報用として［ C ］が用いられている。

	A	B	C
1	SSR	モードA	モードC
2	SSR	モードC	モードA
3	MTI	モードA	モードC
4	MTI	モードC	モードA

〔10〕 図に示すATCトランスポンダにおいて、高度情報を送信できる状態に設定するときのファンクション・セレクタの切替つまみの位置は、次のうちどれか。

1 「ON」の位置
2 「TST」の位置
3 「ALT」の位置
4 「STBY」の位置

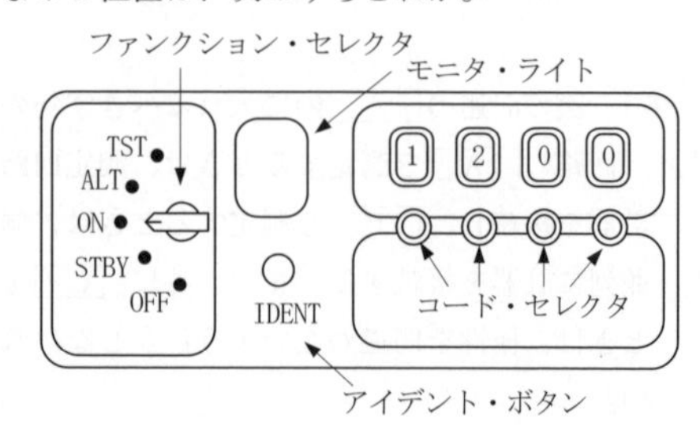

〔11〕 スーパヘテロダイン受信機において、受信電波の強さが変動しても、受信出力をほぼ一定にするために用いる回路は、次のうちどれか。

1 AFC回路　　2 AGC回路　　3 BFO回路　　4 IDC回路

〔12〕 無線送受信機の制御器（コントロールパネル）は、一般にどのような目的で使用されるか。

1 アンテナと給電線のインピーダンス整合を調整する。
2 停電などの際、送受信機へ供給される電力の瞬断をなくす。
3 送受信機から発射されるスプリアスを低下させる。
4 送受信機を離れたところから操作する。

▶ 解答・解説

問題	解答	問題	解答	問題	解答	問題	解答
〔1〕	4	〔2〕	1	〔3〕	2	〔4〕	4
〔5〕	3	〔6〕	2	〔7〕	4	〔8〕	3
〔9〕	1	〔10〕	3	〔11〕	2	〔12〕	4

〔1〕

電力の式 $P = I^2 \times R$ に題意の数値を代入すると次のようになる。

$$20 = 2^2 \times R$$

したがって、$R = 5$〔Ω〕となる。

電力の式 $P = I^2 \times R = (V/R)^2 \times R = V^2/R$ に $R = 5$ と $V = 50$ を代入すると次のようになる。

$$P = V^2/R = 50^2/5 = 500 \text{〔W〕}$$

〔3〕

120〔MHz〕の波長 λ は次のようになる。

$$\lambda = \frac{3 \times 10^8}{120 \times 10^6} = 2.5 \text{〔m〕}$$

ブラウンアンテナの放射素子の長さは $\frac{\lambda}{4}$ であり、ほぼ0.6〔m〕となる。

$$\frac{\lambda}{4}=\frac{2.5}{4}=0.625\fallingdotseq 0.6\text{〔m〕}$$

〔**5**〕

3　変圧器は、任意の大きさの**交流電圧**を作る。

〔**7**〕

振幅変調の変調度Mは、Aを波形の最大値、Bを波形の最小値とすれば次のようになる。

$$M=\frac{\mathrm{A}-\mathrm{B}}{\mathrm{A}+\mathrm{B}}\times 100\text{〔\%〕}$$

したがって、題意の数値を代入し、これを解くと、A＝40〔V〕となる。

$$\frac{60}{100}=\frac{\mathrm{A}-10}{\mathrm{A}+10}$$

〔**10**〕

「ALT」（ALTITUDE）の位置に設定すれば、識別情報と高度情報が自動的に送信される。なお、「ON」の位置では、識別情報が自動的に送信される。「STBY」はSTANDBY、「TST」はTESTの略である。

令和4年6月期

〔1〕 図に示す電気回路において、抵抗Rの値の大きさを2倍にすると、この抵抗の消費電力は、何倍になるか。

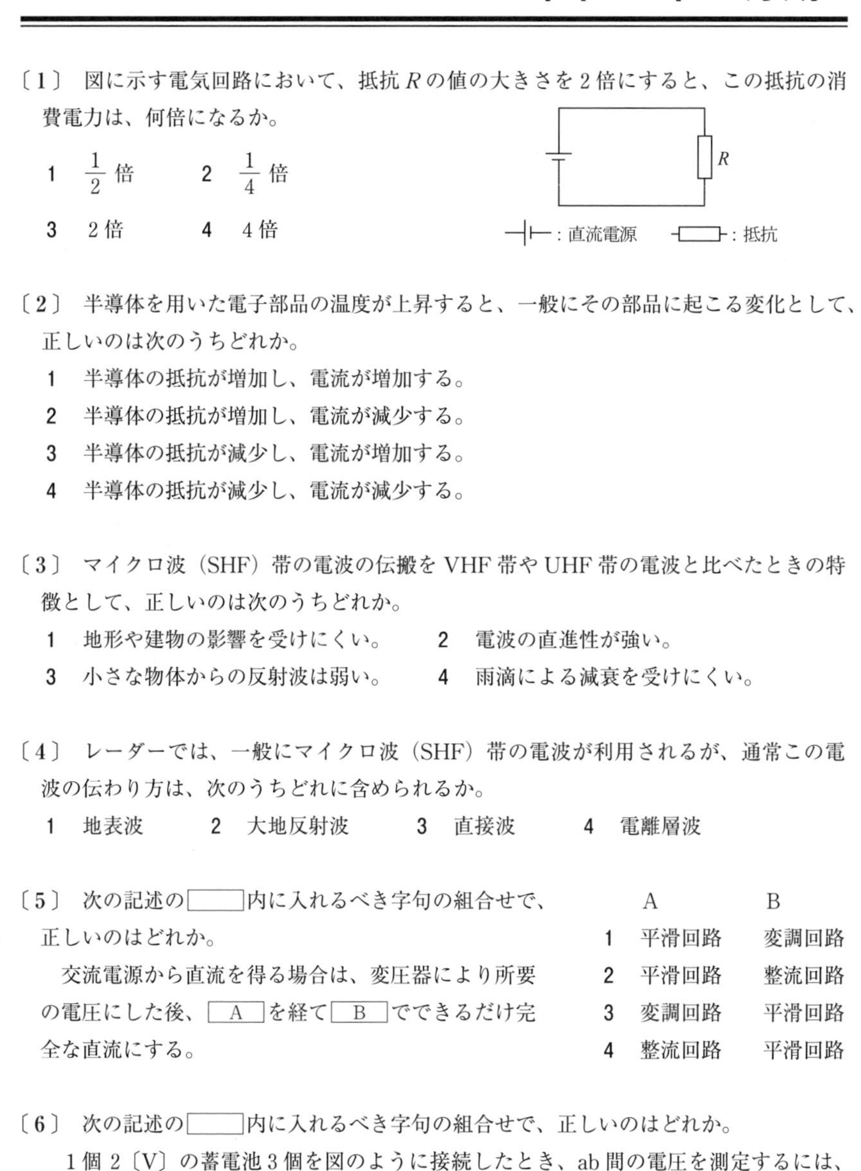

1 $\frac{1}{2}$倍　　2 $\frac{1}{4}$倍

3 2倍　　4 4倍

〔2〕 半導体を用いた電子部品の温度が上昇すると、一般にその部品に起こる変化として、正しいのは次のうちどれか。

1 半導体の抵抗が増加し、電流が増加する。
2 半導体の抵抗が増加し、電流が減少する。
3 半導体の抵抗が減少し、電流が増加する。
4 半導体の抵抗が減少し、電流が減少する。

〔3〕 マイクロ波（SHF）帯の電波の伝搬をVHF帯やUHF帯の電波と比べたときの特徴として、正しいのは次のうちどれか。

1 地形や建物の影響を受けにくい。　2 電波の直進性が強い。
3 小さな物体からの反射波は弱い。　4 雨滴による減衰を受けにくい。

〔4〕 レーダーでは、一般にマイクロ波（SHF）帯の電波が利用されるが、通常この電波の伝わり方は、次のうちどれに含められるか。

1 地表波　2 大地反射波　3 直接波　4 電離層波

〔5〕 次の記述の□内に入れるべき字句の組合せで、正しいのはどれか。

交流電源から直流を得る場合は、変圧器により所要の電圧にした後、［A］を経て［B］でできるだけ完全な直流にする。

	A	B
1	平滑回路	変調回路
2	平滑回路	整流回路
3	変調回路	平滑回路
4	整流回路	平滑回路

〔6〕 次の記述の□内に入れるべき字句の組合せで、正しいのはどれか。

1個2〔V〕の蓄電池3個を図のように接続したとき、ab間の電圧を測定するには、最大目盛が［A］の直流電圧計の［B］につなぐ。

	A	B
1	10〔V〕	⊕端子をa、⊖端子をb
2	10〔V〕	⊕端子をb、⊖端子をa
3	5〔V〕	⊕端子をa、⊖端子をb
4	5〔V〕	⊕端子をb、⊖端子をa

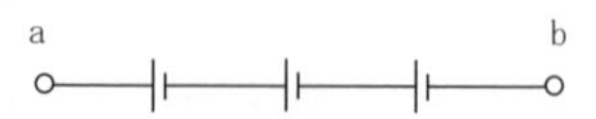

〔7〕 次の記述の□内に入れるべき字句の組合せで、正しいのはどれか。

AM変調は、信号波に応じて搬送波の A を変化させる。

FM変調は、信号波に応じて搬送波の B を変化させる。

	A	B
1	振幅	周波数
2	周波数	振幅
3	周波数	周波数
4	振幅	振幅

〔8〕 図に示す機上気象レーダーの調整器パネル面の操作に伴う機能で誤っているのはどれか。

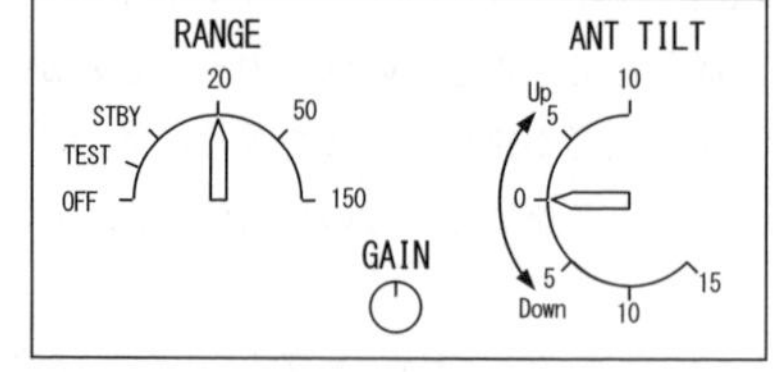

1 RANGE：測定距離範囲を切り替えるために用いられ、目的に応じて適切なRANGEが選択される。

2 STBY：準備が完了した状態であり、電波は発射されない。

3 GAIN：目標物の最適な影像が得られるように送信機の出力を調整する。

4 ANT TILT：レーダーアンテナの垂直方向の角度を調整するために用いられ、上方に10度下方に15度の範囲で任意にセットできる。

〔9〕 航空交通管制用として地上に設置されているSSR設備は、次のうち、どれに含まれるか。

1 ドプラレーダー　2 CWレーダー　3 1次レーダー　4 2次レーダー

〔10〕 ATCトランスポンダの操作でアイデント・ボタンを押す目的は、次のうちどれか。

1 モードAの信号を受信したが、自動的に応答できないことを管制官に知らせる。

2 モードCの信号を受信したが、自動的に応答できないことを管制官に知らせる。

3 TESTの切換で、装置の動作の良否が確かめられないことを管制官に知らせる。

4 管制官からの識別のための要請により、SPI（特別位置識別）パルスの送信を行う。

〔11〕 無線受信機において、通常、受信に障害を与える雑音の原因にならないのは、次のうちどれか。

1 給電線のコネクタのゆるみによるアンテナとの接触不良
2 電源用電池の容量低下
3 発電機のブラシの火花
4 高周波加熱装置

〔12〕 無線送受信機の制御器（コントロールパネル）は、一般にどのような目的で使用されるか。

1 アンテナと給電線のインピーダンス整合を調整する。
2 送受信機を離れたところから操作する。
3 停電などの際、送受信機へ供給される電力の瞬断をなくす。
4 送受信機から発射されるスプリアスを低下させる。

▶ 解答・解説

問題	解答	問題	解答	問題	解答	問題	解答
〔1〕	1	〔2〕	3	〔3〕	2	〔4〕	3
〔5〕	4	〔6〕	1	〔7〕	1	〔8〕	3
〔9〕	4	〔10〕	4	〔11〕	2	〔12〕	2

〔1〕

電力の式 $P=E^2/R$ において R を2倍にすると、

$$P=\frac{E^2}{2R}=\frac{1}{2}\times\frac{E^2}{R}$$

となり、消費電力は $\frac{1}{2}$ 倍となる。

〔3〕

選択肢1、3、4の正しい記述は以下のとおり。

1 地形や建物の影響を受け**やすい**。
3 小さな物体からの反射波は**強い**。
4 雨滴による減衰を受け**やすい**。

〔6〕

設問図は、直列接続であり、合成電圧 6〔V〕を測定するには、やや大きい値の10〔V〕の電圧計を使用し、電圧計の＋端子と電池の＋側、また、－端子と電池の－側をつないで測定する。

〔8〕

3　GAIN：目標物の最適な影像が得られるように**受信機の利得**を調整する。

令和４年１０月期

〔1〕 直流と交流の電流の説明で、誤っているのはどれか。

1　交流は、時間とともに流れる電流の方向が変わる。

2　交流は、コイルのインダクタンスが大きくなるほど流れやすくなる。

3　直流は、常に流れる電流の方向が変わらない。

4　直流は、コンデンサによって遮断される。

〔2〕 図に示す電界効果トランジスタ（FET）の図記号において、電極名の組合せとして、正しいのは次のうちどれか。

	①	②	③
1	ゲート	ソース	ドレイン
2	ゲート	ドレイン	ソース
3	ドレイン	ゲート	ソース
4	ソース	ドレイン	ゲート

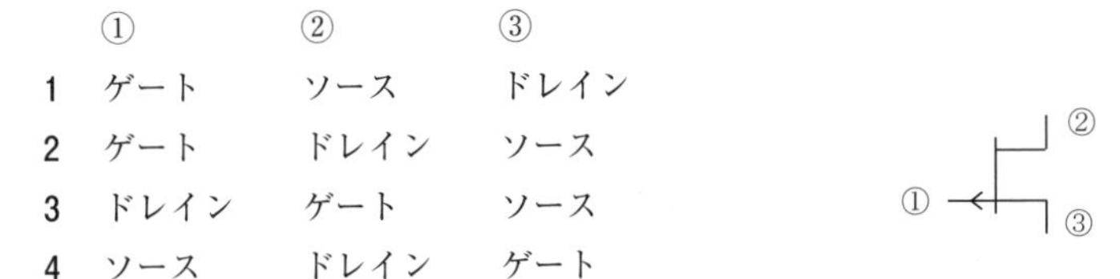

〔3〕 図は、水平半波長ダイポールアンテナの水平面内の指向特性を示している。正しいのはどれか。

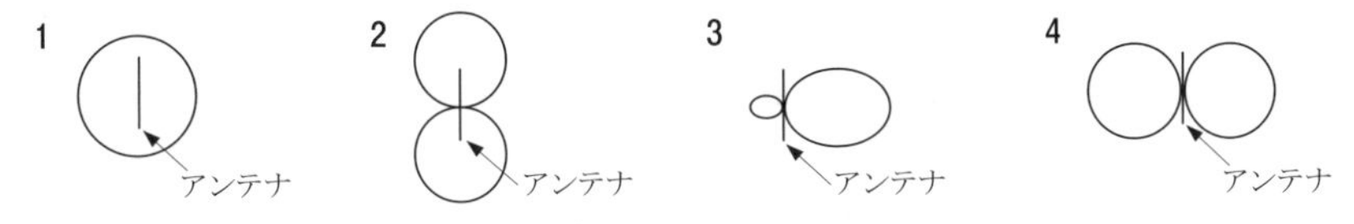

〔4〕 レーダーの距離分解能を良くする方法として、正しいのは次のうちどれか。

1　アンテナの水平面内指向性を鋭くする。

2　パルス繰返し周波数を低くする。

3　パルス幅を狭くする。

4　受信機の感度をよくする。

〔5〕 次の記述は、電池について述べたものである。このうち誤っているものを下の番号から選べ。

1　充放電を繰り返して使用できる電池を二次電池という。

2　鉛蓄電池及びリチウムイオン蓄電池は、二次電池である。

3　電圧が等しく、容量が10〔Ah〕の電池を２個直列に接続すると、合成容量は20〔Ah〕になる。

4　電圧の異なる電池を並列に接続することは避けなければならない。

〔6〕 抵抗 R の両端の直流電圧を測定するときの電圧計Vのつなぎ方で、正しいのは次のうちどれか。

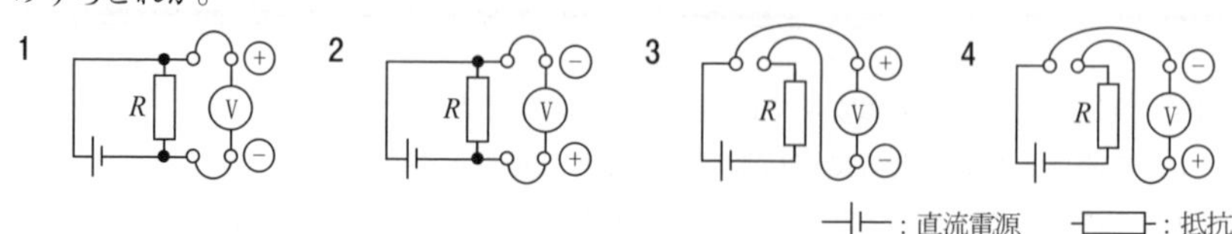

〔7〕 図は、振幅が10〔V〕の搬送波を単一正弦波で振幅変調したときの波形である。変調度は幾らか。

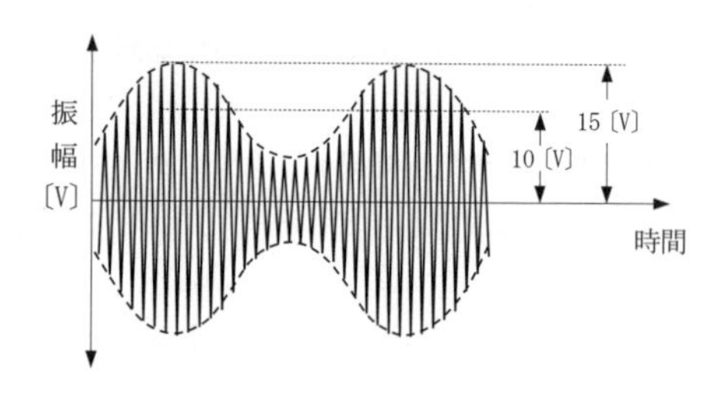

1 20.0〔%〕　2 33.3〔%〕
3 50.0〔%〕　4 66.7〔%〕

〔8〕 次の記述は、機上気象レーダーのパネル面にある調整器の機能について述べたものである。その機能に適した調整器はどれか。

レーダーアンテナの傾斜角を制御するもので、機軸に対して所定の傾斜角にセットすることができる。

1 ANT TILT　2 RANGE　3 GAIN　4 STAB−OFF

〔9〕 航空交通管制用として地上に設置されているSSR設備は、次のうち、どれに含まれるか。

1 2次レーダー　2 1次レーダー
3 CWレーダー　4 ドプラレーダー

〔10〕 ATCトランスポンダの操作でアイデント・ボタンを押す目的は、次のうちどれか。

1 モードAの信号を受信したが、自動的に応答できないことを管制官に知らせる。
2 管制官からの識別のための要請により、SPI（特別位置識別）パルスの送信を行う。
3 TESTの切換で、装置の動作の良否が確かめられないことを管制官に知らせる。
4 モードCの信号を受信したが、自動的に応答できないことを管制官に知らせる。

〔11〕 スーパヘテロダイン受信機において、受信電波の強さが変動しても、受信出力をほぼ一定にするために用いる回路は、次のうちどれか。

1 AFC回路　2 IDC回路　3 BFO回路　4 AGC回路

〔12〕 次の記述の□内に入れるべき字句の組合せで、正しいのはどれか。

相手局からの送話が A ときに受信機から雑音が出るときは、 B 調整つまみを回して、雑音が消える限界点付近の位置に調整する。

	A	B
1	有る	音量
2	有る	スケルチ
3	無い	音量
4	無い	スケルチ

▶ **解答・解説**

問題	解答	問題	解答	問題	解答	問題	解答
〔1〕	2	〔2〕	2	〔3〕	4	〔4〕	3
〔5〕	3	〔6〕	1	〔7〕	3	〔8〕	1
〔9〕	1	〔10〕	2	〔11〕	4	〔12〕	4

〔1〕

2 交流は、コイルのインダクタンスが大きくなるほど**流れにくくなる**。

〔2〕

FETのPチャネルの図記号

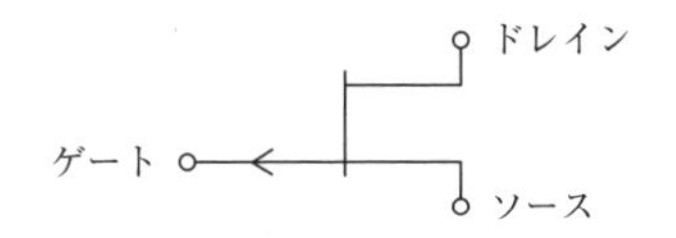

〔4〕

距離分解能は、同一方向にある二つの物標からの反射波が重ならない物標間の距離であるから、パルス幅によって決まる。その最小距離、すなわち距離分解能dは、τをパルス幅〔μs〕とすれば、$d = 150\tau$〔m〕である。

すなわち、パルス幅τを狭くするほど距離分解能は良くなる。

〔5〕

3 電圧が等しく、容量が10〔Ah〕の電池を2個直列に接続すると、合成容量は**10〔Ah〕**になる。

(直列に接続した場合の合成容量は1個の容量と同じである。電圧は2倍になる。)

航空特無線工学

〔**6**〕

電圧計は負荷 R と並列にし、電圧計の＋端子を電池の＋側に、また、－端子を電池の－側に接続する。

〔**7**〕

振幅変調の変調率 M は次式で与えられる。

$$M=\frac{\text{信号波の振幅}}{\text{搬送波の振幅}}\times 100\ 〔\%〕$$

設問図より、信号波の振幅は15－10＝5〔V〕、搬送波の振幅は10〔V〕であり、変調率は次のとおりとなる。

$$\frac{5}{10}\times 100=50.0\ 〔\%〕$$

令和5年2月期

〔1〕 直流と交流の電流の説明で、誤っているのはどれか。

1 直流は、常に流れる電流の方向が変わらない。

2 直流は、コンデンサによって遮断される。

3 交流は、コンデンサの静電容量が大きくなるほど流れにくくなる。

4 交流は、時間とともに流れる電流の方向が変わる。

〔2〕 図に示すNPN形トランジスタの図記号において、電極aの名称は、次のうちどれか。

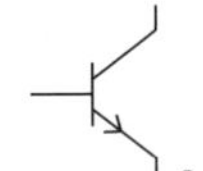

1 コレクタ　　2 ベース　　3 ドレイン　　4 エミッタ

〔3〕 外観が図に示すような航空機用通信アンテナの名称は、次のうちどれか。

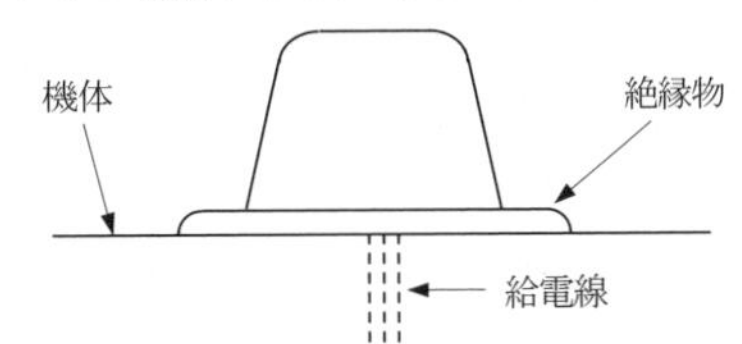

1 スリーブアンテナ

2 ブレードアンテナ

3 スロットアンテナ

4 ブラウンアンテナ

〔4〕 レーダーの距離分解能を良くする方法として、正しいのは次のうちどれか。

1 アンテナの水平面内指向性を鋭くする。

2 パルス繰返し周波数を低くする。

3 受信機の感度をよくする。

4 パルス幅を狭くする。

〔5〕 次の記述は、電池について述べたものである。このうち誤っているものを下の番号から選べ。

1 鉛蓄電池及びリチウムイオン蓄電池は、二次電池である。

2 電圧の異なる電池を並列に接続することは避けなければならない。

3 充放電を繰り返して使用できる電池を二次電池という。

4 電圧が等しく、容量が10〔Ah〕の電池を2個直列に接続すると、合成容量は20〔Ah〕になる。

〔6〕 抵抗Rに流れる直流電流を測定するときの電流計Aのつなぎ方で、正しいのは次のうちどれか。

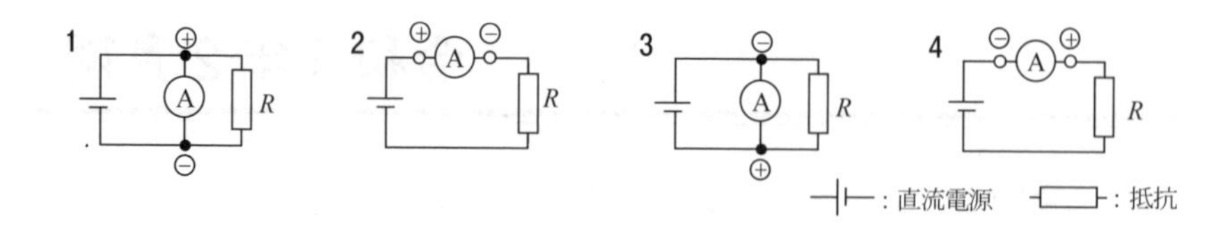

〔7〕 DSB（A3E）送信機では、音声信号によって搬送波をどのように変化させるか。

1 搬送波の発射を断続させる。
2 振幅を変化させる。
3 周波数を変化させる。
4 振幅と周波数をともに変化させる。

〔8〕 図に示す機上気象レーダーの調整器パネル面の操作に伴う機能で誤っているのはどれか。

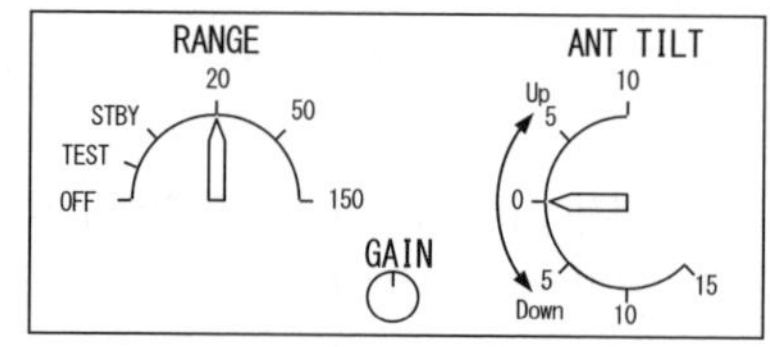

1 STBY：準備が完了した状態であり、電波は発射されている。

2 RANGE：測定距離範囲を切り替えるために用いられ、目的に応じて適切なRANGEが選択される。

3 ANT TILT：レーダーアンテナの垂直方向の角度を調整するために用いられ、上方に10度下方に15度の範囲で任意にセットできる。

4 GAIN：目標物の最適な影像が得られるように受信機の利得を調整する。

〔9〕 次の記述の［　　］内に入れるべき字句の組合せで、正しいのはどれか。

SSRモードSシステムは、現在使用されているATCRBSと［ A ］、ICAOの国際標準方式の新しいシステムである。

この方式は、目的とする航空機にのみ［ B ］を指定して質問ができるため、交通量の多い空域でも目的機を見つけやすく、管制側と航空機間とでメッセージやデータ交換ができ、音声の通信量が少なくてすむ等の特徴がある。

	A	B
1	互換性はなく	時間
2	互換性はなく	アドレス
3	互換性があり	時間
4	互換性があり	アドレス

〔10〕 次の記述は、ATCトランスポンダの動作について述べたものである。［　　］内に入れるべき字句の組合せで、正しいのはどれか。

SSRからの［ A ］の質問信号に対し自動的に［ B ］の情報パルスを応答信号として送信することができる。

	A	B
1	MTI	高度
2	MTI	速度
3	モードC	高度
4	モードC	速度

〔11〕 受信機の性能についての説明で、誤っているのは次のうちどれか。

1 忠実度は、受信する信号が受信機の出力側でどれだけ忠実に再現できるかの能力を表す。

2 感度は、どれだけ強い電波まで受信できるかの能力を表す。

3 選択度は、多数の異なる周波数の電波の中から混信を受けないで、目的とする電波を選びだすことができるかの能力を表す。

4 安定度は、周波数及び強さが一定の電波を受信したとき、再調整をしないで、どれだけ長時間にわたって、一定の出力が得られるかの能力を表す。

〔12〕 図は、DSB（A3E）送信機の構成例を示したものである。□内に入れるべき名称の組合せで、正しいのは次のうちどれか。

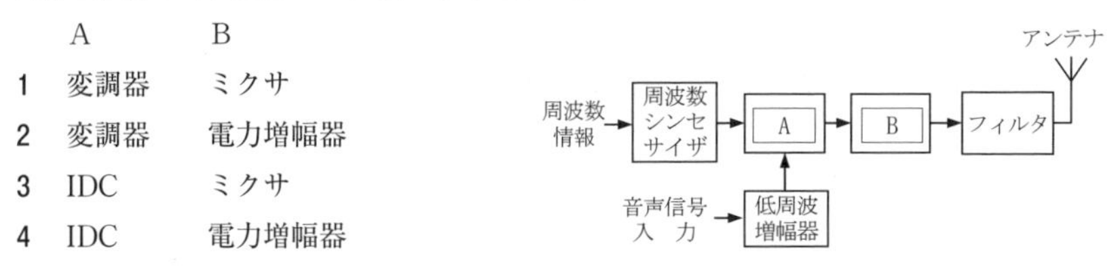

▶ **解答・解説**

問題	解答	問題	解答	問題	解答	問題	解答
〔1〕	3	〔2〕	4	〔3〕	2	〔4〕	4
〔5〕	4	〔6〕	2	〔7〕	2	〔8〕	1
〔9〕	4	〔10〕	3	〔11〕	2	〔12〕	2

〔1〕

3 交流は、コンデンサの静電容量が大きくなるほど**流れやすく**なる。

〔2〕

図はNPN形トランジスタの電極名である。

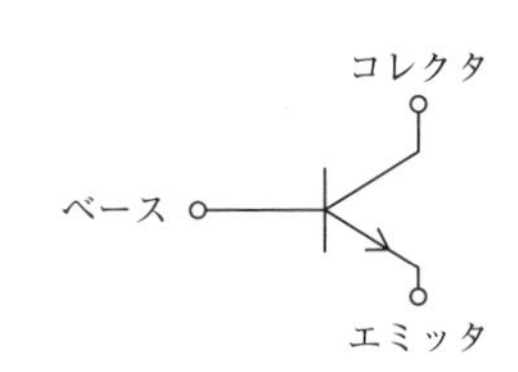

〔4〕

距離分解能は、同一方向にある二つの物標からの反射波が重ならない物標間の距離であるから、パルス幅によって決まる。その最小距離、すなわち距離分解能 d は、τ をパルス幅〔μs〕とすれば、$d = 150\tau$〔m〕である。

すなわち、パルス幅 τ を狭くするほど距離分解能は良くなる。

〔5〕

4　電圧が等しく、容量が10〔Ah〕の電池を2個直列に接続すると、合成容量は**10〔Ah〕**になる。

(直列に接続した場合の合成容量は1個の容量と同じである。電圧は2倍になる。)

〔6〕

電流計は負荷 R と直列にし、電流計の+端子から−端子の向きに電流が流れるように接続する。

〔8〕

1　STBY：準備が完了した状態であり、電波は**発射されていない**。

〔11〕

2　感度とは、どれだけ**弱い**電波まで受信できるかの能力を表す。

無線従事者国家試験問題解答集

特技（海上・航空特殊無線技士）

発　行　　令和5年8月25日
電　略　　トモカ

発行所　一般財団法人 情報通信振興会
〒170-8480
東京都豊島区駒込2-3-10
販売　電 話　(03) 3940 - 3951
　　　FAX　(03) 3940 - 4055
編集　電 話　(03) 3940 - 8900 *

振替　00100 - 9 - 19918
URL　https://www.dsk.or.jp/
印刷所　船舶印刷株式会社

ISBN978-4-8076-0980-2 C3055

各刊行物の改訂情報などは当会ホームページ
(https://www.dsk.or.jp/)で提供しております。

*内容についてのご質問は、FAXまたは書面でお願いいたします。
お電話によるご質問は受け付けておりません。
なお、ご質問によってはお答えできないこともございます。